U0843509

美在生命顿悟时

曾繁仁 著

时代出版传媒股份有限公司
安 徽 教 育 出 版 社

图书在版编目（CIP）数据

美在生命顿悟时：我的人生与学术 / 曾繁仁著. —合肥：安徽教育出版社，2023.11(2024.11 重印)
ISBN 978-7-5336-9997-0

Ⅰ.①美… Ⅱ.①曾… Ⅲ.①美学—文集 Ⅳ.①B83—53

中国国家版本馆 CIP 数据核字(2023)第 149462 号

美在生命顿悟时：我的人生与学术
MEI ZAI SHENGMING DUNWU SHI：WO DE RENSHENG YU XUESHU

出 版 人：王能玉
策划编辑：徐 鹏
责任编辑：江 舟 徐 鹏
装帧设计：阮 娟
技术编辑：陈善军

出版发行：安徽教育出版社
地 址：合肥市经开区繁华大道西路 398 号 邮编：230601
网 址：http://www.ahep.com.cn
营销电话：(0551)63683012，63683013
排 版：安徽时代华印出版服务有限责任公司
印 刷：安徽新华印刷股份有限公司

开 本：650 mm×960 mm 1/16
印 张：28.5
字 数：280 千字
版 次：2023 年 11 月第 1 版
印 次：2024 年 11 月第 2 次印刷
定 价：78.00 元

（如发现印装质量问题，影响阅读，请与本社营销部联系调换）

曾繁仁，男，1941年生，安徽泾县人，著名美学家，当代中国生态美学的奠基人之一，山东大学讲席教授，博士生导师，长期从事美学与文艺美学专业的教学和科研工作，国家重点学科山东大学文艺学学科学术带头人。曾任山东大学党委书记、校长、国务院学位委员会中文学科评议组召集人、中华美学学会副会长、高教美育研究会会长、中外文论学会副会长等。现任教育部人文社科重点研究基地山东大学文艺美学研究中心名誉主任与学术委员会主任，马克思主义理论研究和建设工程“西方文学理论”项目首席专家、国家社科基金重大项目“生态美学文献整理与研究”首席专家、教育部社会科学委员会语言文学、新闻传播学和艺术学学部召集人之一、山东省比较文学学会名誉会长。获第八届高等学校科学研究优秀成果奖（人文社科）一等奖、山东省社科优秀成果一等奖、山东省社会科学突出贡献奖、全国百篇优秀博士论文指导教师奖、山东省优秀研究生指导教师奖等多项奖励。

曾繁仁教授长期从事美学与文艺学专业的教学、科研工作，在生态美学、审美教育和文艺美学研究等方面成就卓著。先后在《人民日报》《光明日报》《文学评论》《文艺研究》《文史哲》等重要报刊发表有关论文100多篇；出版专著《西方美学简论》《西方美学论纲》《西方美学范畴研究》《生态存在论美学论稿》《生态美学导论》《中西对话中的生态美学》《生态美学基本问题研究》《文艺美学的生态拓展》《生态美学——曾繁仁美学文选》《美育十五讲》《走向二十一世纪的审美教育》《现代美育理论》《生生美学》等，主编《中国美育思想通史》（九卷本）和《中外美育思想家评传》等。

目录

序

曾先生把评价他自传的任务交给我，说是“作序”，我诚惶诚恐。从年齿、经历、学术等方面言，我都是晚辈与后学。读完传记，我才恍然大悟。先生自传的开篇与终篇写的都是自己的家乡——安徽泾县、南陵与芜湖，而我的家乡正好与先生相同，这肯定是先生将阅读这本大著任务交予我的原因。自传中充满了浓浓的乡情，由我这个同乡人来读，读出了无尽的乡愁呢！

曾先生是我的同乡前辈，出生于泾县，是泾县之光荣。近代以来，泾县在人文学术方面，虽无桐城一邑的辉光万丈，但也出了包世臣，后又出了“三吴”。包世臣力倡碑学，改变了有清以来的书法风气，使碑学取代帖学而占上风。吴玉如的书法则在20世纪30年代就已成名，有“神品进逸品”之称。吴作人是中国现代著名画家之一，他从油画创作转向国画创作，为探索绘画的民族化作出过杰出贡献。吴组缃是被鲁迅称赞过的小说家，又是《红楼梦》的研究专家。晚“三吴”一辈的吴小如，是北大教授、书法家，文史兼通的著名学者。由此看，“三吴”实应改称为“四吴”。曾先生以美学理论家的身份成为乡贤一员，在思想上，既有与前辈一脉相承的一面，亦有视野更开阔、理论更精进的一面。我未能踵武曾先生其后，实在有些惭愧不安，好在曾先生的美学弟子遍天下，曾先生之学必有大的播传。

如果要我说出读曾先生自传的感受，我用四句话加以概括——可读出爱，读出诚，读出群，读出智。

读出爱。我不掩饰，读先生的传记，有几度流出了热泪。曾先生生于多灾多难的抗战中，那个年代战火纷飞，百姓流离失所，朝不保夕。但人们顽强地生活着，正是爱使得这份生活绝对不会被击败。曾先生回忆他寡居的舅母如何抚养他时，真的是笔笔千斤，所叙细节最令人感动。比如自己六岁上学，年龄太小，她会背着自己来回，负重于三寸金莲之上，可想行走的困难；比如冬天到了，一定会让自己坐在火桶中取暖，而她则瑟瑟一旁；比如不论放学晚归何时，一定要等到自己吃上热饭才休息；比如想尽办法让自己吃上有营养的饭菜，她却常以果蔬充饥。诚如曾先生所写，舅母与自己并无血缘关系，却亲似母亲。读到曾先生这样的深情告白怎能不流下泪来?

我要按点赶上开赴芜湖的船只，离开故乡去芜湖考学，舅母是三寸小脚，当然不可能送我到码头。原以为如舅母所说，她会很快到芜湖看我，我会很快见到她。但这只是一句安慰我的话而已。从此我离开了亲爱的舅母，那个朝夕陪伴我12年的亲人！我站在船头上望着逐渐远去的南陵城，泪眼模糊。从此我只能在梦中再见我亲爱的舅母——我的另一位妈妈。

舅母只能徘徊而伫立门前的那个身影，让人动容！她没有迈出步伐的停顿里，包含了多少不舍？她没有说出的话语里，包含了多少深情？这一刻凝固着向我袭来，施予的爱与接受的爱，我的体验起伏一起激荡着，同样是对于爱的热爱。曾先生大书舅母“胡秀英”名字，不仅证明自己没有忘记大恩，也是要让读者感受曾先生的报恩之情：没有她，哪来曾先生后来的学术，她应当与曾先生的学术同存在。中国人善为各种传，以文传人，这是曾先生为一个底层的、充满母性之爱的女人立传，使她永恒。曾先生亦写到了祖辈、父母之爱：祖辈的爱，有些纵容，却无比宽厚；父亲的爱，在危急时是托起自己的大山；母亲的爱，如和煦春风一般沐浴自己。正因为曾先生生活于爱的温暖中，形成了温良谦恭的性格，一切以仁爱相对待，甚至对有害于自己的人，也一律予以宽容。这诚如“繁仁”名字所示，是繁荣与光大仁爱。曾先生得到了爱，见贤思齐；受到了恨，却见不贤而内自省；终究是宣扬爱，真有“人人爱我，我爱人人”的至高境界。读曾先生的文字为什么总感到平易、亲切、温和，又验证了文如其人的古训，“仁义之人，其言蔼如也”。爱，真是好东西，叫人平和、充满同情心，还能叫人写出人人易感的文字，把自己与他人关联起来，构成一个爱的共同体，岂不乐哉。

读出诚。中国古人把诚看得极高，如说“诚者物之终始，不诚无物。是故君子诚之为贵”。离开了诚，不能成人，也不能成物。君子以追求真诚无欺为最高的人格境界。以此看人事，则面对自身、历史与学术，都只有抱着“诚者物之始终”的态度才能有所创获。曾先生正是以此种态度面对学术，一步步地走向自己的目标，不虚妄，不夸张，他的美学研究成为一柄均匀打开的扇面，网罗越来越丰富的内涵与意义。而在对待人事上，曾先生也同样如此，他的经历非常曲折，生于抗战的颠沛流离中，历经饥荒、“文革”的磨难，却最终成为著名学者、著名大学校长、著名美学家。在许多人那里，成功会封闭自我诚性，因而回避历史的苦难与人性的幽暗，但曾先生没有，他甚至自曝，处于激进的斗争状态中，无知地要与自己父母划清界限，至今想起，无比内疚。幸运的是，曾先生因植根于内心的爱意太强，非常彻底地弥合了这个小小裂痕。曾先生自揭人性的伤疤很真诚，也是告诫后人不要踏上这样的道路。另一例子是，曾先生充分肯定了他从自己所处时代所获得的成长条件，他对这一切是赞颂的。但是，他不回避曾经走过的乱折腾时期，他对饥荒的记录，沉痛真实，不掩恶，不虚美。比如写干重活只能吃地瓜面窝窝头，一个一斤，一餐要吃三个，可见它根本不能填饱饿扁的肚子；比如同学们抓蝗虫、蚂蚱吃，而蝗虫是有毒的；比如写自己和同学患了水肿病，幸亏得到支援才缓解了病情等。感谢曾先生为我们保留了这样鲜活的个人心灵史、生活史，他是反虚妄、反作伪的真诚君子。

读出群。曾先生的传记与别家不同，他大量记录了人际交往，把自己放在各种关系中来看待，他是群中之人。他写了三个大群：亲友群、同事群与学科群。亲友群包括他的家人及相关朋友、老师、学生。他把这个群看作是给予自己前行力量的源泉。有血缘的亲情是重中之重，但那些非血缘的友情、师生情同样给予其巨大支持。比如曾先生极爱护自己的学生，学生们也爱护曾先生，围绕《沃野》这本学生刊物出现的风波，学生们主动承担责任，为了不把自己的老师拖进去，这是何等的道义担当！曾先生引前人语，"历来没有老师整学生，也没有学生整老师的"，可谓切中时弊，有警示意义。曾先生说"我是与77级一起成长的"，与我的一位老师所说的"我感谢77级同学"是同一个意义，他们不仅把学生看成是教育的对象，也看成是促进自己提升的力量，真正的教学相长在这里。曾先生笔下的同事群中有山大的校长、一同工作或出访的朋友，曾先生汲取了他们的智慧来办好大学，做好工作。这表明，一所大学的事业，需要一代又一代优秀的人们去承担、规划和落实。曾先生幸运，他的同事群是干净的、有为的、专业的，所以他们把一所大学办得勃勃有生机。曾先生笔下的学科群说明了山东大学中文专业的家底与文艺学的成长，他对师长的记忆正是对于他们建设学科的赞颂：

我记得陆先生家那满墙整齐的线装书，记得孙先生那各处都放有香烟的大书桌；我记得萧先生那让我喝茶时热情的江西官话，记得高亨先生上课时特殊的鼻音，记得小殷先生从一个坛子里给我拿出文稿的动作，记得高兰先生朗诵的《哭亡女苏菲》——“你到哪里去了呢？我的苏菲”；我记得袁先生在我口试时那鼓励的眼光，记得张伯海先生那写得密密麻麻的、特别翔实的讲稿；我记得牟世金与凌南申两位先生漂亮的板书，记得董先生对于上古神话的独到讲解，记得钱先生音韵研究的特殊风采，记得狄先生那带有绵软吴语的口音，记得姜先生那手写的遒劲的甲骨文书法……我记得老师们的一切关爱与呵护。

曾先生还写到当前学界对自己的关心与支持，将自己的点滴成功都与别人的帮助相关联，他感谢了蒋孔阳、汝信、钱中文、鲁枢元、胡经之、杜书瀛、高建平等人。读到此，看似写得有些旁逸，但将曾先生与这些学界人物置放在一起看，会发现，这构成了一个平台，正是在这个平台上，曾先生必然成为曾先生，必然成为美学理论家。曾先生叙述学界的帮助不分年辈，和盘托出。在确定“生生之美”这个范畴时，曾问学于当时的“年轻学者”朱志荣，不掠人之美，这正是在告诉学界，学术乃天下公器，不分年辈均是推动的力量。与那些明明读过别人文章，受到启发，却决不提起一字之人相比，这是何等的谦虚胸怀与大家气象。曾先生的自传，不仅写的是个人成长史，也是山大发展史，还是山大文艺学学科建设史。作为文艺学的研究者，我读到这部分内容时，被曾先生娓娓道来的山大故事吸引，从中见到中国当代文艺学发展的一个重要侧影。

读出智。曾先生从事美学研究与教育六十余年。从 20 世纪 80

年代开设西方美学课程开始，曾先生接连出版了《西方美学论纲》《美育十五讲》《西方美学范畴研究》《生态美学导论》《生态存在论美学论稿》等一大批嘉惠学界的力作。其中文艺美学研究、审美教育研究与生态美学研究，构成曾先生三足鼎立的美学研究思想体系。尤其是生态美学的建构，成为曾先生的标志。中国现代美学发展了一百年，从 20 世纪 50 年代开始，逐渐形成了实践美学，其后又发展而形成后实践美学、实践存在论美学等。但统而观之，均以实践为论述核心，即使后实践美学与实践存在论美学以突出主体性、超越性等方式强调人在实践中的地位与决定作用，但仍然属于李泽厚所说的“有人美学”范畴。研究实践与审美的关系，揭示了审美产生的社会生产根源，局限是没有同时考察审美活动在生态系统中的地位与价值，仍然是人类中心主义的。 21 世纪以来，才真正形成了不同于实践美学的生态美学，而曾先生便是开拓者与领军者。曾先生的生态美学建构代表了美学新方向：其一，超越实践美学，强调人应自觉地处于生态系统中，以符合生态运行规律的方式去从事审美创造。实践美学强调按照美的规律造型，生态美学强调按照生态规律造型。这必然引发对于传统审美观念的反思，创造出全新的符合生态规律的审美产品。生态美学是美学史上的新篇章。其二，生态美学研究具有国际前沿性。尽管生态学源自西方，但生态学能够与中国美学相结合而成为新时尚，这是中国美学的独好风景。曾先生在分析中国的生态美学与西方的环境美学之区别时表明了中国学者正处于国际学术前沿来发展自己的美学理论。其三，生态美学建构充分借助了中国传统美学资源，儒道佛三家均为所用，其中尤以道家的“道法自然”“天地有大美而不言”，儒家的“天人合一”“生生之谓易”，佛家的“众生平等”等作用最大。曾先生能够大加阐发生态美学问题，除吸收西方的存在论、现象学、生态主义等思想资源外，倒要更多地归功于中国传统美学，正是其中的生态性致思倾向使得中国学者一见西方的环境美学，就产生了灵光突现的理论创造欲望。我甚至想说，中国生态美学理论的创构，是内生于中国传统的哲学与美学中，而外缘于西方的哲学与美学间。外缘极重要，但内生才是本然。正是有了这个本然，才能因缘际会，产生创造新理论的必然。

从中国知识分子传统看，曾先生属于入世者，也颇如朱光潜所说的那样，以出世的精神做入世的事业，并不热心复杂的社会关系，守在大学，守在书斋，六十年不间断地做自己的美学研究。从效果看，我非常认同曾先生所说的一段自我期许的话：

> 我常想，从个体角度来看，一个人作为知识分子，他的文章很少有非同行的人看，这是因为他的论述的专业性，同时也有局限性，但如果文章的论述适应了时代，形成了舆论，那就会形成一种力量，大大小小的会产生一点社会影响，起到一点社会作用。

知其不可为而为之，有些失望；知其难为而为之，则有希望；知其可为而为之，则必然兴奋。曾先生是兴奋的人，故兴奋于学，兴奋于终究能够凭借自己与同伴的力量，为这个社会作贡献，庶几改善中国的生态美学与审美教育现状。曾先生是一个寻梦者，为梦想而生，而写，而不倦。

我祝曾先生生命之树常青，学术之花常开！

是为序，实为读后感。

晚学后辈刘锋杰
敬撰于苏州小石湖畔友云居
2022 年 11 月 8 日

[illegible]

(1728-1804.2.12) [illegible]

[illegible]

[illegible]

[illegible]：法国古典美学的开山祖

[illegible]：创始系、继承系、完成系

[illegible]

[illegible]法国古典美学[illegible]

[illegible]

古典美学的核心

古典美学的核心[illegible]

[illegible]

乙卷

第一章 故乡与家庭

故乡皖南

我的祖籍是安徽省繁昌县。父亲告诉我，我的先祖是安徽芜湖的一位姓赵的石匠。后来先祖去世，老奶奶改嫁了安徽繁昌县教会的曾牧师，于是我们才姓了曾。我的祖父曾依农毕业于湖北大学英语系，终生以教授乡村中学的英语为业。1953 年我从安徽南陵县到芜湖上学，曾见过祖父，他有张窄长的脸，蓄着胡子。当时他也就六十多岁，但由于长期高血压，已经有些糊涂了，比如每次吃饭只要一碗，无论碗之大小。后来我们为了避免祖父多吃或者挨饿，仔细地观察了他的饭量，为他选择了一个大小合适的碗。我到上海前，祖父留给我一个箱子，里面除了日常杂物，最宝贵的就是一个集邮册。集邮册里面的邮票数量不是很多，但多是 20 世纪三四十年代的，比较珍贵。因为我当时只有十三四岁，不知其价值，所以就将集邮册送给了我的表哥朱永根。

在我出生前，为躲避侵华日军，我们家由芜湖搬到了泾县溪头都，因为日本人是无法进入这个小山村的。此前，我的父亲在芜湖广益中学教书，我的母亲则是广益中学的学生。他们两人是师生关系，后来相恋并结婚，于 1941 年 1 月 11 日（农历腊月十四日）在泾县溪头都生下了我。我出生不久，父亲就前往湖南工作，母亲因思想进步，靠近新四军，有被通缉的危险，所以也离开了老家，将我留在了外祖父家，由我寡居的大舅母胡秀英抚养、照顾，一直到我 12 岁小学毕业后到芜湖读中学。溪头都就是舅母胡秀英的老家。1945 年 8 月 15 日抗战胜利之后，我随外祖父母搬到南陵县。我就在那里生活、学习，直到 1953 年 6 月只身到芜湖市，考入了芜湖第一初中，从此离开了我的故乡南陵。自离开故乡之后，故乡的一山一水一草一木就常常出现在我的梦中。

我的故乡就在那美丽的皖南山区，但我离开溪头都已经 76 年了，离开我童年生活的南陵县 68 年了，离开我读初中的芜湖也已经 65 年了。这期间我只在 1960 年暑假、“三年困难时期”和 2021 年参加安徽师范大学成立“朱光潜暨皖籍现代美学家研究中心”的会议时，短暂地回去过，平时就只能在梦中怀念我的故乡了。

我的出生地安徽泾县溪头都，是黄子山脚下的一个小村庄，属于黄山山脉，距皖南事变的发生地茂林只有 20 里路。这是我外祖父母为躲避日寇所迁居之处。外祖父朱石帆家的许多成员都住在离此地不远的黄田村，而黄田村则建有当时由芜湖迁至此处的广益中学。母亲当时就是广益中学的学生。在我的记忆中，溪头都是个非常小的小山村，大约只有几户人家，住的都是木板房子。我记得，有一次一只大雁在我们家的木屋下面下了一窝雁蛋，不久小雁就破壳而出了，起初小雁长得和小鸡几乎一样，在一起吃食的时候，谁也分不清哪个是雁哪个是鸡。小雁长大后，长出了强壮的翅膀，跟着一群大雁翱翔于天空，飞往远方。

在我的记忆中，家乡树木葱茏、人烟稀少，经常有野兽出没。据说，有一天，我的表姐清晨到山上搂柴火，看到草窝里有一盏亮晃晃的灯笼，起初并没有放在心上，以为只是一个打着灯笼走夜路的人。可走近一看，原来是一只斑斓大老虎趴伏在那里，惊得表姐冷汗直流，真的吓破了胆。好在那是一只已经吃饱了的老虎，所以不吃人，我表姐才逃过一命。我清楚地记得，邻村的猎户打到了一头虎，然后把虎肉卖给有男孩的人家，传说孩子吃了可以用来增长力气。我也吃了一点，但力气未见增长多少。

那时我们家乡有关狼外婆的故事特别多。讲故事的人绘声绘色地讲述狼外婆是如何咯嘣咯嘣地吃孩子的小手指的，吓得我们这些小孩汗毛直竖。所以，每日天还没黑，家家户户就关门闭户。而且我们那里有一个规矩，就是在晚上的时候，无论谁敲门都不能开，因为据说野兽也可以用尾巴敲门，你一开门野兽就会扑进来将你咬死。但人们晚间也不可能没有任何活动，如果迫不得已要外出，那就得点着一种特殊的火把。这种火把是用向日葵秆制作而成的。具体做法也是非常繁复的，就是在夏天的时候将一捆捆的向日葵晒干，然后放到清澈的溪水中浸泡。泡好后再晒，这时向日葵外壳是硬的，可里面已经酥了。然后再用竹刀将向日葵砍成一段一段的。等到要用的时候，就用竹刀将其劈开，缠上破布，再浇上松油，点着即可。这种火把能烧很长时间，而且在很猛烈的山风中也不会被吹灭。人们晚上走路时，常常要在身上绑很多这样的火把，烧完一根再接上一根。火把不仅可以照明，还可以吓退野兽，野兽看到火焰就会害怕，躲到一边去，不敢再去伤人。据说，我很小的时候得了一种水鼓胀的病，当时是我在外读书的小姨，打着火把走夜路下山去请了一位老中医，用轿子将他抬上山给我看的病，这才救了我一命。

我的家乡盛产茶叶、竹子、板栗和水稻。特别是板栗，在我们村就有好多棵板栗树。秋天，将栗子剥好后放在一个篮子里，吊在屋梁上，到了冬天糖化后，吃起来特别的甜。我小时候，大人们常逗我玩，让我在地上打滚，凡打一个滚就给我吃一颗栗子。于是为了得到栗子，我就不断地打滚，弄得满身满头的泥土。

我们家乡的水特别的清澈、特别的甜，我记忆里的溪头都到处是潺潺而流的清溪。但家乡的水也有一个缺点，就是缺碘，所以有的人得了大脖子病。

1946 年，我刚刚五岁，抗日战争胜利，日本鬼子投降了。外祖父母又要到芜湖去做米行的生意，所以我就随着外祖父母与舅母等搬去了芜湖地区。可能是考虑购房与开销等各方面的原因，外祖父没有在芜湖买房，而是在芜湖与泾县之间的南陵县买了一处三进纵深并带有一个小园子的大房子。我还清楚地记得，它的门牌号码是新华街 45 号，位于当时南陵县的东关，距离东门大桥还有一段路。于是，我就随着抚养我的舅母永远地离开了我的出生地——泾县溪头都。我模模糊糊地记着，那是一个明媚的春天，舅母先是带着我乘轿子，然后又乘船前往南陵。沿岸茂林修竹，群山壁立，河水清可鉴人，真的是美极了。现在想来，我们走的是青弋江水路，然后转漳河，到达南陵码头。那时皖南所有的县城与小镇都通水路，都有码头。所谓城市就是“码头”，也就是交通要道。

之后我开始了在南陵的难忘的七年生活。南陵县是我完成小学学业的地方，是我步入少年生活的地方，是在我的童年记忆里留下痕迹最多的地方。南陵县与泾县相比，应该是皖南山区的边缘地带，总的地势是南高北低。南接黄山山脉，丘陵起伏，因此有“五里岗”这样的地名。北边连接青弋江、长江，还有当时有名的奎潭湖，因此又有一部分圩田，在我的记忆里曾经发生过破圩水淹南陵城这样的事情。我们上小学时还参观过一个叫柏山渠的地方，就是通过兴修水利以疏浚河水的。南陵的城外，有一条漳河，其水清澈见底，盛产鱼虾。南陵又是一座历史古城，城里有一个广场，后来用来开大会、演戏和演节目，其原名为“点将台”，传说中是周瑜点将练兵之处。南陵附近还有小乔墓、黄盖渡等三国时吴国遗迹，虽然不知道这些古迹之真假，但是这也在一定程度上说明了南陵历史之悠久。

南陵在皖南也算是一个比较繁华的水陆码头。南陵城有东西南北四关，中间有一个十字街。十字街就好比现在的市中心，在十字街有一个用草棚子搭成的戏园子，经常有草台班子到这里来演出京剧和安徽地方戏——庐剧。庐剧又名“倒七戏”，曲调比较简单，大体是安徽民间小调的集萃，唱到最后要突然用假嗓子将声音拔上去，故称“倒七”。当时唱京剧的有父女两个名角，父亲叫赵云生，唱老生，擅长唱孔明戏《借东风》一类，也唱《打渔杀家》，他都是唱的压轴戏。据说他必须要吸几口鸦片烟才能上场，声音洪亮，响彻云霄。临近散场时，把门的就“放扎子”，将外面的人放进来，大家拥进里面，不久赵云生上场，一个亮相，一声断唱，常常赢得满堂彩。我和舅母常常是“放扎子”时拥进去听赵云生最后的压轴戏。当然，我们也常常从戏园子隔壁的同学家的墙里钻进去，站在外面看。

赵云生的女儿赵晓兰是唱花旦的，长得漂亮，扮相美，唱得也好。许多富人家的少爷专门买票为她捧场。但最后赵晓兰被国民党县警备大队长方丕玉娶为小老婆。他们的婚礼在县衙门举行，又在县里的戏园子举行了一场。其实是方丕玉凭借权势霸占了赵晓兰。方丕玉不仅是警备大队长，而且他还亲手杀人，特别是杀“政治犯”。所谓“政治犯”就是新四军的游击队员和共产党的地下工作者。我们都曾见过方丕玉在东门桥外河滩上杀人，然后将人头排在城门上，真的恐怖残忍极了。

据说方丕玉一直顽抗到最后，被俘虏后又越狱逃跑到江北巢县，找到了在那里唱戏的赵晓兰，但最后还是被政府抓获，带到南陵公审后枪毙。

对于南陵，我记忆最深刻的就是那些给我无限关爱的亲人。当然首先是我的舅母。舅母对我的爱可以说是比天高、比海深。她 21 岁守寡，之后就是一个个地照顾家里的孩子。起先是照顾过继给她的孩子——我的表哥，后来就照顾还不到一岁的我，然后又照顾我姨家的孩子——我的表妹。可以说，她将自己的全部青春和心血都奉献给了并不是自己亲生骨肉的孩子们。舅母对我真的是疼爱至极，不让我受一点点委屈。皖南的冬天是很冷的，经常会有很深的积雪和冰冻的凌子。这时，舅母一定会让我坐在一个“火桶”中取暖。所谓“火桶”就是一种木头桶，中间搭着铁制的架子，下面放着一盆炭火，桶的沿上有一块可以坐的板，人坐在上面是非常暖和的。她还要用汤婆子把被窝暖热了之后，再让我上床睡觉。每天我上学的时候，她都会在烧饭的柴火余烬中放一块地瓜，等我放学回家后取出来给我吃，温热的地瓜真的是又香又甜。

我是六岁上的学，因为腿上生过疮，走路不稳。虽然舅母是伶仃小脚，但都是她背着我去上学，然后背我放学回家的。我在小时候常常发热、生病。有一次，正逢春节，我却发起高烧。当时人都烧糊涂了，出现了神志不清的症状，据神婆说是因为头上被乌鸦拉了一泡屎中了邪。舅母就为我驱邪，拿着一种蒙着布的米碗，在我的头上、身上照了一遍，然后到我走过的地方“喊魂”。同时，舅母也找了中医大夫给我诊病。当然最后还是花了高价，找了当地的著名西医纪振刚给我打了一针盘尼西林（即青霉素），我才终于退了烧。舅母照顾生病的我，那一次前前后后将近一个多月。再就是我六岁上学后的一天，我很想吃挂在梁上篮子里的板栗，于是找了一张凳子放在桌子上，去够这个放栗子的篮子。因为人太小，踮着脚够不着，所以一个站不稳，从凳子上摔了下来，直接跌在了地上。摔下来的时候，我的右手着地，摔成了严重骨折，当时胳膊都变形了。舅母给我找到治疗跌打损伤的大夫，接了骨，糊上膏药，用夹板固定住。当天下午胳膊就肿得老粗老粗，我疼得大哭小叫，在家整整治了半年还多，这期间都是舅母细心地照顾我。因为这次事故，我落下了课，所以只好留级一年。舅母就是这样含辛茹苦地把我从多灾多难的年景中拉扯长大的。在 1953 年暑假，我离开舅母到芜湖去读初中。刚离开舅母的那段时间，我十分想念她，常常梦见我的舅母向我慈祥地走来。甚至到上海读书后，我依旧会经常想念舅母，并时常为此而偷偷哭泣。自从我离开舅母之后，我只在 1960 年和 1986 年去看望过她。1987 年舅母过世，永远地离开了我们。

还有一个我不断思念的老人，就是我的姨外祖母，我叫她姨奶奶，实际上她是外祖父的妾，原为外祖父家的丫头佣人，后来被收为妾。姨奶奶似乎连个正式的名字都没有，自己曾经育有一个儿子，但不幸故世。她本是穷人家庭出身，只知其祖籍在江西吉安，但是家在哪里，家里还有何人，就不得而知了。可以说，姨奶奶也是一个苦命的人，我看到她的衣服全部是补丁摞补丁的，几乎没有一件完整的好衣服。姨奶奶对我也是非常的慈爱。我记忆最深的便是姨奶奶和舅母教我劳动的事。那时，尽管外祖父在芜湖经商，但因年事已高，所以主要是将碾米机和南陵的房子租给别人来收取租金，由此维持生计。生活水平逐步下滑，姨奶奶和舅母本来就都是劳动人民出身，因此更加节俭，并且同时进行了很多的生产劳动。首先是将家里后面的园子开辟出来当作菜地，种上南瓜、豆角、茄子、小白菜，等等。这个工作主要是姨奶奶在做，舅母与我帮她打下手，主要是帮她抬水、施肥。由此，家里几乎没有买过菜，所吃的蔬菜基本都是自己家菜园子种植出来的，姨奶奶和舅母更是将地里种出来的所有能吃的东西都弄来吃了。就如南瓜，她们不仅吃瓜，而且连南瓜梗、南瓜叶、南瓜花都炒着来吃。她们还自己养了大批鸭子，将鸭蛋腌制成咸鸭蛋和松花蛋，而购买鸭食的工作则主要由我承担。所谓鸭食，即为南陵县东门外酒厂里的酒糟。每个星期天的早晨，舅母与姨奶奶都要给我准备一个大筐子，到酒厂里去排队买酒糟，然后我用双手手臂轮换着将它们提回来。姨奶奶经常给我讲许多劳动的知识，也给我讲很多动听的民间故事。后来听说姨奶奶年迈体弱之时，想吃一根油条，自己拐着脚到外面去买，结果摔了一跤，造成腿部骨折，无法下床，不久便病逝了。

再就是我的外祖父朱石帆。外祖父家族属于徽商世家，外祖父从小当学徒，然后当上了当铺经理和衣店老板等，但一场大火使他几乎临近破产，晚年仅依靠碾米的设备和房产谋生。他一生中的大部分时间住在芜湖，但1950年后则主要生活在南陵。外祖父尽管是商人，但接受的是旧式教育，因此在家里是位严厉的家长，家里的大人和小孩都非常惧怕他。但他对我却关爱有加，也许是由于非常疼爱我母亲的原因，或是因为我从小会编故事哄外祖父高兴。记得我六七岁时，常去露天广场听说书，《三国》《水浒》《西游记》之类。小孩子不可能完全记住说书的内容，但我却会连搬带编地把我听到的故事讲给外祖父听，外祖父特别高兴，对我更加喜爱。每次吃饭，外祖父都有独自吃的鱼肉及其他营养品一类的好菜，没有人能与他分享，但每次都唯独给我夹一些到碗里，他的点心也时常分给我一部分。而且，外祖父对我特别的宽容。我曾经做了两次在别人看来“不可原谅”的错事，但最后他都原谅了我。

一次是过年的时候，我将贡祖宗的点心给偷吃了。起初大家发现上供给祖宗的点心少了，感到些许奇怪、纳闷，难道祖宗们真的回家食用了点心?！但这种事情过去从未出现过，于是怀疑是我偷吃了，便让舅母询问我，一问果然是我吃了。这自然是一种触犯神灵的大不敬之过，是一种亵渎祖宗的行为，当然是难以饶恕的。但是外祖父也只是罚我跪了一会儿后，就让我起来了，理由是我毕竟太小不懂事。还有一次也是过年的时候，一家人团团围坐在一起吃年夜饭，我本来也有座位，但小孩子坐不住，就来回跑着。我突然发现外祖父站起来去用筷子夹远处的菜，于是我就恶作剧似的将外祖父的椅子往后挪了一下，外祖父夹完菜坐下时，一下子摔在了地上。这时外祖父已将近 70 岁，自然受惊不少，我也知道闯了大祸，飞快地跑到了房间里插上门躲了起来。后来听说，我的外祖父因为坐得缓慢并未摔伤，但确实是受了些惊吓，但是外祖父仍旧很宽厚地原谅了我，说过年了，孩子调皮，就无须过分责怪孩子了。1953 年，我到芜湖念中学时，外祖父还经常去芜湖，每次去都要带我到芜湖中山路鸿运楼吃灌汤包子，晚上则带我到陶塘的剧场去看京剧。外祖父对我的爱是深厚且无私的。在20世纪50年代后期，我刚读大学不久，外祖父就病故了，我再没有见到这位严厉而慈祥的老人。

我的外祖母刘蓝田，也是江西吉安人，是我外祖父的填房。她嫁过来时，外祖父前妻的两个孩子已经与她年龄相仿，她那时只有16岁。她完全依靠自己的劳动与强悍，协助外祖父，一手操持了这个家庭，并育有我母亲和我小姨两个女儿。一方面她是辛苦而精明的，另一方面她在这个商人家庭养成了一些喝酒、抽烟、打牌的恶习。但是外祖母对我的爱却是深厚的，她疼爱我到了有些溺爱的程度，她想将自己认为好的东西统统都给我，好吃的东西也统统想给我吃。但当时由于被“左”的思想的影响，我认为她沾染了“剥削阶级习气”，因而并不愿意接受外祖母的这种爱。20世纪70年代，外祖母病逝，此时“文革”正是如火如荼开展之时，不可能且没有人通知我，让我回去为老人送终。后来回忆起来，我才体会到这种隔代之爱是多么的深厚，多么的珍贵。我想我真的是伤了老人的心，但愿老人在天之灵能够听到我此时的忏悔。

再一个我非常怀念的人就是我的干娘艾妈妈。据算命先生说，因为我命硬，所以不能靠水。因此我的外祖母给我找了许多干娘，其中有乡绅富商的太太，也有大庙大寺中有德行的尼姑，再就是在我们家长期做帮工的艾妈妈。艾妈妈也真的是个苦命的人，她出生在一个非常穷苦的家庭，嫁了一个丈夫，不仅穷，而且他还是个赌徒，竟因还不起债而上吊自杀了，只剩下艾妈妈自己，还要独自抚养两个儿子。大儿子是瘌痢头，娶了一个媳妇妙香，妙香倒是生得漂亮，而且非常的勤劳。我的那位大哥不仅是瘌痢头，而且人很木讷。妙香姐真的是非常好的姑娘。我曾同妙香姐一同去过他们家。他们家在山里一个名叫艾家塘的地方，妙香在回艾家塘的十多里山路上，挑着很重的东西，但却从来没息过肩。送我回来时，她又挑了一担柴火出来卖钱。最后他们真的过不到一起，妙香就偷偷地跟着一个手艺人跑了。艾妈妈家的小儿子倒是既精明又能干，当时被招聘到粮站当临时工，干好了有可能转为正式工人。这位小哥哥非常敬业，得到领导和同事的一致好评。在一次发大水时，这位小哥哥坚守粮库，没有能够逃出来而因公殉职，艾妈妈因此痛不欲生。艾妈妈在外祖母家帮工了很长时间，主要是在刚刚从泾县迁来的时候。那时外祖母家的经济条件还好，外祖父母刚回来，所以请了艾妈妈帮忙。后来外祖母家经济条件差了，就不再用艾妈妈帮忙了，但两家走动得反而更勤了，而且外祖母又让我认了艾妈妈为干娘，所以艾妈妈每次进城都住在我家。艾妈妈对我也是关爱有加，经常给我从乡下带来时新的蔬菜瓜果，还不时将我接到她家住一段时间，真的是把我当作自己的亲儿子一般。我和两位哥哥的关系也非常好。艾妈妈如果现在还活着的话，差不多有一百多岁了。但我自离开安徽后，就再也没有见到我的这位干娘，不知那以后她和我的那位大哥生活得怎样。

这一个个亲人都经常浮现在我的眼前，出现在我的梦里。我在最困难的时候时常想起他们给予我的那份无私的关爱。但他们早已远我而去，成了我梦中的亲人。

我在南陵读的是城里的乐育小学，在新中国成立前它是一所教会学校，由美国圣公会主办。校长即为县教堂里唯一的中国牧师宁牧师，我们也叫他宁校长。宁校长非常慈祥，白白胖胖，脸上有些麻子，他住在学校附近的一座小洋楼里，经常有美国圣公会的人士出入他的家中，因此宁校长是当时南陵县城最洋气的一位人士。我们每个星期都要去做礼拜，并听宁校长讲道，有时也听外国牧师讲道。当然作为六七岁的孩子对于讲的内容并不能理解，只是对每次去的时候给每人发的耶稣圣迹的图片感兴趣。图片印得非常精美，图片上的许多画是著名的艺术珍品复制件，非常好看，我们每个人都收集了厚厚的一摞。而且每年的圣诞节我们都要到一条胡同里去捡东西，主要是捡一些白果，他们将此称之为是“捡圣体”。我们将白果上交后可以换来糖果和炼乳。

新中国成立后，宗教力量退出了学校，但宁先生仍然是校长。因为手骨折，所以我读了两年一年级。这两年其实过得很舒服，因为教我们课的老师也是班主任的宁玲珠是宁校长的女儿，同时她也是我的表舅母。我的小表舅是搞铁路工作的工程师，娶了宁老师做妻子，因此宁老师就成了我的小舅母。宁老师对我关爱有加，有时我上课睡觉，她就让我到她的寝室里去睡，还经常给我点心和糖果吃。二年级时，宁老师就与我的小舅舅一起到天津铁路局工作了，自那之后我就再也没有能够见到宁老师。

1949 年春天，家乡解放后，我们学校成为公办学校。学校于 1950 年组织了第一批少年先锋队，我顺利加入了少先队组织，并被选为中队长，但在选大队长时却落选了。我记得很清楚，那天选举时，每个候选人背后都放着一个脸盆，候选人坐在那里，评选者走到你的脸盆前，要选你就放进一粒豆子。豆子每响一声，我的心就跳一次，但最后我落选大队长，成为大队委员。

我读小学的时候真的是非常积极，参加了学校组织的各种演出活动。反对美帝侵略朝鲜时，我们到大街上演出“活报剧”，宣传动员群众。而且还在学校里排练了一出较为大型的话剧，内容是批判恐美、崇美的思想和行为，我出演的是一位有国民党外交官家庭背景的、非常崇美的小男孩。记得老师给我设计穿着夹克衫、脚穿锃亮的皮鞋、梳着涂了油的飞机头的造型。这些行头非常不好对付，还好我的母亲给我从上海捎来了一件夹克衫，飞机头由老师摆弄，但那时我没有皮鞋，于是我的老师在自己的一双皮鞋里塞了许多棉花让我穿，尽管马马虎虎能穿，但也颇有点卓别林的味道。我们还演过“除四害”，多人身上背着蚊子、苍蝇、老鼠、麻雀的模型，各人说出自己危害人类的恶行。在动员农民交售公粮时，我们演出了较为大型的歌舞剧《双送粮》，这是一出以湖南花鼓戏为基调的歌舞剧，由我与一位叫谢金华的女同学联合演出，我演推车的老头，她演拉车的女儿。老师用木头为我们扎了一个车，还做了一个车轱辘，但在台上演出时，由于车轱辘不结实跑掉了，我就灵机一动，用手端在车架子上做推车状，照样演出，博得台下一片掌声。这出戏当时拍摄了一张剧照挂在学校的墙上，我也因此感到很光荣。因为这是毕业演出，所以县里很重视，组织了全县观摩。我的四表姑是另一所小学的音乐老师，她也来看了，看到我的演出很是高兴。

小学就要毕业的时候，南陵中学刚刚建立不久，父母认为教学质量难以保证，决定让我到芜湖读书，于是我提着舅母给我准备的包袱，在亲戚的陪同下到码头乘船去芜湖赶考。舅母和姨奶奶两位老人都是小脚，不能走远路，只能送我到门口，她们一边走一边嘴里念叨着诸如“步步高升”之类的吉利话。我听到两位老人喃喃的声音，一阵酸楚涌上心头。我连头都不敢回，大步朝前走去，走到街道转角处，回过头来还看到两位老人瘦削的面容和在风中飘动的白发。

1953 年暑假，我由南陵乘船到芜湖。芜湖是安徽的经济、文化重镇，素有“长江巨埠，皖之中坚”之称，是我国历史上著名的四大米市之一。芜湖已有 2500 多年历史，据历史记载春秋战国时期已有此城市，因其周围多有沼泽之地，“蓄水不深而生芜藻”，故称“芜湖”。青弋江流经芜湖，将芜湖分为江北、江南。著名的赭山在芜湖西北，海拔 85 米，该山翠柏修竹，葱郁成林，花木吐芳，真的是美不胜收。市内有著名的陶塘，一泓湖水，清澈见底，四周有商场和戏院，各种南方小吃琳琅满目，香飘十里，十分诱人，其中尤以煎包和臭豆腐最使人馋涎欲滴。

当时芜湖对我来说是真正的大都会。来到芜湖之后，我才第一次看见了电灯，第一次看见了宽阔的马路，第一次看见了汽车、火车、轮船，第一次观看了电影……总之，我在芜湖留下了无数个有关“第一次”的记忆。其中，我对电影更是感到万分新奇，因为在我们家乡只有“拉洋片”，从一个圆圆的镜子中看进去，有五光十色的城市风光，那艺人还根据画片的内容有板有眼地唱着。他拉一块、唱一块，我看一块。电影则不同，它是以鲜活生动的形象感染观众，一个个陌生而又吸引人的故事在银幕中生动地呈现，将你带入一种不同的人生境界之中，走出影院则又回到了现实生活，让人感慨万千。

我到芜湖后住在小姨家，由我的小姨负责为我报名。当时因为教育不发达，江南、江北许多学生都到芜湖考学，有像我这样小学刚毕业的12岁的孩子，也有20几岁的青年。当时初中的录取率是3∶1，我们南陵城关小学（解放后，乐育小学改名为城关小学）就我一个人来考。当时真的十分紧张，唯恐考不上。如果落榜的话，我就准备去黄山林校，因为我从小就喜欢森林和树木，如果那样我将会走上另外一条生活道路。考试结束后，小姨陪我去看榜，密密麻麻的人头挤在榜前，大家都在看那张写满人名的大红纸。我的头脑有些晕眩，看见上面的字都是黑乎乎的，怎么也看不清，实在是太紧张了。我以为我真正是落榜了，没有学上了。这时小姨突然大声高叫：“有了，我看到了！”我们再仔细端详，果然我被芜湖第一初中录取了。真的是太高兴了！我和小姨一边兴奋地说着，一边高兴地走着。走到市中心，小姨说请我吃“白雪公主”。我当时并不知道“白雪公主”是什么东西，仔细一问才知道就是现在的雪糕，而且要到冰糕厂预定。小姨在冰糕厂为我预定了“白雪公主”，过了一会儿我终于吃到了自己人生中的第一支雪糕，真的是好吃极了。加上自己考上了中学，越发能感到“白雪公主”的甜蜜。

自那之后，我就在芜湖第一初中读了一年书。那时是需要住校的，于是我走上了自己照顾自己的独立生活之路，主要的学习与生活都需要自己料理。当时因为年龄小，在家又被舅母和外祖母娇惯，所以我根本不会照顾自己。每天晚上洗脚都要自己到外面茶炉打水。我一边走，打来的水一边洒，再加上大一点儿的同学让我倒给他们，自己剩下的很少，连脚都泡不过来。吃饭时，端着碗，碗里的几块肉也是让大一点的调皮同学抢着吃了。上课时又老是同周围的同学说话，因此老师安排了一位 20 多岁的无为县的大姐姐坐在我旁边“监视”我。衣服脏了我也不知道怎么洗，也不用肥皂，放在水里一泡，搓几下就拿出来了，如此等等，真的是过得一团糟。等我到上海之后，母亲看到我又黑又瘦，衣服全没有洗过，一边收拾一边叹气。再加上 1954 年芜湖发大水，学校停课，于是父母下决心让我转学到上海。

在芜湖上初中时，我开始真正爱上了文学。那时班上有几个文学爱好者，拼命地看巴金、张恨水、蒋光慈、鲁迅、冰心等人的现代文学作品，并试着自己写作，主要是写诗。那个时候，我有时是到图书馆借书，有时则是花几分钱到小书摊上看，甚至到新华书店站着看，反正没有人管我。有时从早上到晚上都在看小说，也不吃饭，也不喝水，真的饿了，就到饭店里去吃一碗饺面，也就是面条里掺着几个馄饨的面食。读初中时对文学的痴迷奠定了我对文学的兴趣。1954 年暑假，我决定转学到上海，同学们都恋恋不舍，于是大家一起到照相馆照了合影。现在拿出来看，自己戴着一顶硬檐的鸭舌帽，每个人的嘴唇都被涂得红红的，真的是既滑稽又可爱。

这就是 60 多年前的生活记录。我站在去往上海的轮船甲板上，回望渐渐远去的芜湖。这美丽的“芜藻”之地，留下了我许多珍贵的青春记忆。再见，芜湖！再见，安徽！再见，我梦中的故乡！

父母与亲人

我出生在一个知识分子家庭。父亲曾庆藻（1914.4—1993.6），毕业于上海圣约翰大学化工系，在上海高桥化工厂担任教授级高级工程师，参与研制人工石油，后来到上海化工局情报研究所工作。直至去世前，他的书桌上还放着有关塑料降解的外文文献和中文译稿。父亲一生工作勤勤恳恳，得到了单位和同事的高度评价。

将父爱比喻为山，是再恰当不过了。因为父爱就如山那样的厚重、深远且无言。我的父亲曾庆藻是一位终身从事化工科技工作的知识分子。他出身于一个穷苦的知识分子家庭。我的曾祖父是安徽繁昌县基督教会的底层牧师，祖父则是农村中学的英语老师。父亲兄弟姐妹三人，祖父微薄的工资收入无法负担起五口之家的生活支出，特别是无法让子女们都接受高等教育。所以中学毕业之后，父亲就凭借自己优异的成绩考取了上海圣约翰大学化工专业，并靠每年优异的成绩获得奖学金而完成学业，后又就读研究生，但因婚后家庭负担重而参加工作，新中国成立前，父亲一直在化工类和制药类的工厂担任工程师。他在私营制药厂担任总工程师，然后到上海高桥化工厂担任高级工程师，设计建立了高桥厂的第一套人造合成石油设备，之后又到了上海化工局情报研究所工作，直到晚年仍从事人造塑料可降解研制工作，力图为我国的“白色污染”治理事业作出贡献。他去世时的案头上仍然放着他正在撰写的“可降解塑料”的研究文章。父亲一生清白，从未有过任何政治与生活污点。因错定家庭出身成分和敢于直言等各种原因，父亲在政治上受到了不公正对待，在十年“文革”的很长一段时间内，他受到了批斗，接受劳改，但他本人始终勤奋工作并且毫无怨言。1993 年 6 月，80 岁的父亲因劳累过度致脑出血去世。父亲一生的工作，得到上海市化工局和高桥化工厂领导的充分肯定和高度评价。

父亲是一个严肃的人，也是一个十分敬业的人。在我的记忆中，父亲总是很忙，老是在工作，常常是住在厂里和研究所里不回家。他和母亲经常忙得连弟弟妹妹们的家长会都无法顾及，需要我替他们参加。有一段时间，父亲进行人工石油合成的实验，实验过程中会释放一种剧毒的氢氰酸气体，他怕危害实验室同事的健康，就养了一对鹦鹉，因为鸟类对有毒气体比人类敏感，鸟类一有反应就得赶紧采取排毒措施。父亲也是一位自我要求非常严格的人。他从来不乱花公家一分钱，有时生病，自己就花钱买药服用了，一般不到厂里报销。甚至退休后给别的单位提供科技咨询，他也不收人家的报酬。可以说，他除了自费旅游这一兴趣之外，没有任何奢好，个人非常的节俭。但诚如有人所说的那样，“无情未必真丈夫”，父亲却又是一个对家庭和子女充满关怀和爱心的人，他以他那宽广而深厚的爱给予我们兄弟姐妹六人以无限的温暖。

因历史的原因我与父母的关系有些特殊。那是因为我降生在烽火连天的抗日战争时期，当时在我出生的安徽泾县茂林爆发了震惊中外的皖南事变，我的母亲又属于靠拢新四军的进步青年。因此，父母只好跑到大西南谋生，而将我放在外祖家由祖母和舅母抚养，一直到 1954 年，已经 14 岁的我才回到上海的父母身边。因此，从小我老是怀念安徽老家，怀念我的舅母，而对父母有疏离感。更为重要的是，1959 年我入党时，学校党组织找我谈话时说，我父亲的个人成分是“资方代理人”，要我认识家庭的“剥削阶级本质”，与家庭划清界限，等等。在那种“左”的思想影响下，加上内心深处的自我保护和恐惧心理作祟，家庭出身的沉重包袱，让我在“文革”最激烈的时候，中止了与父母的联系，并努力地划清界限。父亲并没有介意我的这些行为，而是抱着谅解的态度，一如既往地将他那深厚的爱倾注到我的身上。实际上，一直到父亲晚年，我才愈来愈体会到他那种深厚而无私的爱。

我是父母的长子，我的出生给父亲带来的欢欣是不言而喻的。听母亲说，我出生不久，父亲经常抱着我在故乡的小路上奔跑，将我举过头顶，致使我经常尿父亲一身。1954 年芜湖闹水灾，我从芜湖转学到上海。因两地教育水平的差距，所以我的数学和英语成绩很差。父亲几乎每晚都给我辅导，与我一起做题，并帮我设计多个解题方案。从 1954 年到 1959 年，五年的时光里从未中断。记得初中毕业时，我已经 15 周岁。一次在学校里帮助布置会场淋了雨，回家后发烧，上吐下泻，人已经虚脱。父亲回家发现后，二话不说，背起我就跑，从家里楼上跑下来到弄堂口有一千多米，而我当时已经是一个 15 岁的小伙子了……父亲跑得满身大汗，终于找到了一辆三轮车，将我送到医院。到医院后，大夫一边给我挂点滴，一边告诉父亲赶紧买点儿热牛奶给我补充营养和水分。父亲热汗未消，又跑出去买了牛奶，一口一口喂我喝下，并一直在病床旁照顾直到我有所好转。

1959 年秋，我考上山东大学中文系，要离开上海到外地去，父母到火车站送我。母亲想起我要远行，哭了起来。这时父亲对母亲说："你不要难过，你儿子是学生干部，他能照顾别人，就一定能照顾好自己。"想不到一向不关心"政治"的父亲却能知道我是学生干部，而且相信我一定能照顾好自己。到大学后不久，因为南北生活习惯与气候的差异，加上山大新校刚刚建校，条件很差，我真是有些不习惯，于是十分想家。一天下午，我们正在学习，突然有人告诉我，我父亲来了。一出门，我果然看到了父亲。原来他是到北京和天津出差，特意从济南下车来看我。他领我到外面一起吃了饭，询问我的学习和生活情况，又领我去看了杂技演出，并到百货商店用50元钱给我买了一条厚厚的毛毯。这是因为父亲看到我的被褥在北方严寒的气候下还比较单薄，专门为我买的。三年自然灾害期间，寒假时我因水肿不能回家，只能留校治病。父母给我寄了一件"皮猴儿"，里面还包着一包牛奶糖与十多斤粮票。这牛奶糖在当时是很稀缺的食品。家里五个弟妹都是正在长身体的时候，这十多斤粮票是父母从自己的口粮中为我省下的。

1973年，我妻子生第二个孩子，那时她在江西"五七学校"，我父母坚持让她到上海生产。临产时，两位60多岁的老人将妻子送到医院，一直陪护在旁。生产后父母又将我的女儿留在上海幼儿园照顾了一段时间，以减轻我们的负担。20世纪80年代初期，我因儿子得肾病而负债累累，父亲又从自己"文革"后补发的工资中给了我一笔钱，让我还上欠款，减轻了我沉重的经济负担。后来父母又考虑到我儿子病愈后补充营养的问题，将他接到上海上学，代为照顾两年。总之，父亲的恩惠与关爱一桩桩、一件件如在眼前。

有一首叫《奉献》的歌唱道：“雨季奉献给大地，岁月奉献给季节，我拿什么奉献给你，我的爹娘。”对于父亲那如高山般的爱，我如何奉献回报呢？我所能做的就是尽量给父亲提供他所热爱的旅游的条件。即使这样，父亲也是尽量自己承担旅游的费用，而不给我增添负担。

1983 年，父母让我陪他们到泰山、曲阜旅游，全程完全是二老自理旅费，我也只不过是负责陪同。1988 年，父母到烟台、威海旅游，开始我在外地开会只能请分校的同志照看二老。会议结束我到威海后才发现父亲成天拿着一根钓鱼竿去钓鱼，但每次都难以走上能垂钓的海边岩石，因而只能无功而返。我找了几个朋友帮忙，终于扶老人家走上海边岩石，并帮他装上饵料，钓到了三条鲈鱼。这是父亲一辈子唯一一次自己钓到了鱼，因此他非常高兴。他将这些鱼放在脸盆里，还专门照了照片，回去拿给他的老友们看。1993 年 5 月，我在青岛的海洋大学任职。父母到青岛看我，但他们不愿意影响我工作，于是自己到栈桥买了两张去崂山的旅游车票。星期天，我陪两位老人乘旅游车参观崂山，在乘旅游缆车的时候，父亲让我照顾母亲，自己一个人单独乘那种开放式的缆车上山，这时父亲已经快 80 岁了。到了崂山山顶，有一段山路需要自己爬，母亲早已经气喘吁吁，但父亲却坚毅地咬着牙一个人爬上了峰顶。我真的期望这么健康的父亲能活到 90 岁、

100 岁，能永远陪伴我们。

但天不假年，就在这次旅行结束父亲回到上海后不久，1993 年 6 月 7 日，我突然接到父亲病危的消息。我不敢相信这个消息的真实性，我绝不相信这么健朗坚强的老人会真的离开我们。我总觉得父亲还有许多事情没有做完，他一定会恢复过来的。可是，等我赶到上海家中，父亲已经永远地闭上了他那慈祥的眼睛。我看到父亲逼仄的卧房和阳台改造的简陋的书房依旧，桌面上放着父亲正在学习和研究的有关“可降解塑料”的书稿，正在使用的外文资料还摊开在那里。父亲似乎没有走远，一会儿还会回来继续他的工作。在简易的书橱上面，放着一盆父亲平日最喜欢的吊兰，绿油油的叶子伸到外面，好像在等待着父亲为它们浇水。窗外建造新楼的吊车声似乎太响了，会影响父亲的思考和写作，因此窗户紧闭。这一切依然如旧，这一切就是一位老科技人员在其 80 岁高龄时，继续为国效力的场所。书橱内摆着好几个“上海市科技进步奖”的奖状，说明老人在以多大的毅力完成着早已不是他这个年龄所应承担的使命。如今，壮志未酬身先死，这位永远不觉得自己年迈的老人，这位每天清晨三点起床收听英文广播、练习英语的老人，这位每天到菜市场为全家买菜的老人真的走了，永远不会回来了。他走得那么安详，只叫了一声我母亲的名字；他走得那么迅捷，甚至没有给六个子女留下照顾他一分钟的时间。这让我们万分痛心！父亲的衣橱里，有很多打了补丁的内衣和衬衫；他不断地资助子女与孙子女，自己却不舍得在炎热的夏天喝一杯冷饮；他又确定了科研课题，并组织了队伍，却再也无法完成；他曾对我们说过，他准备与母亲到香港看看，但他这位圣约翰大学的高才生却未能有机会亲自去看一看……真的是有太多太多遗憾了，这些遗憾却又永远无法弥补。

当我看到父亲一个个同事好友来悼念时，当我看到父亲平静地躺在鲜花丛中时，我突然感到，岂止是天不假父亲以寿，而且也是天不假我们这些子女以孝啊！我们为父亲做的真的太少太少了，总觉得他身体健朗，有我们孝顺的那一天。但在不经意间，我们哪怕为父亲再多做一点孝顺之事的机会也没有了。有时母亲要悄悄地为父亲烧上一点纸钱，我们都知道这是一种迷信，就让她去烧吧！有时我想，如果真有阴间的话，我们真的希望父亲不要再对自己那么苛刻，不要再穿那样的破衣服，吃那样减价的处理水果。但这只是我们的愿望而已，父亲如果会活过来的话，他还会那样的生活、工作和奔波，但即便他还是选择这般的生活，我们也愿意他真的回来，哪怕给我们一天的时间，去回报他那如山般深厚、如海般深远而无言的父爱。

我的母亲朱志金，出生于 1921 年 12 月 2 日，逝世于 2021 年 10 月 27 日。1949 年 4 月 24 日芜湖解放后，母亲即参加了革命工作，在芜湖市妇联福利部担任副部长，1950 年调任华东妇联，1951 年受邀请参加国庆观礼，1952 年担任华东妇联幼儿园的园长，后到上海市妇联福利部保健科任科长。“文革”后到上海市二轻局教卫处任人事科科长，荣获中华人民共和国成立 70 周年纪念奖章。

1941 年 1 月我的母亲在战火连天的时候生下我，半年左右之后，即因可能面临的政治迫害而取道南下，将我留在外祖母与舅母身边。但母亲对我的爱却是始终如一且深厚的，无论在多么艰苦困难的情况下，她都没有忘记给外祖母邮寄我的生活费，即使是在她与父亲逃难失业的情况下也未曾中断。她晚年时说起将我放在外祖母家的事，非常后悔，但如果带着我避难，可能我会夭折途中。母亲说，她曾听同学说，看到我与舅母挑水、种菜、抬米糠与柴火，很是心疼。虽然那个时候我已经十岁，那种劳动完全能承担，并且那些劳动也只是对孤苦伶仃并且小脚的舅母的一些帮助。

母亲对我深厚的爱中总包含着一份歉疚。我第一次记住母亲，是小学一年级或是二年级时的一次体育课。那时父母在芜湖工作，母亲到南陵县外祖母家来看我，并专门来到学校。我正在上体育课，母亲就站在操场边上目不转睛地注视着我，我也一边跑跳一边看着母亲。我们母子就这样相望了一节课。我感到特别的温馨。1949 年 4 月皖南解放，母亲参军，1950 年调任上海华东妇联，母亲寄给舅母一张身穿军装、戴军帽的照片，让舅母拿给我看。当时母亲刚刚 30 岁，真的是飒爽英姿，特别的美。我非常自豪，并想象母亲腰间别着小手枪的英武之姿，在同学中炫耀了好久。小学毕业后，母亲力主我离开南陵到芜湖或上海上学。我因留恋从小将我养大的舅母而选择了芜湖。但因 1954 年青弋江暴发洪水，无法继续上课，母亲又将我转学到上海。

母亲始终坚持让我接受最好的教育，让我今后有一个好的人生之路。于是转托她当时的同事，后来担任我英语与数学老师的刘光坤先生，介绍我进入当时徐汇区最好的中学之一——上海市私立位育中学。位育中学校风严谨，且拥有非常优秀的师资力量，培养了一批又一批杰出的人才，是我当时生活的上海襄阳南路与复兴中路一带最好的中学。但它同时又是一所私立中学，需要每年缴纳 56 元的学费，这在当时并非一个小数目，因为当时每人每月的生活费也就 7 元，母亲每月的工资在 70 元左右。但面对偏高的学费，母亲没有任何的犹豫。当时按照位育中学老师的要求，我要利用 1954 年暑假补上在芜湖因洪水影响落下的所有数理化与英语课程。在外上补习班，又是一份不小的支出，母亲仍旧没有任何迟疑。1959 年我考入山东大学中文系，因为母亲是工薪阶层，她坚持让我自费上学，每月给我寄 18 元的生活费，直到 1964 年 7 月我大学毕业。这样的支出，对于工薪阶层来说是不小的负担。我从出生到 23 岁，依靠着父母的血汗才能一路成长。而我的成长，甚至到我老了，都一路被老母亲所牵挂，我哪怕有一点不好的遭遇或不愉快，母亲都万分焦虑，甚至是寝食不安。

1959 年 8 月，我考上山东大学中文系，即将要离开上海到山东济南上学，母亲特地请我到当时上海最著名的国际饭店吃了一顿饭，母亲专门为我点了包括狮子头、炒干丝等平时我喜欢吃的几样菜。她自己不吃，只是不眨眼地看着我吃菜。看着母亲噙着泪花的眼睛，我哽咽难咽。我到山东济南上学不久，恰逢国家少有的三年自然灾害。我因为缺乏营养，全身水肿，卧病在床。母亲心急如焚，给我寄来十多斤粮票和牛奶糖。这完全是母亲从家中的定量特别是自己的定量中节省出来的！之后母亲又急迫地让我回上海，为我改善生活，并设法为我搞到了营养餐券，加上学校的相关措施，我的水肿终于治好了。我才恢复了身体健康和正常的学习生活。

1969 年我结婚后，先后育有一子一女，由于一开始两地分居，后又因为孩子生病，家庭处于十分困难的时期。母亲在自己也十分困难的时候伸出了援助之手。1973 年 10 月，当时妻子在江西“五七学校”，江西当地住院生产尤其困难，母亲决定让妻子提前到上海宋庆龄妇幼保育医院生产，并陪护我妻子照顾她的月子。后又决定将我女儿曾瑜送到上海宋庆龄幼儿园全托，直到 1974 年 6 月妻子由“五七学校”调入山东大学。那段时间主要由母亲和妹妹接送和照顾孩子。20 世纪 80 年代，母亲考虑到我儿子曾巍正是长身体且特别需要营养的时候，又决定将他接到上海生活了两年，主要还是由父母两位老人负责照顾。

1987 年秋天，我突然接到母亲在四川乐山参加活动时跌倒受重伤的消息，我立即购买了机票飞到成都转机乐山，于第二天中午抵达乐山人民医院。我一边走，一边心中狂跳，害怕听到母亲病况危重的消息，哪怕是听闻一点相关的情况都心中一紧。原来母亲那天参加活动时，为了赶时间突然失足从悬崖上跌落，所背书包里装有替朋友买的硬物，一路翻滚一路碾压，造成了胸腔骨骼及其他多处骨折，伤及内脏，生命垂危。当时公路颠簸，如果转院成都，会造成更严重的后果，于是决定就地在乐山人民医院进行手术救治。尽管是个县级医院，医生面对如此繁难的伤病，手术仍然进行得十分成功，母亲手术两天后即能进食讲话。母亲以坚强的毅力克服了重伤，她平安回到了家，连上海的医生都说这是一个奇迹，这多亏了母亲强烈的生存愿望与坚强的意志精神。

1993 年 6 月 7 日，父亲突然病逝，没有任何征兆，只在凌晨突然坐起喊了一声我母亲的名字就溘然长逝。母亲对此无法接受，因为两人相依相伴了半个多世纪，经历过战争、灾难和政治波折，始终不离不弃。半个世纪前父母结婚时，父亲是母亲的外语和化学老师，年长母亲七岁。母亲对父亲特别依赖，家庭收支、买菜做饭等一切家庭事务，基本上都依靠父亲安排，母亲无须特别动脑筋。父亲经常对母亲讲从外国小说中看来的故事，他们特别恩爱！父亲的逝世对母亲的打击很大，于是我将母亲带到我当时工作的青岛海洋大学。我陪母亲住了一个多月。我本想让母亲多在我身边居住一段时间，我能尽尽孝道，弥补因在外地工作无法陪伴老人的遗憾。这之后也曾几次请母亲到济南来居住，但自从我妻子带我母亲体检查出脑动脉硬化比较严重之后，母亲因为怕影响我们工作，最终还是回到了上海。

母亲 90 岁以后患上阿尔茨海默症，而且日趋严重，呈现一种半睡眠状态。2020 年，兄弟姐妹们为母亲过百岁庆典，我与老伴专程前往，母亲仍处于半睡眠状态。当我为了感谢照顾母亲的阿姨，给她钱时，母亲突然睁开眼睛说了句：“钱给你了啊！”说明母亲知道我的到达和我酬谢阿姨的事情。

母亲走过了101岁的时光，81岁的我在北方向百岁的母亲致以衷心的祝福！人们说母亲的爱如海洋般深广，我亲爱的母亲以她海洋般的爱温暖了我81岁的人生，温暖了我全家，也一定会温暖永远！可是这只是我们的愿望，母亲还是离开了我们。2021年10月27日，我亲爱的母亲终因心力衰竭而辞世。那时我一直在与弟弟妹妹们交流母亲住院的情况，小迅妹进病房看过母亲后，说她握紧母亲的手时，母亲竟然回应了她，我们都觉得以母亲顽强的生命力，一定能够渡过这次险关。但半小时后，小弟来电话说，母亲还是没能挺过险关而辞世了！小妹说：“娘走了。”这撕心裂肺的话语痛彻了我的心扉。那个与我血肉相连、让我日夜牵挂的亲人走了，我好比一片落叶，失去了大地的滋养！但我相信母亲如海般的爱将永远温暖我的余生。2021年10月30日，做了核酸检测后，我由儿子曾巍陪伴前往上海。2021年10月31日中午，在上海龙华殡仪馆举办了妈妈的告别仪式，我宣读了悼词：

各位兄弟姐妹，各位亲人：

今天我们在这里以万分沉痛的心情，告别我们最亲爱的妈妈。妈妈于2021年10月27日19时23分在上海瑞金医院辞世，永远地离开了我们！妈妈朱志金走过了101载平凡而又不平凡的岁月，她把自己的一生都无私地奉献给了祖国的妇女儿童事业。1949 年 4 月，芜湖刚刚解放，妈妈就参加了中国人民解放军，1950 年调华东妇联工作，1951 年被特邀国庆观礼。后到二轻局工作，离休后继续贡献于儿童食品的研发生产。妈妈勤勤恳恳，敬业奉献，成为高级知识分子集中的华东妇联的优秀干部。妈妈的工作精神永远是我们的榜样！妈妈是共和国纪念章的获得者，是国家的有功之臣！

妈妈仁厚、慈爱、宽容，将自己的一生都无私地奉献给了我们兄弟姐妹六人与第三代、第四代，她伟大的母爱，温暖我们每个人，滋润我们一生的每个细微之处！想起妈妈的一件件往事，我们都难抑激动之情！我们要永记妈妈的恩德，一代一代传下去！

妈妈具有坚强的意志，1987 年在乐山摔成重伤，她以顽强的意志挺过生死难关！晚年又患有阿尔茨海默症，同样以顽强的意志战胜疾病，活到 101 岁！这是妈妈的顽强，也是我亲爱的弟弟妹妹们孝顺的成果！作为长兄，我感谢你们，感谢所有关爱照顾妈妈的亲人！

每次，我从山东到上海探亲，妈妈总要坐在华盛大楼的门口等我。等待我归来的亲爱的妈妈永远地离开了我们！我今年 81 岁了，我为有妈妈而幸福，也为失去妈妈而悲痛！但我还有血脉相连的兄弟姐妹与各位亲人，我们要为了妈妈，为了亲人，好好地活着！安息吧，亲爱的妈妈！

我的人生中有两个母亲，一个是生我养我的亲生母亲，一个是从小将我抚养长大的母亲，这个母亲就是我的舅母，实际上是我的养母。她叫胡秀英，她的故乡可能就是我从小长大的安徽泾县溪头都。舅母是朱家的长媳，21 岁时大舅因肺痨去世，她就守寡在家，膝下无子。后将二舅所生之子，即她的侄子朱永根过继给她。舅母的主要精力除了放在家务事上，就是照顾我们。舅母身世凄苦，青年守寡，无人相伴。她曾经高烧导致耳聋，说话不清，需要我转达她的话给别人听，并将别人的话告诉她。我们从泾县搬到南陵后，南陵实际就成为外祖父一家的主要生活之地。舅母要为在外的人纳鞋并准备多种食物。这些食物包括腊肉，腌制的各种松花蛋、咸鸭蛋、豆腐乳、特制的腌咸菜等。过春节的时候，外祖父母与在外工作的家人都要在南陵家中过年，于是舅母一手操办着家里过年的准备工作，包括用米粉做成各种动物与小人的熟食，还有自己家里制作的爆米花糖与花生糖，等等。这些工作基本都是由我的舅母完成，还包括平时养鸭、腌鸭蛋、买白菜腌制泡菜等活计。而且舅母还在院子里晾晒着由碎布糊的棉鞋帮，用来给在外的家人做棉鞋，当然还要纳鞋底。总之，舅母一直非常的繁忙，她每天都早起晚睡。从我半岁开始到 12 岁，舅母就承担起抚养、教育我的责任。儿童心理学将 0—5 岁看作儿童生长期，而将 5—10 岁看作是儿童智力与性格形成的关键期。可以说，舅母的言行与教育为我的智力和性格之形成奠定了基础。

我自小离开父母，年幼之时无法体会到父母的爱，但舅母却以她那超越血缘的、无私的爱弥补了这一切。舅母对我的爱可谓无微不至，将我的冷暖、温饱与苦乐系于心头，看得高于自己。20 世纪四五十年代，我们皖南山区的冬天仍然很冷，舅母总是用新棉花给我做棉衣、棉裤和棉鞋，让我坐在火桶中看书写作业，给我汤婆子暖手。下雨天从未忘记给我带伞。我六岁上学，都是舅母拐着小脚用瘦弱的肩膀背着我上学。每次吃饭的时候，她都是吃自己种的南瓜等蔬菜，但几乎每天都要给我蒸鸡蛋羹，里面还要放一块鲜美的肉馅丸子。每天晚上我晚自习回家，她都会在炉灶的柴火余烬中给我烤一块甜美的地瓜，有时则在门口给我买香喷喷的鸡蛋饼。舅母总是用慈爱的目光深情地看着我香甜地吃饭。记得我 11 岁左右，老师带我们到柏山渠水库参观，因为相隔 20 多里，回家的时候天已经擦黑。到家后，舅母已经单独给我蒸了一锅米饭。因为平时晚饭的时候，舅母为了节省粮食都是吃比较稀的饭，但那天晚上却给我单独做了干饭，并做了美味的肉菜。当时正处在长身体的年龄，又走了很长的路，我非常饥饿，就狼吞虎咽地将饭菜统统吃光了，舅母以欣喜的眼光一直注视着我吃饭的样子，我突然感到了一种无比亲切的情感力量。这种慈祥的眼光与力量几乎伴随了我一生，常在我困顿时浮现在我的眼前，给我无比的温暖。

舅母不仅给我无比温暖的母爱，而且给予了我终生难忘的影响与教育。徽州人教育子女有学徒经商与读书致仕两条路，以前者为主，但徽州人从不忽视儿童的基础教育，我在泾县和南陵常看到住户门口标有“读书人家”的字样。舅母不会让我接受学徒式的教育，要求我读书致仕，首先就是学做人，舅母以她自己的言行为我树立了做人的榜样。

首先，她乐于助人，有一颗慈悲之心。那时候穷人很多，经常有人到门口讨饭。舅母从不让人空手而归，总要给人一点食物，特别对老人和孩子更是怜爱有加。她常说助人一时就是助人一世，能帮人时即帮人。这样的思想与行为对我影响很大。其次，舅母极为勤劳俭朴，几乎每天天不亮就起床劳动，晚上很晚才睡，衣服补了又补，吃的也是自己种的蔬菜。她唯一的嗜好是吃桃酥饼，直到晚年最后的岁月，到上海时还是对这种桃酥饼点心念念不忘。她对我的教育还很严格，首先是不允许我贪便宜、手脚不干净与撒谎。出现这样的问题，那一定惩以体罚或跪地板。有一次我喜欢一支软性的毛笔，但自己又没钱，买不起，于是偷拿了文具店的毛笔。舅母在帮我收拾书包的时候发现了，当即罚我跪下说明毛笔的来历，说不清楚就不能睡觉，她陪我一起不睡，我只好老实交代。第二天，舅母领我到文具店，找到老板认错，交了笔钱，还让老板以后监督我，这让我终身不忘。她并不识字，但经常到学校找老师询问我的学习情况，几乎每个任课老师她都认识，并且都找过，并请求老师对我严格管理，甚至要求老师必要时体罚我。如果我因错被老师打了手心，或者罚站留校，回到家舅母肯定要重罚，一般是罚跪。最主要的是，舅母经常给予我正面教育，让我知道只有吃得苦、读好书才有前途，这也是我父母的期望。正是在舅母的教育督促下，并无先天禀赋的我在小学的六年学习中保持着较好的成绩，并能够顺利考上芜湖的初中。这里面包含了舅母的贡献与辛劳。

1953 年 7 月，我顺利结束了六年小学学业，按照父母的意愿到芜湖考初中。皖南的夏天虽然来得有点早，但早晨仍有寒意。我吃完早饭，背着舅母给我收拾的盛放衣物的包袱，走出南陵县新华街 45 号大门。舅母在我后面一边送我，一边嘱咐我，我则一边流泪，一边应声。我要按点去赶开赴芜湖的船只，离开故乡去芜湖考学，舅母是三寸小脚，当然不可能送我到码头。原以为如舅母所说，她会很快到芜湖看我，我会很快见到她。但这只是一句安慰我的话而已。从此我离开了亲爱的舅母，那个朝夕陪伴我 12 年的亲人！我站在船头上望着逐渐远去的南陵城，泪眼模糊。从此我只能在梦中再见我亲爱的舅母——我的另一位妈妈。

家庭生活

家庭是心灵的港湾，是人生的栖息地，而一个家的女主人则是家庭的柱石。我的家庭柱石就是我的妻子纪温玉。我自己起起伏伏，已走过 80 多年时光，其中包括了从事 20 多年繁忙的学校党政工作，也包括前后 40 多年艰苦的学术研究生涯。在这一切的背后，肯定有一个全力支持我并默默奉献的女人，她就是我的妻子纪温玉。我们是大学同班同学，在一起上学五年，毕业后于1969年结婚，我们一直相携相助50多年，可以说是风雨同舟，艰难与共。说起我们的爱情与婚姻，我想以我妻子80岁生日时，我写的一首诗作为叙述的引子。诗写得不好，但借以表达我对于老伴半世纪陪伴的感激还是可以的，这首诗是这样写的：

温玉八秩有感

当年相识济水东，回眸一笑惊友朋。

相伴相携半世纪，含苦茹辛恩义重。

如今两鬓微染霜，年虽八秩仍青葱。

岁月如歌奋力行，合家齐心可还童。

先说“当年相识济水东，回眸一笑惊友朋”。乃言我与纪温玉相识于1959年8月，济南山大的利农庄校区。那时我们都刚刚进校，同时在山东大学中文系59级第七组学习，由此相知相识。利农庄校区在济南之东郊，黄河亦称济河，地理书写道，“济河又称济水，古名沇水，发源于今河南济源市，流经河南、山东，最终汇入渤海。现代黄河下游河道就是原来济水的河道”，所以称济南东为济水之东也。当时我们第七组第一次见面，这也是我第一次见到纪温玉，她充满青春朝气，美丽非凡，特别是笑容，更是极为动人，所以说“回眸一笑惊友朋”，她的美貌与朝气是真的惊到我了，从此这个不说话只会笑的女子就深深印入了我的脑海。当时学校规定学生上学期间不准谈恋爱结婚，我们是完全遵循的，上学五年没有恋爱，几乎除了集体活动外，就没有接触。直到办理完毕业手续后，才在师姐的帮助下确定恋爱关系，然后我留校，她则分配到北京的中央办公厅，一直到 1969 年我们才结婚。对于结婚这件事，就充分表现了老伴对于我的深爱。因为她在中央办公厅这样的机密单位工作，而我家庭出身在当时来说并不好。有领导告诉她，如果与我结婚，她将被调离该单位。而且那是一个特别“左”的年代，有一段时间走在路上都有人查你的家庭出身。而学校的环境也风雨缥缈，到底要不要办大学都没有定论，我们教师又都是社会上所谓的“臭老九”，我本人也非常穷，什么都没有，结婚的房子和家具都是临时的、借公家的。就在这样的情况下，纪温玉毅然来济南与我结婚，从此给了我一个家。

所谓“相伴相携半世纪，含苦茹辛恩义重”，乃言我们相伴相携半世纪的时光。从 1969 年到 2022 年 50 多年，半个世纪的漫长时间，我与老伴始终相伴相携，不离不弃，患难与共。这其中包含了老伴默默地奉献，含苦茹辛地照料我们的家庭。首先是刚结婚的时候，我们缺乏生活经验，尤其是我，非常无知，也非常可笑。妻子怀孕后到我这里休假，因为寒冷，只能生蜂窝煤炉子，蓝色火苗所挥发的一氧化碳气体是有毒的，当时不懂，以为火炉取暖并无问题，于是一直烧着炉子，没有通风，结果导致煤气中毒。当时非常危险，亏了学兄老丁来得及时，打开了窗户，才得以脱险。后来为解决两地分居问题，领导打算调我去老伴工作的地方，但因学校不同意而未果。1974 年老伴调到山大后，我们因为不会生炉子导致满屋子烟，邻居都以为失火了，非常惊慌。诸如此类，不胜枚举。再就是贫穷，那时因为孩子生病，仅仅为孩子治病就花费巨大，一次住院好几百，只好借钱，家里生活困难，生活非常拮据。有一次，当月只剩下 5 元钱，实在不知道怎么渡过生活难关。当时家里一共两张床，一张床是用两个单人床拼起来的，另一张则是用凳子放上木板搭起来的，不太结实。一次，我的老师来家与我谈上课的事情，坐在木板床上，因为不结实，居然坍塌了，将我的老师吓了一大跳。1977 年深秋，因为长期劳累，外加上饮食不当，我患上胃溃疡病。后又突发胃穿孔，当时是在半夜发作，我感觉犹如有一团熊熊燃烧的烈火在肚子里灼烧，整个人几近晕眩，躺在地上翻滚。老伴叫来邻居用地排车将我送到市中心医院，用上电疗与针刺疼痛才得以缓解。后来给我看病的梁大夫医道非凡，运用中西医结合的保守疗法，通过漫长的治疗之后，我的病居然逐渐治愈了。但在漫长的治疗过程中胃需要保养，不能吃硬物，主要吃细粮，或要将馒头烤得焦黄之后才能吃，于是粗粮主要则由老伴和岳母吃了，岳母是专程从青岛赶来济南看望我的。其实，她们两个人，一个已经 70 多岁的高龄，一个脾胃虚寒，也是勉强咽下粗粮，其苦可知。

1975 年夏天，我的大儿子在青岛姥姥家由于急性中毒性菌痢送医抢救。老伴回到青岛家中，和岳母与孩子的舅舅们，想尽各种办法挽救孩子生命。后来回到济南后，孩子又转为肾病综合征，出现水肿、蛋白尿的症状，严重时呼吸困难，需要抢救。孩子为此经历了十年的漫长治疗。住院的大部分时间是纪温玉陪床，因为她比我有耐心，孩子喜欢她。那时住的是儿童病房，病床很小，纪温玉陪床，都是侧着身子睡，一陪就是几个月。本来她没有高血压，结果因为过度劳累得了高血压，直至目前仍然需要注意血压状况。后来遵医嘱，给孩子做了扁桃体手术，才侥幸治疗好了肾病综合征，成为省中医的典范病例，孩子由病孩成长为大学毕业生。孩子上学时我已经到青岛工作，也都是由老伴照料他。

1981 年，我完全走上“双肩挑”之路，工作繁重，家庭重担基本上都给了老伴。中间我曾经借调教育部三个月，后又调到青岛，那段时间就完全由纪温玉自己管理家庭并照顾孩子了。她还要肩负自己的工作，每天坐班，常常是吃不到早饭，长年累月，渡过了一个一个这样的困难春秋。我记得 1976 年春节，她陪孩子在省中医住院，我在家做了肉、鱼、水饺与藕盒。送到医院时因为放置不当，水饺几乎全部破了，就这样我们一家在医院过了年。孩子漫长的十年病期，耗费了她无数的日夜与精力，可以说没有纪温玉，孩子的病就不可能痊愈。

对我来说，她不仅照顾了一双儿女和我的生活，为我提供了安静稳定的工作环境，她还以自己朴素的本色，特别热情友好的姿态，赢得周围同事的友好回应，没有给我增添任何“麻烦”。而我因为忙于工作和业务对她的照顾极少，一次纪温玉消化有问题，但我一天都有事情，无法请假，早上出门后无法回家，也没有时间询问。她疾病发作，送到医院，血色素下降到接近危险的程度，到晚上我才有空到医院照顾，险酿大祸。步入老年的我则由于高血压与胆囊炎经常需要住院，都是我老伴在医院照顾我，一次她去开水炉打水，周围的病号很疑惑，问她是病人还是来照顾病人的家属。她回答说是照顾病人的家属，周围的人都非常惊讶。还有，她对我的母亲和我的妹妹都多有照顾，得到家人高度评价。其实，温玉是家中最小的女儿，上有哥嫂，并没有吃过苦，她以柔弱的双肩所承担起的家庭重担是一种自觉的奉献与牺牲。以上种种难道不是“含苦茹辛恩义重”吗?

“如今两鬓微染霜，年虽八秩仍青葱”是说我老伴虽历经艰辛，但心地善良，胸怀宽广，人已 80 多岁，但并不显老，头发微微染霜，心态年轻青葱。她特别的阳光、坚强，这一点常人难以达到。2013 年前后，她突然尿血，我非常紧张，当天下午就陪她去了医院，需要对泌尿系统做一系列检查以确诊。有些检查是常人难以忍受的，但我老伴却从容对待，视若常事，也许是她特别能够忍受，更重要的是她以坚强的姿态让家人放心。当然最后检查结果出来，诊断是一般疾病，但当时的气氛却非常紧张。老伴遇事的处之泰然，这都是她的“青葱”心态之表现也。

“岁月如歌奋力行，合家齐心可还童”是我的期望与愿景，也是努力达到的目标，就是期盼家庭和睦、齐心协力，我与老伴一定会在如歌的岁月之中焕发青春活力。俗话说“少年夫妻老来伴”，少年夫妻固然幸福，但老来伴更加重要，这是一种生活中必不可少的组成部分，是必不可少的陪伴，也更是不可取代的心灵伴侣。也是在十多年前，老伴查出乳腺肿块，她住院之后，我自己在家，就一下子觉得家里空荡荡的，一点点声响都没有，产生一种恐慌感，无法安然入睡，更是无法安心写作，到医院守着老伴方能安心。手术前，医生找我与儿子谈话，按照惯例，医生谈话都是就最严重的后果来谈。说老实话，我既不敢接受，也不敢签字，只好让儿子签字。老伴手术时，我在北京的学生小安专门来陪我。虽然最后只是一般囊肿，没有问题，但经此事后，我真真切切地、更为直接地知道了老伴在我生活中的重要性。我老伴从事的是行政工作，但她是文科背景，长期在文科院系工作，因此具有较高的政治与文化素养。几乎每逢有大会学术发言，我都要事前读给她听，如果她听不明白我就加以修改，直到她能听明白。这样做果然极大地提升了发言效果。因此，我老伴也是我的业务伴侣。我们要长长久久地相伴相守在一起，在如歌的岁月中奋力前行。

我的中学

我的一生在两所著名的学校接受教育。山东大学中文系为我提供了接受深厚扎实的专业知识学习和基本训练的机会，使我走上了从事专业业务之路。而我的中学则是在上海市著名的位育中学。位育中学为我提供了严格而扎实的基础教育，特别是让我逐步懂得了做人治学的道理。位育所给予我的惠泽，我是永难忘怀的。

位育中学是1943年由陶行知先生的学生、著名教育家李楚材先生创办的。校名“位育”取自《中庸》“致中和，天地位焉，万物育焉”，用其“生长创造”之意。其实，“位育”之意至为深邃，所谓“中和位育”乃是中国传统文化“天人合一”之深刻内涵，被镌刻在孔庙大殿横额之上，被费孝通教授称为中国传统文化精髓之所在。位育中学向来以办学严谨著称于世，培养了大批有用之才，据统计，中外大学校长之中，位育校友就有28位之多，其中有田昌霖、陈佳洱、王生洪、吴启迪等。1998年5月初，我在北京参加北大百年校庆之时，见到陈佳洱校长与田昌霖校长。百名中外校长论坛上，位育校友就有三人，实属难得，田昌霖校长不久后仙逝，我们三人的合影就显得价值更甚。位育中学经过60多年几代人的辛勤努力，目前已成为上海市重点中学。它是上海11所寄宿制高中之一，同时也是上海的示范性中学，除保留复兴中路老校区作为初中部外，又在郊外新辟100多亩土地建设新校区，校舍与设备均焕然一新，成为一所与国际接轨的现代化新型中学。

1954年夏，我从安徽芜湖市第一初中转学到位育中学。我在1953年小学毕业后，考入芜湖市第一初中。那时，我的父母都已经到上海工作，我一个人在芜湖住校读初中，我父母早就希望我转学到上海，但我留恋故乡，不愿转学，就滞留下来了。但1954年夏，青弋江发洪水，汪洋一片，芜湖市成了水泽，我只好躲在亲戚家的楼上好几个月。1954年开学后，芜湖的大水还没有退去，所有的学校都不能按期开学，我就遵从父命转学到上海了。我是刘光坤老师介绍去位育中学上学的。刘老师的母亲——刘王立明是著名的民主人士。刘老师曾经在华东妇联与我母亲是同事，后来自愿到位育中学教数学和英语。我参加入学考试的时候，数学考得很差。因为芜湖洪灾，我在芜湖读书的第一初中的课时断时续，所以数学这门课的许多内容都没有学。位育校方考虑到我的特殊情况，还是接收了我。当时位育是一所私立收费的中学，每年的学费是56元，这对于工薪阶层来说算是负担比较重的。但它是我们家周围最好的中学之一。我的父母为了能让我接受较好的教育，还是下决心花了这笔钱。我于1954年进入位育中学后，1956年又作为优秀生免试直接保送本校高中。这时位育中学已经改名为上海市第五十一中学。1959年我在位育高中毕业，考入山东大学中文系。因此，从13岁一直到18岁，我在位育中学接受了整整五年的教育。

位育中学坐落在上海复兴中路与襄阳南路交叉处，不远处即为襄阳公园和文化广场，是老的法租界区，周围的住户大都是经济状况比较好的人家，不是资产阶级家庭背景，就是高级职员和收入较高的工薪人员等，纯粹工人阶级家庭背景的学生极少。所以，相比起来，学生家庭的文化程度相对较高，所受教育的程度也就较高。当时学校还有少量的中西婚姻下的学生，有的同学是混血儿，长得更像外国人。我很多同学家里的住宅是花园洋房，相比起来，我的家庭的经济状况是比较一般的。这就是说位育中学在当时带有一点现在说的“贵族学校”的性质，但位育中学却不是一座崇尚贵族浮华做派的学校，它是一所真正的由教育家主办的学校。它崇尚的是“有教无类”的办学方针，在校方的眼里，学生只有品行与学习成绩的差异，而没有贫富的区别。因此，位育中学对学生的要求是极为严格的。我们上学时的教导主任是陆福遐先生，他专门监督学生的日常行为，不准同学谈恋爱、不准同学穿着奇装异服、不准同学破坏纪律等。即使在校外，陆先生不知怎么就会出现在你面前，你在外面做的事情，陆先生似乎也能知道。因此，大家都非常惧怕陆先生，多少有些谈“虎”变色的意思。

后来陆先生调到新成立的上海师院教英文，由朱家泽先生接任教导主任。朱先生与陆先生是完全不同的风格，他是一个典型的谦谦君子，温文尔雅，说话慢条斯理。对同学要求严格则是与陆先生相同的，但他更侧重肯定与表扬。记得有一次全校周末大扫除，有的同学因为家住得远要赶回家，有的则要去参加体育锻炼，所以完成基本任务之后都离开了。而我因家住得近，所以我最后一个打扫完毕后才离开，并收拾好了大扫除的工具。突然，朱先生出现在我的面前，问我叫什么名字，是哪个班的，为什么最后才走等。第二天的朝会上，朱先生就表扬了我。这个表扬对我鼓励太大了，因为那时我刚从安徽到上海，上海话也说不好，功课也跟不上，特别是数学成绩老上不去，所以自己特别自卑。但这次表扬让我找到了自信。从此，我敢于大胆地讲上海话，与同学交流，积极融入集体之中，学习成绩也明显提高，进入了班级成绩比较好的同学行列，而且还加入了共青团，担任团支部委员。

位育中学有一支优秀的教师队伍。我现在觉得，当时位育中学老师的业务水平与后来的一些大学的师资相比，都不逊色。我们的老师在当时都是有大学毕业文凭的，有的甚至还有留学的历史，有的则在外国公司工作过。老师们的敬业精神更是没得说。

初中时的数学老师汪润先生，是一位非常温和而又严厉的女老师，上课细腻认真、清楚明白。每讲完一个专题，她都要小测验一次。测试的题目简单，都是数学课上的基本内容。她当场就将卷子批好。对于没有掌握教学基本内容的同学，汪先生绝不放过，一个一个地辅导，一直到你掌握，才放你回家。在这种情况下，上课的时候没有一人敢开小差。因为你只要开了小差，肯定小测验不及格，那么你不仅回不了家，汪先生也得陪你不能回家。我们后来到汪先生家做客，看到她家中不仅有老人，还有很小的孩子，大家愈发不敢偷懒懈怠了。汪先生从来不骂人，不说过头话，她就是以这种坚持不懈，教会每个学生才会放手的精神感动了我们每一个人。就这样，我们的数学成绩一下子上去了。

物理老师朱家柏先生也是一位非常认真的老师。他采用提问的方式检查学生。他十分细心，在教学中掌握每个同学的情况，会在课堂上对不放心的同学突然提问，并让你到黑板上做题。题目都非常简单，也都是教学基本内容，但当着全班同学的面，你做不出来也是很难堪的。朱先生也不批评你，你做不出来，他就讲解。然后第二次同样的题目让你当众再做一次。这种情况下，还有谁敢不好好认真复习呢?

化学老师张嘉荃是一位女老师，据说当时是单身，在教学中以对同学母亲般的关爱而出名。她总是用那有点沙哑的但却极其温和的嗓音，向你慢慢地讲解着，手把手地教你做好每一个实验。你只要想起张嘉荃先生那温和的、慈祥的笑脸，你即使再想玩，也得先完成化学作业。

英语老师虞述翰先生教学也特别认真，他很严肃，又非常温和。因为虞先生的头有点偏，所以同学们私下给他起了一个外号叫“六点零五分”。因为第一次听说，所以在一次课外劳动时我就问同学，怎么会叫虞先生“六点零五分”。没想到虞先生就走在我后面，听到有人称呼他的名字，就主动答应了。我一看是虞先生，差点儿吓破了胆，但虞先生仍然慈爱地笑着看我。

位育中学历来是非常重视数学、英语与物理等课程的，校方认为这是基础教育中的基础。因此，一般对这几门课都抓得特别紧、特别严，教师队伍配得也比较强。当然，位育中学也是十分重视语文的。我的语文老师是蒋文生先生，无锡人，当时单身住在学校，长得高高瘦瘦的，是一位非常严肃的先生。蒋先生非常重视作文，将优秀的、甚至有些特别的作文都张贴出来，有时他自己在全班朗读出来。有一次，蒋先生出了一道命题“雪”的作文题，因为我来自安徽乡下，所以我即以新中国成立前我家的一个邻居农妇在雪天冻死河边的故事为背景，写了一篇作文。这样的内容，对上海的同学来说是闻所未闻的，而且也因为这位农妇是我同学的母亲，所以我是带着十分真挚的感情写的。蒋先生认为写得很好，不仅张贴出来，而且还让我在全班朗读，他则加以评点，并给予了很高的评价，这给了我极大的鼓励。

位育中学是经常组织考试的，考试一般都考基本知识，极少有偏题、怪题，但会在基本公式的基础上做出很多变化，让你思考、动脑筋。考试则分小考、中考、大考。小考几乎每天都有，中考就是一学期的期中考试，大考则是期末考试。考完以后，都有一个详尽的成绩单，加上更为详尽的评语，并都划了等级，交到家长手里，要家长签字。所以，进了位育中学后，学习的压力是蛮大的。我们当时中午都不回家，有时在学校食堂吃饭，有时则从家里带盒饭，放在学校的蒸馏锅里将盒饭加热。中午学生都是留在学校做作业、复习功课，晚上放学后或是留在学校做功课，或是到离文化广场很近的卢湾区图书馆复习功课。我们几个同学将图书馆里有关中学数、理、化、生习题集一类的书都背了一个遍，也做了一遍，做到考试时遇到任何题目都已烂熟于心。因此，在这种勤奋踏实的学风下，位育中学的学生极少有学习成绩非常差的，在这种氛围里，再差的学生，成绩也会给带上去。

位育中学不仅有严格的教学与学习要求，而且还有非常丰富的课外文体活动。我在初中时就参加过学校的业余剧团。我们曾经演出过几个大型的话剧节目，一个是儿童话剧，戴假面演动物；还有一个是反特的话剧，我在里面都有角色。在反特的话剧里，我扮演的是苏联的军官。这个剧团很活跃，我们剧团主要的女演员，后来考取了上海戏剧学院，成了上影厂的演员，主演过电影《养猪姑娘》；我们剧团搞场务与美术的同学后来到了北京的幻灯片厂工作。每隔一段时间，全校就要召开文娱晚会，晚会经常有诗歌联唱节目，大都让我写朗诵词。学校里还出大型的墙报，因我愿意投稿，所以一开始我是作为通讯员和编辑参与墙报的工作，后来到初三时成为主编，一直做到高中毕业。这个主编的工作对我来说是很大的锻炼。因为几乎每期都要有一篇社论，这个社论根据团委出的题目，一般都由我当场起草撰写好，然后誊抄到黑板之上。有时稿源不足，我就需要在较短的时间里写好几篇文章抄到黑板上。这倒练就了我快速写文章的功夫，提高了我的写作水平。

我是在位育中学加入中国共产党的，这是我人生中的重要一页。1959 年春夏之交，国家为了在大学生中加大中国共产党党员骨干的比例，决定在应届高中毕业生中发展一批党员。当时，位育中学只有一名由部队转业的袁承昌同学是党员。学校在原有考察的基础上，决定发展陈银桥和我入党。我先接受入党前的教育，参加区委组织的各种报告会，报告会中最令我感动的是一位类似帅孟奇大姐那般经历的女同志的报告。当她讲到被国民党特务逮捕后，敌人将她的小女儿抓去，将刀架在小女儿脖子上，威胁她供出党的机密，否则就别想要女儿时，作为讲演者的她声泪俱下，而作为听众的我们也都心痛难忍。我们真的为她那崇高的革命理想所感动。当时，我还被一本叫《在烈火中永生》的书深深感动，决心要成为书中那样的人。当时，团委书记裴祖耀和袁承昌作为介绍人，介绍我加入党组织，作为党支部书记的胡蔚英副校长则与我们谈了话。胡蔚英书记祖籍四川，新中国成立前是上海的地下党员，是一位非常坚持原则又有着丰富感情的党内老同志。在讨论我入党的支部会议上，一方面通过我入党，另一方面取消了一位老师的预备党员资格，原因是这位老师向党组织隐瞒情况，而且群众反映不好。胡蔚英书记最后作总结，并语重心长地讲了党的性质、党的作用、党员的责任。

就这样，我在位育中学学习生活了五年的时间，由一个少年成长为一名青年，由一名普通群众成长为一名中国共产党员。位育中学教给了我文化知识，也更使我明白了应该如何做人治学。我向来都以是位育的学生而自豪，又常常以此鞭策自己，不要辜负了位育中学的培养，不要辜负了师长们的期望。

下文附上2009年夏，我在位育中学59级同学离校50周年聚会上的发言，表达自己对母校和老师们的一片感激之情：

永远的动力

——我敬爱的位育中学的老师们

回忆当年在位育中学的老师们，我觉得其学识与教风完全可以与许多高水平大学相媲美。现在我想以自己的点滴感受为例，说明位育中学高质量的教学水平。

第一，宽厚仁爱的襟怀。学校作为育人单位，其教育水平主要是体现出一种“有教无类”的大爱襟怀。位育60年的成功之路就是以这种大爱培养、教育了一代代学子。我本人在位育的五年就深深地体会到位育的这种大爱。我是1954年从皖南老家插班到位育初中学习的。当时由于城乡的教学差距，特别是皖南发洪水导致停课了大半年，因此我在1954年暑假插班时，数学成绩是很差的，入学考试成绩不及格，上课完全跟不上。但位育中学还是接收了我，让我入校学习。尤其是我的两位数学老师，刘光坤老师与汪润老师对我关爱有加，经常单独辅导我，有时一直到天已漆黑，校园已经没有了人。刘老师在我入学的事情上特别关心，并且相信我一定能够跟上课程。两位老师经常鼓励关怀我。当时因为我从外地来沪，听不懂也不会讲上海话，显得非常无奈，但两位老师却同慈母一般关爱我，将我叫到家中，与她们的家人一起聊天，让我尽快融入学校集体。正是在包括两位老师在内的位育中学老师的帮助下，我很快赶上了学习进程，并愉快地成为位育中学的一员。

第二，鼓励支持的态度。位育中学在教学上是非常严格的，几乎每堂课都有考试，每堂课都有提问。因此学习非常紧张。但位育中学又坚持对学生鼓励支持的态度，发现你的一点长处就加以支持。我的文科特长就是位育中学的老师鼓励支持的结果。众所周知，位育中学一贯是以数学等理科教学而见长的，但对于学生的其他特长也是非常支持鼓励的。我记得我的语文老师蒋文生老师，他那瘦长的身材，那带着浓浓无锡口音的普通话，特别是他那深邃而关切的眼光。我刚到位育时由于学习跟不上，内心有些恐慌与自卑。但在一次语文课上，由于我的作文《雪》生动地抒写了安徽老家的雪景与雪夜发生的故事，得到蒋老师的特别鼓励，让我朗读了作文并将之张贴了出来。蒋老师还在他认为是佳句之处画了许多红圈，这充分体现了老师的鼓励和深情。此后蒋老师经常在语文课上给予我鼓励，使我获得了对今后学习的充分信心。后来，学校发现我有写作的爱好，就在当时的教导主任朱家泽老师的支持下，让我担任了学校黑板报的主编，当时王大豪同学担任美编（大豪后来成为著名画家），史习成同学负责写字（习成后来将书法作为终身爱好）。每星期出两期，共四块黑板。有时稿子不够我就临时写作，这培养了我快速写作的良好技能，使我受益终生。

第三，无私关怀的精神。提起位育中学，我就必然会想起我在位育中学的班主任张嘉荃老师。张老师是我们的化学老师，也是我们的班主任。她的化学课讲得极好，枯燥的化学公式在她的讲课中变得非常生动，仿佛这些公式有了生命，因此我们都很爱听她的课。但更重要的是，她是一位特别关爱我们的班主任，如慈母，如朋友，给予了我们这些正处于青春期的青少年心灵的滋润。2009年，正值我们59级同学离校50周年之际，我回到母校，见到了满头白发的张老师，我的眼睛立即湿润了。敬爱的张老师，我们想要让你知道，我们这些你教过的学生就是你的孩子。

后来读高中时，虞述翰老师担任我们的班主任，虞老师是英语老师，也是我们非常喜欢的老师。他特别的宽厚。记得有一次我们进行课外劳动，我突然想起个别调皮的同学因虞老师平时有歪头的习惯而给他起的外号——六点零五分，于是就问另一位同学可有此事，恰好虞老师走过来，听到我说的话，我见到虞老师真的是吓得魂飞魄散，但虞老师却像什么也没有发生一样与我们说话。他的宽厚化解了我的担心。总之，位育的老师真的是对同学充满了无私而宽厚的关怀。当然，我们在位育的老师还有朱湖老师、蒋志英老师与高中的李老师。他们的无私教导与关心使我们得以健康成长。在位育的老师中还有从事思想教育的副校长胡蔚英老师与裴祖耀老师，是他们使我在政治上进步，树立了正确的世界观，并在高中毕业前夕加入了中国共产党。

我离开位育中学已经50多年了，但位育老师们的身影却时时映现在我的脑海，他们的教育成为我成长与前进的永远的动力。我对我的母校——位育中学及其老师们充满着感恩之情，我衷心地祝愿我的母校位育中学成为我国基础教育的高地，祝愿位育的老师们幸福安康，你们永远是我们学生心中最美的老师！

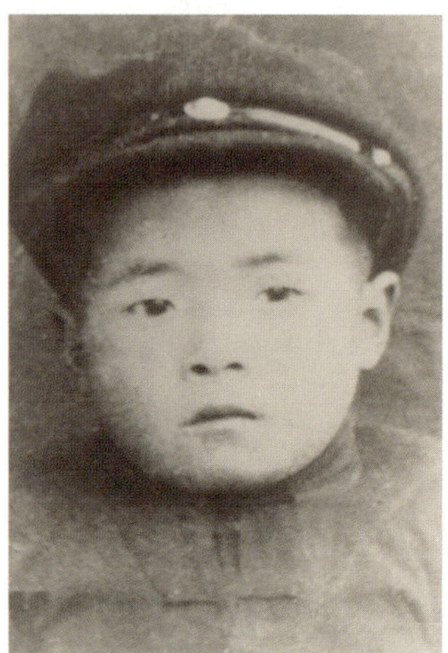

01

02

01 孩提时

02 小学时

03 父亲曾庆藻

04 与父亲合影（1978 年）

03

04

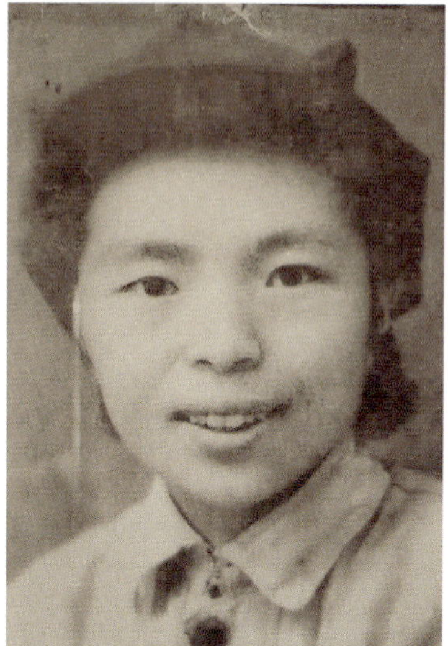

05

06

07

05　母亲朱志金

06　与母亲合影（高中时代）

07　与母亲、妹妹在上海(1955 年）

08 全家在上海合影（母亲、父亲、外祖母、后右1表哥）（1963年）

09

10

09 父亲、母亲与儿子在泰山（1977 年）

10 与舅母、女儿于上海合影（1979 年）

11 与父母在青岛崂山合影（1993 年）

11

12

12 妻子纪温玉

13 与妻子纪温玉在北京颐和园（1964 年）

13

14 与妻子在山东大学新校南苑小楼合影（1969 年）

15 与妻子、儿子和女儿合影（1975 年）

15

16

17

18 从左到右：孙女曾令一、妻子纪温玉、女婿伊万、外孙曾令双、女儿曾瑜

16 家中合影（1986 年）
17 家中合影（中间为岳母）（1986 年）
18 家中合影（2019 年）

19

19　与妻子、女儿在家中（2019 年）

20　与位育中学同学合影（1955 年）

20　右一窦晖、后王健瑚

第二章　我与山大

我的山大缘

现在人们都常说“缘分”，这主要指的是人与人之间的缘分。其实人与某个团体之间也会有某种缘分，我与山东大学就有着不解之缘。首先从我考入山东大学谈起。我中学念的是上海位育中学，这是一所非常著名的中学，由著名教育家李楚材先生创办并担任校长，先后培养出田昌霖、陈佳洱等国内外知名的教育家和学者。位育中学毕业的学生大都进入了北京大学、清华大学、北京航空航天大学、哈尔滨工业大学、复旦大学、上海交通大学等名校。我当时是位育中学高三（四）班的团支部书记，学校仅有的三名学生党员之一，文科成绩在学校里排在前面。所以当时学校的领导胡蔚英副校长动员我填报北京国际关系学院，以便毕业后进入外交部门工作。但我当时十分向往马克思主义，不仅决心以此作为终身信仰，而且决心以研究马克思主义为终身职业。所以，除了按照学校领导的意见，我第一志愿填报了北京国际关系学院外，后面几个志愿分别填报的是北京大学哲学系、复旦大学哲学系、复旦大学新闻系等。最后还有一个第五志愿填报哪所院校呢？有的老师告诉我，山东大学中文系非常有名，而且在青岛。那时上海人都非常喜欢青岛，暑假经常到青岛玩，认为那是一个非常美丽的地方。于是我就毅然决然地填报了山东大学中文系汉语言文学专业。

谁知录取的时候正值一个特殊的时期。我考大学的1959年正处1957年开始的“反右派运动”后期，所以特别注重学生的政治条件。我当时已经是共产党员，而且列席过1958年的上海市青年社会主义建设积极分子大会，应该说我个人的政治条件是很好的，但当时主要是审查家庭出身和家庭成员背景。我父亲本人没有任何政治问题，一辈子都在教书并从事化工技术工作。但他在新中国成立后的社会主义改造运动中却被定为“资方代理人”。

这说来话长，1945年抗战胜利后，父亲从西南大后方返回故乡安徽芜湖市，在芜湖的广益中学教化学和英语。可当时家中上有祖父母，下有两个孩子，还要适当地资助正在读书的我的叔叔和姑姑，因此光靠中学教书的工资是不够花销的。为此，父亲在外祖父等亲友的资助下，在芜湖江南一个名叫大有仓的地方开办了一个小型的酿造酱油的作坊。因为当时大都是人工酿制酱油，时间太长。而因为我的父亲有化工专业背景，所以运用发酵技术酿制酱油，时间短，味道还好。于是我的父亲一面在广益中学教书，一面兼职卖酿制酱油。小作坊一共雇用了两个工人，除了酿制酱油外，就是挑着酱油在大街小巷叫卖。这个小小的酱油作坊大约维持了两年，1948年安徽青弋江发洪水，酱油厂正在江南岸，大水将酱油厂的设备冲走，酱油厂只好宣告倒闭。这是一件事。还有一件事就是解放后我的父亲被圣约翰大学的同学张先生聘请到他的建丰制药厂，负责技术工作。因为是同学，张先生在我父亲去的时候就口头允诺说给一些“干股”，但其实是名义上的，因为从来没有分过红。

就是这样两段经历，在公私合营社会主义改造时，我父亲被定为“资方代理人”，也就是资产阶级。起初，我们并不是很了解。但到1958年七八月间位育中学党支部发展我入党时，经过政审才告诉我，我的家庭出身是“资方代理人”。但又说只要从思想与政治上同家庭划清界限就行，因此我还是很顺利地入了党。当时我自己也感到很奇怪，因为我看到我们同学中的“资产阶级家庭”都很阔绰，家里住的是花园洋房，有专门的佣人伺候，穿着笔挺的料子衣服，甚至还有小汽车。但我们家却住在极为普通的弄堂房子里，我睡觉甚至都没有专属的床，要每晚在两条板凳上搭一块门板才成为一张床，而我穿的是我父亲的旧皮鞋和皱皱的裤子。但当时就这么给我划定了家庭出身，就这样一个简单的“资方代理人”，影响了我父母的一生，而且在相当长的一段时间内，影响到了我们兄弟姐妹六个人的升学、事业和生活。直到1978年党的十一届三中全会之后，才将我父亲的成分改为“职员”。但那时我父亲已经63岁，而我已经37岁。

1959年，在我18岁考大学的时候，因为父亲的“资方代理人”成分，我被许多高校拒之门外。据说，当时我的档案资料就放在桌子上，前面四个志愿的高校都没有要我，因为那些专业都属于“绝密专业”，所以不能录取我。最后山东大学负责招生的是外文系副主任陆凡教授，她翻了翻我的档案就决定录取我了。陆凡教授的丈夫吴富恒教授时任山东大学的教务长，后来又做了山东大学校长。我就这样被录取到山东大学中文系汉语言文学专业。接到录取通知后，方才知道山东大学在1958年由青岛搬到了济南，因此通知中让我们到济南洪家楼的山东大学新校址报到。当时位育中学胡蔚英副校长就对我说："原来想推荐你到北京国际关系学院，现在却到了山大，而且也不是在青岛，是在济南，要不你就不要去报到了，留在位育中学做团委工作吧。"我当时尽管对到济南也有迟疑，但觉得这是组织的安排，自己作为党员应该服从，所以于1959年8月底告别了上海，由此开始了我在山东大学60多年的生活。

我与山大的第二次缘分是在1964年8月大学毕业的时候。那年毕业分配的总体形势较好，我们班级70多人中有20多人去了北京的国家部委。当时教育部与外交部在各重点高校选拔出国留学生，要在山大文科选择两名到古巴使馆的工作人员，候选人先到北京学习一年西班牙语后再去古巴。教育部来人先确定了36人的选择范围，最后确定两人，我为其中之一。为此，通知我提前考试、检查身体，准备提前赴京接受培训，并让我提前探家，回来即行报到。就在我探家回校后，学校通知我，我到使馆工作的名额被取消了，另行分配。这对一个23岁的青年学生来说不啻是当头一棒，我当时惊呆了，但又不得不面对这样的现实。此时，中文系主任通知我，让我留校，先担任64级辅导员，然后到文艺理论教研室工作。后来我才知道，原来有一位参加选拔的同学写了一封“人民来信”给教育部，反映我的家庭出身是剥削阶级，而他本人则是几代贫农等。因此，最后由他取代了我去古巴使馆工作。

这也使我走上了一条为山大终身服务的道路，一直以来，我都以作为山大人而自豪，特别是作为山大中文系的学生而自豪。1959 年入学时，山大中文系真可谓名师如云。古代文学的冯、陆、高、萧（冯沅君、陆侃如、高亨、萧涤非）；语言学的二殷（殷孟伦、殷焕先）；现代文学的高兰、孙昌熙、刘泮溪，以及我们文艺理论组的吕荧，均为国内相关领域赫赫有名的学者，还有一批中青年教师的学者，也早已在相关领域崭露头角。我能在这样众多的名师指导和熏陶下接受教育，当然是终身的幸福。

我与山大的第三次缘分是十年“文革”期间的 1970 年。当时王效禹担任山东省“革命委员会”主任，经他之手将山东大学一分为三，理科留在济南，由济南军区接管，建立山东科技大学；生物系到泰安与山东农业学院合并；文科则搬到曲阜与曲阜师范学院合并为山东大学。这就是后来十分有名的顺口溜：山东大学一分三，济南、曲阜与泰安。

我记得是在 1970 年秋天，我们以军事化的极快动作，带着图书、课桌椅搬到了曲阜，有的教师则是举家搬迁。此前不久，毛泽东主席有一个著名的批示：“大学还是要办的，我这里主要说的是理工科大学还是要办的。”文科与我们这些文科教师的前途在哪里呢？真的让大家很茫然。而且，王效禹对于山大的搬迁还有一句名言，那就是："你们搬下去，我们是不会不管的。"但是，要管我们这些人管到什么程度呢？是去农村、工厂，还是继续留在学校呢？谁也不知道。我们就怀着这样忐忑不安的心情，山大文科的老老小小浩浩荡荡地来到了曲阜，与原曲阜师院组建成新的山东大学。我们到曲阜后，在军宣队的领导下，完全按照军事化的团营连排班编制，继续开展"文革"的所谓"斗批改"。1972年，工农兵学员开始进校，实行所谓"上管改"，即"上大学、管大学、改造大学"。但原山大文科的教师对于这种肢解山大的行为一直不满。

从1973年开始，文科的部分青年教师与泰安的生物系教师多次接触，决定给中央写一封《批判肢解山大，要求恢复原山大建制》的报告。当时，王效禹由于在"造反派"内部的斗争中已经失势。因此，我们就将批判的矛头直指王效禹，具体写法采取当时通用的"上纲上线"的方式。第一条就写将山大搬到曲阜是一种"尊孔"的倒退行为。因为当时全国正在如火如荼地进行"评法批儒"，我们就将这种肢解山大、搬迁曲阜的行为说成是王效禹蓄意尊孔、尊儒。第二条写的是此举是对毛主席革命路线的对抗，是对毛主席指示的违背。因为，山大曾因两个"小人物"批评"红楼梦评论"的文章而受到毛主席的关注与表扬，而肢解山大所造成的恶果，就是瓦解了山大文科教师队伍。我记得当时用了一个统计数字，就是肢解搬迁后调离山大的文科教师有36人，主要都是青年骨干，这导致山大文科元气大伤。

这个报告的初稿是由我起草的，打印了100份左右，分发给山大文科的有关同志征求意见。随迁到曲阜的原山大的校级和部分中层领导实际上都是支持这份报告的，报告通过李希凡同志，设法转交到周恩来总理手中。

1974年1月，周总理在报告上签署意见："拟同意恢复原山大建制，请XX、XX、XX同志阅。"1974年2月4日，山东省"革命委员会"正式通知恢复原山东大学、曲阜师范学院建制，并于1974年5月在山东省第五招待所，即现在的省委党校召开会议。当时主持肢解山大的王效禹等早就成了被批判的对象，而召集我们讨论问题的则是恢复工作不久的老干部。当时山大文科的同志因有周总理的批示撑腰，加上肢解搬迁前后心里窝了一股气，所以在讨论中，大家比较激愤，发言火气很大。最后的意见是尽快落实周总理批示，恢复原山大建制。会后就着手原山大文科与原曲阜师范学院的分家、山大生物系与农学院的分家工作，以及济南方面对原山大文科与生物系的安排工作。这当然是一个漫长而艰难的过程。最主要的问题是，山大文科原来的房舍已经全部被分配，既无办公用房，又无住房。但暑假前所有的员工必须全部搬到济南，只留部分实在没有房屋住的家属暂时留在曲阜。凡是能回来的家属基本上都安排在学生宿舍里，而单身教工则住在办公室里。我们文艺理论教研室的三人在中文系办公室住了半年之久。1974年六七月间，我随着大队人马从兖州乘火车返回济南新校，又回到了山大。

我与山大的第四次缘分是1995年5月，由山东省教委重回到山大任职。1992年，原国家教委从干部交流的角度调我到青岛海洋大学（2002年更名为“中国海洋大学”）担任党委书记。1992年8月22日，济南已经开始秋凉，我来到青岛海洋大学就任。一直到1994年5月，在将近两年的时间内，我与青岛海洋大学的同志结下了深厚的友谊。但因我自身的文科背景，自感从长远的角度不仅很难适应海洋大学学科建设的需要，而且个人学术研究也失去了必要的文科支撑，日益疼痛的关节也使我难以继续适应青岛潮湿的气候。在这种情况下，原国家教委调我到山东省教委担任分管高教的副主任一职。1994年5月我离开青岛，到省教委就任。1995年5月，又因工作需要，我被调回山东大学担任党委书记，1998年2月起担任山东大学校长，直到2000年7月21日三校合并，组建新的山东大学，我从行政岗位上卸任，回到业务岗位，担任山东大学文艺美学研究中心主任。

我卸任行政职务后，北京和上海的两所高校分别希望我到他们那里工作，而且给予较好的居住与待遇条件。我也不是没有心动，因为搞文科的人，在北京所具有的条件肯定优于外地，而我的母亲与弟弟妹妹都在上海。但我还是谢绝了盛情，留在了山大。我总觉得山大是我付出劳动最多的地方，是滋养我一生的地方。我熟悉山大的每一座建筑和每一块土地，我一生中绝大多数重大的事情都曾在这里发生，这里留下了我的汗水和辛劳。我觉得我的命运已经与山大连在一起，似乎这一切在 63 年前的 1959 年——当山大选择了我时就已经注定，我必将自己有限的生命奉献于山大无限的事业之中。

刚刚到山大时我只有 18 岁，因为北方寒冷，母亲专门给我做了一个棉袄，外面是一个粉红的面子，所以我穿在身上时，同学们跟我开玩笑，问我是不是女孩子。再就是因为人显得小，有一次我们有一个调干的师姐祖敏，在晚自习的教室里问我："小鬼，你今年多大了?"我说："18。"她说："我 36 岁，正好是你的一倍。"但 60 年后的今天我已经是一个脸上写满沧桑的老人了，时间过得真快。但愈是随着时间的推移，我愈发感到山大所给予我的教育、帮助之深。人们都说教育改变人生，这的确是真理。因此，我也要说山大对我的教育改变了我的人生，使我懂得如何做人、如何做学问，过一种平凡但有意义的生活。我向来都以自己作为山大的学生与教师而自豪，因为我们有非常好的传统、非常好的教师、非常好的校风。山大是我们师生美好的精神家园。

困难岁月

1960 年至 1963 年是我国的三年困难时期，也正是我在山大读书的时期。这三年困难时期是对我们整个国家与民族的考验，当然也是对我们大学生的考验。至于怎么会造成这三年困难，已有许多文章涉及，最著名的就是“三分人祸，七分天灾”与“三分天灾，七分人祸”这两种说法，当然这也反映了我国社会主义建设初期因不成熟所走过的弯路。但这三年困难对于我们这些大学生来说却是终身难遇的，当然也是刻骨铭心的。对于一所大学来说，也是一段不能不记录的历史。这个困难时期是从 1960 年开始的，来得非常突然。因为此前还在搞大炼钢铁、修万亩丰产田、讲吃饭不要钱等。但就在此后不久，即出现了极端的困难。

首先是每个人的定量缩减，由每月的 31 斤压缩到 27 斤，说是节省下粮食，支援灾民。而食堂里的伙食也发生了极大的变化，那就是油水突然减少，食堂卖的菜都是清汤寡水的。市场供应也发生变化，饭店肉类的菜基本不供应，商店的点心也缺货，农贸市场上凡是与“吃”有关的东西不仅奇缺，而且突然涨价。当时，作为大学生的我们，大多是 18 岁到 22 岁的青年，正是长身体的时候，真的是饥饿难忍。于是出现了每晚睡觉前的“精神会餐”，即大家都讲一种自己最爱吃的饭菜，以及当时吃后的感受，但是越讲越饿。有的同学管不住自己，一个月 27 斤的饭票，半个月就吃完了，有人开玩笑地将这些同学叫作“粮食部长”，这其实是很不正确的。因为，对于一个年轻小伙子来说，在没有任何油水的情况下一天吃 1—2 斤粮食，而且还有相当一部分是地瓜面，是一点也不奇怪的。于是学校只好采取措施，不将饭票发到每个人手里，而是发一张饭卡，每天只准吃九两粮食。有一位同学不能控制自己的食量，于是就将饭卡放在我这里，每次吃饭让我给他买三两饭。这种划卡的办法只能在学校用，而出去参加劳动就没有办法使用了。当时济南市大搞水利建设，修建卧虎山水库，将我们同学拉到工地上，干的都是推车运土、放炮打眼这种最重、最危险的活儿，而吃的饭却是地瓜面、窝窝头，一斤一个，放在手里像软软的糖糕一样。干了半天重活，早已饥肠辘辘，一下子就吃掉三个，这就是三斤，一个月就是90斤，远远超过了27斤定量。其实还是没有饱，但定量外的这些粮食怎么办呢？不让吃就完不成修建水库这样的“政治任务”，于是我们只能向学校暂借。因此，一个多月劳动下来，我们每个人都欠了学校90斤到100斤的粮食。后来学校不断地催我们还，但又有谁能还得起呢？只有一直拖欠到困难岁月过去，也就不了了之了。

每月27斤粮食无论如何是吃不饱的，怎么办呢？于是上面提出“瓜菜代”这个办法。所谓“瓜菜代”就是用瓜类和蔬菜顶替粮食，于是我们就将新校的空地都开荒出来，种胡萝卜。每个小组一块地，早晚耕种收拾，收获后就煮胡萝卜吃。但这样还是解决不了问题，于是就从农村购置了一些地瓜梗、地瓜叶，用粉碎机粉碎后做成饼子吃，还从南四湖买来湖菜，掺在粮食里面，蒸成窝窝头吃。现在回想起来，这种所谓的“饼子”之难以下咽，真的是不堪回想。但这总比饥饿要强，也能勉强凭此充饥。在这种情况下，还要参加劳动。于是一些同学就先后得了浮肿病，两腿一捏一个窝，全身乏力。一开始别人得了这种病，我倒没有什么亲身感觉。后来有一天与几个同学一起被分配到很远的地方用地排车拉东西，在路上越走越沉，干脆就走不动了。于是只好用手扶着车走，否则就会被落下来。到了学校，同学让我到保健科检查，一查是二度水肿，已经肿到膝盖下面了，要卧床休息。这时患水肿病的同学越来越多，有的得了肝病、肝肿大和肝炎，大家都非常紧张。当时，比我们高一年级的一位女同学是调干生，她的丈夫是当时的省长。她将我们吃的这种地瓜梗的窝窝头拿回去给省长看了，省长看后十分震惊，省长说这种东西喂猪都不是好的饲料，怎么能给人吃呢？何况还是大学生。正好此时国家也采取了应急的解救措施。于是，省长就从国库里给山大调拨了一批黄豆和带鱼，得水肿的同学可以吃病号饭，每天能喝到一碗豆浆，每周吃到几次带鱼，再加上学校让所有患病的同学卧床休息，水肿病才得到控制，没有发生死人的事情。

经过这样一场困难，我记忆中对饥饿的感觉特别的深。可以说一个人在饥饿的时候，看到任何可吃的东西，注意力都会高度集中，都会馋涎欲滴。这样的生存欲求是谁也抗拒不了的。有一次，我在火车站乘车，因为正值中午，就拿出在学校里准备的凉窝窝头打算吃一口顶饥，这时过来一个人，一把从我手中抢走窝窝头，并吐了一口痰在窝窝头上，然后一边走一边吃起来。这是一个比我还饥饿的人。我们在乡下劳动时，可以说将一切可以吃的东西都想办法弄来吃了。包括将割剩下的豆壳上残余的青豆粒烤焦了吃，甚至将蚂蚱抓来烤了吃。那时是秋天，正是蚂蚱产卵的时候，烤熟了的蚂蚱真的是香极了。有的同学还将蝗虫抓来烧着吃了。据说有的蝗虫有毒，是不能吃的。所幸当时没有发生中毒的情况。还有的同学饥饿难耐，就将菜地里的茄子直接摘下来生吃了。

当时我们不仅要忍饥挨饿，还要完成省里的任务——下乡救灾。所谓“救灾”就是领导和帮助农民将麦子种上，因为农民已经失去信心，一个村、一个村地外出逃亡，有的逃到东北，这就是山东人的第二次闯关东，有的则逃出去要饭。因此，有的人家连门板都卖掉了，完全是不想过下去的样子。在这种情况下，省里组织工作组下乡，带领和帮助农民将麦子种上，以便来年有收成，好渡过灾荒。我们中文系是到黄河北的一个公社。那是 1960 年的九十月间，我们先乘火车，然后走路，来到一个村子里，那里早已是满目荒芜，气氛肃杀，农户家很少有冒烟的。而且当时还有一个奇特的现象，就是有一种小小的青虫，到处都是，一块地、一块地地蚕食禾苗，远远听起来犹如我们老家皖南蚕吃桑叶的声音，吃完一亩地再转移到下一亩地，沿着田埂爬行，如果骑自行车走过田埂，会压出一道潮湿的痕迹。真的搞不懂那是什么样的一种虫荒，非常可怕。而这个村子的许多青壮年劳动力都外逃了，只剩下少部分青壮年和老人、妇女、孩子。许多留下的人则得一种叫“水鼓胀”的病，也就是人身形干瘦，但肚子却极其胀大。有一次我下地劳动，看见地边坟头上躺着一个人，几乎是赤裸着身子，黑瘦，在萧瑟的秋寒中显得特别恐怖，我走过去看了看，原来是一个得了“水鼓胀”病的人有气无力地躺在坟地边休息。我们每天的任务就是组织、带领农民种麦子，不仅要督促、组织他们种，我们自己也要参加劳作。每天晚上与干部、农民开会，确定第二天出工多少人，在哪块地上种，完成多少亩的种麦任务。常常为派活计划，与干部熬到半夜。当然我们自己还得带头种麦子，因为劳动力外流，人手不够，种麦子的季节也有点迟了。而且，当时能耕地的牲畜也大都死了，所以都是用人拉犁，也用人拉耩子，翻地则用铁锨。当时还开展了一种劳动竞赛，看哪个年级种的地多。大三、大四的学生大都是调干生，会干农活，而我们大一、大二则大都是应届生，不会干农活，而且不会汇报。因此，大一、大二的学生老是得不到红旗。我当时是年级生产队长，心里真是急得不行，但其实就这样，我们每个同学一天也要种一亩地的麦子，劳动强度够大了。常是劳动一天下来，收工的哨子一响，有的同学一下子坐在地上就爬不起来，得有好几个人去拉他，然后大家一起拖着疲惫的身子慢慢走回宿舍。

当时，我们睡的都是地铺，10 月天的黄河北，风吹得劲，房子又不严实，寒风刮进屋子，大家常常要紧紧依靠在一起，用彼此的体温相互取暖，才能渡过寒冷而疲惫的一夜。在生活上则是吃一种谷子面做的窝窝头，吃的时候不仅拉嗓子，而且大便都困难，就这样还吃不饱。为此，系里动员并组织大家去拔荠荠菜掺到粮食里充饥。当时的齐河，地里的庄稼长得不好，但荠荠菜却长得很旺盛，一片一片的。有一次系里组织大家拔荠荠菜，要求每人一天拔 70 斤。这 70 斤是拔下后经过太阳晒干了的，因此，实际上要一天不停地拔，一直拔到腰酸背疼，两手被荠荠菜上面的刺拉得全是血口子，但我还是难以完成任务。贾德臣同学看我真的是尽了力了，于是将自己拔的荠荠菜给我抱了一捆，才凑够需要的数。

在劳动过程中还发生了一件我意料不到的事情。有一天收工的时候，生产大队队长让我把同学中所有的生产小组组长都叫到队部，说晚上要开会商量第二天派活的问题。我信以为真，就通知各位组长准时到达。随后，过了一会，等天黑了以后，队里的干部都到齐了，队长将门关上说，“关上门，一家人”。于是就让人端出一盘一盘的羊肉和炸丸子，还有地瓜干、白酒等。原来队里杀了两头羊，每个社员可以分一两肉，而队里的干部则在这里提前“享受”。我们真的走也不是，坐也不是。因为你要走，显然人家不让你走；但你要坐下吃，心里就要想着广大社员忍受着饥饿和疲惫，却只分到一两肉，而我们却在这里大吃大喝，良心上真的过不去。那天晚上，我其实也没吃什么东西。大家散去后，我心神不定，非常痛苦。当时，我只是一名 19 岁的学生，从来没有经历过这种场面，感到自己犯了严重错误。于是主动跑到当时带队的总支部书记的住处，向他“坦白”了这一切。当然，他教育并安慰了我一番。现在看来，多吃一点羊肉算不了什么，但在那种“人命关天”的时刻，真的是一件十分严重的事。对于那位队长说的那句“关上门，一家人”，我永生永世也记在心间。其实，所谓“一家人”就带有共谋的性质，在一条船上的性质。这件事情让我从反面记住了，任何时候都只能与绝大多数人成为“一家人”，而绝不能与极少数人成为“一家人”。

40天的劳动和工作组的任务结束了，时间已经是10月底，进入了深秋。我们奉命撤出该村，到火车站集合，乘车返回济南。大家凌晨起床吃完早饭后集合，然后沿着田间小路，迎着深秋的寒风，踏着地上的白霜，向火车站进发。因为来的时候天气还不是太冷，同学们的衣服都带的不多。现在天气已经很冷了，同学们几乎将所有能穿的衣服都穿在了身上，有许多同学因为抵御不了刺骨的严寒，就将毯子裹在身上，五颜六色，缓缓而行，组成一支奇特的队伍。而且，大家因为疲劳、饥饿、寒冷，再加上眼前所见的严重灾情，心情都比较沉重，几乎没有任何人说话，只听见杂沓的脚步声。就这么走着走着，我两脚一滑，掉进了一个坑里，我一声不响，只是往上爬，爬了许久，在同学们的帮助下才爬了上去，已是浑身泥水。

我们就这样渡过了三年困难、艰苦的岁月，直到1963年，才有了明显的好转。那三年的困难岁月，使我记住了什么是饥饿，什么是生存，什么是老百姓，也让我记住了什么是同学情谊。在这种艰苦岁月中，许多同学给予了我热情的关爱，包括车承祚、宋其赣、李延珠、朱丹顺、贾德臣、侯树阁、李奎烈、孙明福、丁洪章、李准、常林春与张玉玑等。深情厚谊，永难忘怀！

我的老师与校长

2021年，山东大学迎来了120周年校庆。我从1959年考进山大至今，也在山大学习与工作了63年，超过一个甲子。63年来最难忘的就是我的老师们。现在流行一个说法，就是清华老校长梅贻琦所言的，“所谓大学者，非谓有大楼之谓也，有大师之谓也”。这种说法是很正确的，大学的水平当然是由老师特别是大师的水平决定的。20世纪50年代的山大中文系真可谓是大师云集，从水平上来讲一点也不比其他著名高校差。

山大中文系的古代文学史专业有著名的冯、陆、高、萧、黄、关（冯沅君、陆侃如、高亨、萧涤非、黄公渚、关德栋），现代文学有华、刘、孙、韩（华岗、刘泮溪、孙昌熙、韩长经），语言有二殷、蒋、马（殷孟伦、殷焕先、蒋维崧、马松亭），文艺学有吕荧和孙昌熙，等等。以上算是老一代的学者，新中国成立后培养的年轻一代学者诸如袁世硕、周来祥、孟广来、张伯海、狄其骢、钱曾怡、董治安、朱德才、葛本仪、徐文斗、姜可瑜、郭同文、蒋茂礼、龚克昌、刘光裕、曹正义、沈孟璎等人，也都陆续走上教学第一线。可谓队伍整齐，人才济济。

首先是古代文学的著名的冯、陆、高、萧、黄、关。首先要说最著名的冯陆，即冯沅君与陆侃如这对伉俪教授。冯沅君（1900—1974），河南唐河人氏，出身世家，兄妹三人均为当代著名学者，大哥冯友兰，为著名哲学家，另一兄为著名地质学家冯景兰。冯沅君先生是我国著名的女教授，17 岁入北京女师，1925 年北大研究所毕业，为我国 1920 年代初期著名小说家，与冰心等齐名，以“淦女士”笔名发表了以《卷施》为名的系列小说以及《春痕》《劫灰》等，得到鲁迅的赏识。1925 年，她北大研究所毕业后从事古典文学研究与教学，主要从事中古以后的中国古代诗歌戏曲的研究。毕业后即与陆侃如（1903—1978）结婚，两人共同完成《中国诗史》与《中国文学简史》等名著，先后有多种译本。1932 年与陆侃如同时赴法攻读文学博士学位，1935 年获文学博士学位后回国，在多所大学任教，两人于新中国成立前同时来青岛山大任教。先是陆侃如为一级教授，后冯沅君又为一级教授。冯先生为小脚，这样著名的女教授在山大乃至全国都是极少的，因此很引人注目。冯先生在中国古代戏曲研究方面成就显著，著有《古优解》《孤本元明杂剧钞本题记》《古剧说汇》等，成为中国古代戏曲研究的开拓者与领先者，是对王国维《宋元戏曲考》的推进与补充，而她在《中国诗史》中对元代散曲的论述更是具有创新意义。

我第一次正面接触冯先生是在我毕业后一次系里的学习会上，我有一个学习的发言，没有想到冯先生对我的发言鼓励有加。现在想来并非是我发言有多少见解，而是冯先生出于前辈对于晚辈的一种爱护和关怀。我本人接触冯先生较多的是在她的晚年时期。因为在特定时代下，冯先生晚景凄苦。“文革”开始不久，冯先生就被列为所谓的“牛鬼蛇神”，被罚劳动改造，还要定时请罪等。特别凄悲的是，到“文革”后期已经不需要所谓请罪了，冯先生每天照样还在某特定地点请罪，告诉她无须这样，老人还是照常。冯先生为一级教授，工资待遇自然很高，但极为节俭，每天自己拿着特制的搪瓷缸子去买饭，都是极为简单的菜蔬。有一次到院子里买豆腐，看到冯先生去退掉刚买的豆腐，说是水太多了，可见她节约到何种程度。1970 年夏秋之交，山大文科搬迁到曲阜，我与赵呈元老师帮助冯先生收拾东西，我们本来是想扔掉一些多余的东西，但冯先生几乎不让我们扔任何东西，包括多余的抹布。冯先生这样的节俭难道是为自己吗？事实证明这除了是一种生活习性，还是一种奉献于教育的高风亮节。她曾经对友人说起过，她一生无后，只想“个人艰窘一点，存几个钱，身后让国家做学术奖学金，奖挹后人”。之后，在陆侃如先生临终时，按照他们夫妇的意愿，除了留给后母与弟弟的生活费，将所存 10 万元全部捐给学校做了奖学金。那时我们青年教师的月工资是 53 元，可见 10 万元在那时是巨款，是两位先生一生的积蓄。

冯先生晚年时，我常看到她以苹果代饭，这样肯定是会造成营养不足的，或是造成其胃肠疾病的原因之一。1974 年，冯先生就因肠癌不治去世，享年 74 岁。冯先生的生命过早地结束了，真的是山大中文系，也是学术界的一大损失。据说，先生临终处于弥留之际时，突然出现幻觉，觉得病房旁边是教室，要医护人员扶她去上课，这充分彰显了先生教师的本色。

再来说陆侃如，陆侃如小冯沅君三岁，1903 年生，可谓是神童式的人物，1922 年考入北大，1924 年北大毕业考入清华研究院，师从著名的四大导师。据材料记载，王国维先生辞世的那天，找了几位学生谈话，其中就包括陆先生。陆先生在大学第一年就出版专著《屈原》，大学毕业出版了《宋玉》，奠定了自己楚辞研究的权威地位。后与冯先生共同出版《中国诗史》与《中国文学简史》，陆先生专治前半部分，冯先生则专治后半部分，可谓珠联璧合。《中国诗史》是 1931 年出版的，陆侃如当时只有 28 岁，就已经取得了瞩目的学术成就。《中国诗史》是中国早期的文学史论著，是被鲁迅先生推荐的五部中国文学史论著之一。该书开创了中国文学史"以诗为宗"的特色，确立了文学史写作的三要素，即朴学、史学与美学，并确立了文学史以"文学性"为基本研究原则的路径，为后世文学史研究确立了典范。

冯、陆两位先生的《中国诗史》具有开创性与奠基性的贡献。第一，《中国诗史》是诗史的创新，同时也是中国文学全史的新探索。《中国诗史》出版于 1931 年，那时胡适的《白话文学史》只出版了上部，王国维的《宋元戏曲考》与鲁迅的《中国小说史略》还是专论，全史写作虽然已有几部，但难以令人满意。因此，陆先生说："每个人都希望中国有好文学史，但却没有一个人肯自己动手去做一部文学史。"他与冯先生当时都是二十几岁的青年人，对于前作不满意，因此动手写作了《中国诗史》，成为鲁迅推荐的五部中国文学史著作之一，是全史之探索，诗史之创新。因为1928年李维的《诗史》只论诗不论词曲，这就使《中国诗史》具有开创性与奠基性的重要地位。至今读来仍然具有启发意义。

第二，开创了中国文学史“以诗为宗”的特色。众所周知，西方某些学者如黑格尔长期持“西方中心论”，认为中国古代既无历史，也无哲学与美学，所谓“理想的艺术在中国是不可能昌盛的”。但《中国诗史》却有力地证明了这一观点的不正确。它在开篇第一句就指出，“中国有悠久的历史，也有灿烂的文化。就诗歌方面讲，第一部伟大的作品，当推《诗经》”。它还打破西方人认为中国古代没有史诗的说法，认为《诗经》特别是“大雅”是“周的史诗”。《中国诗史》抓住了中国文学“以诗为宗”的特点，犹如古代希腊文学之以“悲剧”为宗。由此，两位先生进一步论证了“诗歌在发达的最初阶段，是和音乐、舞蹈密切结合着的”，指出了中国文学之诗性与音乐性、节奏性的高度统一的特点，并借用顾颉刚之言，认为诗三百“均可入乐”。这种诗性、音乐性与节奏性成为中国文学的基本特征，也是一种中国文学广义的“诗性”。

《中国诗史》由此拓展了诗歌的范围，特别是包含了散曲，这是学术史上的第一次，甚至古代散文、政论文均有诗性与节奏性。我个人认为甚至中国古代小说都有某种诗性，如《红楼梦》之大观园“女儿国”的诗性，《聊斋志异》之自然世界的诗性等。《中国诗史》又由甲骨文“舞”与卜辞“今日雨”揭示出音乐性与节奏性。由此，从卜辞“今日雨”到最早诗歌总集《诗经》，再到最早的音乐理论《乐记》，从而形成中国古代文学诗性特征的完美呈现，相异于古希腊亚里士多德《诗学》之“悲剧”。《中国诗史》第一次明确地以诗歌与音乐舞蹈的结合来概括中国的文学精神与美学精神！《中国诗史》回归了中国文学本位，相异于1958年《夜读偶记》之“以西释中”。《夜读偶记》以苏联日丹诺夫的“唯物—唯心二元对立”哲学为基础，将“现实主义与反现实主义的斗争”作为主线阐释中国三千年文学史，造成了一定的不良后果，《中国诗史》则是立足中国几千年文学之实际。

第三，奠定了文学史的理论指导思想，即文学是生活的反映。《中国诗史》较早运用历史唯物论，奠定了文学史写作的基本指导理论，认为文学是生活的反映，一定的经济社会形态最终决定了文学。《中国诗史》在开篇论证诗歌的起源时，即从殷人的物质生活与精神生活谈起，认为“在这样的物质生活的基础上，产生了音乐和舞蹈”。《中国诗史》后面的每种文体均追溯其经济社会根源，如“元曲特盛的原因之一，即作者们要用曲子来抒写反抗异族的愤慨”。它对于深入反映生活的作品评价甚高，例如，屈原之《楚辞》“实在是中国三千年文学史上数一数二的作品，对于后代诗人影响之大，没有第二篇可以比得上”；杜甫诗“在内容方面，他的诗和盛唐不同者，以描写政治社会上的实际痛苦为主，而不仅以流连风月为能事”。同时对于包含在社会生活中的境外文化输入高度重视。在谈到词的诞生时，认为其主因之一是“外族音乐输入中国，并逐渐引起中国音乐上的变化”。

第四，确立了评判文学的主要标准——文学性。《中国诗史》以“文学性”为评价作品的主要标准，主要包含文学价值、文学的内容与形式、文学风格、文学之神韵、文学气魄、文学字句等。文学性其实主要就是文学的诗性特征。《中国诗史》以文学性作为比较文学高下的标准，例如从文学价值比较《九歌》与《诗经》中的祭歌，说道，“就文学价值方面说，《九歌》较《诗经》中的祭歌进步得多了”，并说“就文学技巧说，《周颂》的价值是不高的”。

第五，强调了文学史的文献基础。陆先生 1947 年在《中古文学系年》中提出著名的文学史三步骤：朴学、史学与美学，其中朴学与史学均涉及文学史的文献基础问题。《中国诗史》之文献基础特别扎实细致。例如，引卜辞《今日雨》：“癸卯卜，今日雨。其自西来雨？其自东来雨？其自北来雨？其自南来雨？”认为“恐怕是我国诗史上年代最早而又可靠的作品了”。再如，对于采诗与孔子删诗说的考订，认为“采诗”之说乃后人通过汉武帝“立乐府”而推想出来的，处于“臆度”；而孔子“删诗”之说乃将孔子“正乐”误读为“删诗”。又如，对陶渊明地位的考定：“他在当时人们的心目中，恐怕没有很高的地位，《诗品》列入中品可证。到唐代以后，如王、孟、韦、柳等都极力模仿，宋代苏、辛等也都崇拜他。到现在，他久已被定为第一流的诗人了。”《中国诗史》

运用王国维“地下与地上互证”的观点，在先秦部分运用了考古材料，诸如出土的青铜器等。

第六，独创了文学史的文学书写。《中国诗史》独创了文学史的文学书写，即理论论述与情感赏析统一的书写。如书中，论证《九歌》较《诗经》进步的书写，“由这样漂亮的地点、这样漂亮的人物、这样漂亮的歌舞、这样漂亮的肴馔，产生这样漂亮的祭歌。这是《三颂》所比不上的”。理论与情感统一的书写，其实就是一种回归诗性的书写，《中国诗史》对于屈原的称赞是不惜笔墨的，反映了先生的情感，如：“这篇长诗不但是屈平的杰作，实在是中国三千年文学史上数一数二的作品。对于后代诗人影响之大，没有第二篇可以比得上。”同时《中国诗史》也体现了先生细微的情感体悟，如对于王维诗歌之“静”的体味：“唯其能静，故他能领略到一切的自然的美。”情感的书写即是个性的书写，我们几乎能够看到两位先生日常的语言习惯。《中国诗史》是一部极具个性的文学史！

词曲之崭新的研究内容、以诗为宗的美学追求、以社会生活为源的历史深度、扎实的文献基础、以文学性为标准的文学本位与个性化的文学书写，以上六点使得《中国诗史》做到了朴学、史学与美学的统一，成为不败的经典之作。两位先生当时都是青年，所谓英雄出青年，《中国诗史》充分反映了青年勇于创新的精神。这是我对于《中国诗史》的评价，也是我对先生崇高的敬意。

我们与陆先生在 20 世纪 60 年代接触较多。陆先生给我们开设中国古代文论史与文心雕龙两门课。特别是陆先生串讲了《文心雕龙》，他没有讲稿，全部的备课都简要地注在课本上，对于《文心雕龙》那样艰涩的文字，其讲解如行云流水。当时全国各地来听课的人很多，教室走廊上都坐满了人。后来陆先生又选了部分同学参加青年教师班。我是其中之一，因此多听了数个篇幅，受益良多。陆先生的学生牟世金，在陆先生的指导下，以及二人在合作的工作基础上，此后出版了一系列《文心雕龙》的论著，对我国当代《文心雕龙》研究起到了推动作用。陆先生从 1937 年至 1947 年，花费了十年时间写出了《中古文学系年》，共 80 万字，是关于中古时期作家作品极为重要的文学考证，具有重要的文献价值，至今无人超过，该著在陆先生去世后于 1985 年出版。这是陆先生在中国文学研究方面的又一重要贡献。

20 世纪 60 年代初，陆先生不顾当时学术界主流所认为的汉赋是统治阶级形式主义作品的成见，鼓励自己的研究生龚克昌以“汉赋”为题进行研究，终于完成论文《汉代四大赋家》的初稿，并举行公开答辩。我当时还是学生，有幸参加了这次答辩，深受启发。改革开放后的 1984 年，龚克昌出版《汉赋研究》一书，成为新中国成立后极少有的正面肯定汉赋的研究成果，龚先生也成为汉赋研究大家。陆先生在治学上对学生影响很大，例如他给我们讲解《中国古代文论选》，组织我们讨论陆机的《文赋》，在讨论结束后陆先生有一个总结发言，简要而精到，我们佩服之至。后来看到《文艺报》发表陆先生的文章《关于文赋》，与讨论会上的总结一致，劈头就是“关于文赋”，然后娓娓道来，如日常说话，学术味又十分浓厚，让我们学到了学问怎么做，文章怎么写。

陆先生的博闻强记也是非常著名的，“文革”中他曾经失去自由多年，恢复自由后，有一次我遇见他，问他是否将过去的知识忘记了，他说没有。于是我请教他文学史上一个很不著名的文学家的情况，他对答如流，连其代表性作品都能背诵，这让我十分吃惊，问他缘由。他说怕自己脑袋坏了，于是在没有业务书的情况下，就练习背诵报刊文章，这真可谓是奇迹。包括他后期所写的与刘大杰先生关于文学史批儒评法的讨论，就以杜甫为例，说明杜甫1500多首诗中用到“法”字的地方极少，并列出数据。当时并无计算机检索，所有数据的说明完全凭借记忆。1978年12月，陆先生病重，到市中心医院诊治，因病情危急需要住院，因陆先生当时还没有平反，医院不能妥善安排。我们只好回到学校，找到学校统战部何畏部长，以学校名义找医院领导，这才收治了陆先生。陆先生入院后，并发电解质紊乱，不久即辞世，由袁世硕先生与我送陆先生进太平间。一代名师由此凋零！

高亨先生（1900—1986），著名古文字学家、先秦文化史与古籍校勘考据专家。他先后毕业于北大与清华研究院，师从梁启超与王国维，深得梁先生赏识，毕业时梁先生赠对联“读书要最识家法，行事不须同俗人”。从此高先生谨遵师训，遵循清代著名学者高邮王氏（王念孙，王引之）家法，从文字、声韵与训诂入手，严谨治学，锲而不舍。在《周易》《诗经》《左传》等先秦古籍研究中自成一家，蜚声中外。高亨先生于1963年10月至11月赴京参加中国科学院哲学社会科学部委员会第四届扩大会议，并在即将闭幕时受到毛泽东主席的接见，当时的中宣部副部长周扬向毛泽东主席介绍到高亨时，毛主席一面握手一面亲切地询问：“你是研究文学的还是研究哲学的?”高亨先生回答自己对于古代文学与古代哲学都有兴趣，只是水平有限，没有能够作出多少成绩。毛主席表示他读过高亨关于《老子》和《周易》的著作，并肯定了他的成绩。返回学校后，高亨将自己的《诸子新笺》《周易古经今注》等六种著作，并附上一封信，寄请周扬部长转呈毛主席。1963年12月，人民文学出版社出版了新版《毛泽东诗词》共37首，包括新收的十首，山东大学学报《文史哲》编辑部及时组织了一次“笔谈学习毛主席诗词十首”的活动，高亨先生积极参与了这次活动，并附词以抒所感：

水调歌头

掌上千秋史，胸中百万兵。眼底六州风雨，笔下有雷声。唤醒蛰龙飞起，扫灭魔焰魅火，挥剑斩长鲸。春满人世间，日照大旗红。

抒慷慨，写鏖战，记长征。天章云锦，织出革命之豪情。细检诗坛李杜，词苑苏辛佳什，未有此奇雄，携卷登山唱，流韵壮东风。

随后，高亨先生把这首诗连同一张恭贺新禧的贺年卡寄呈毛主席。一个月后毛泽东主席回信，信写在一张宣纸上，内容为：

高亨先生：

寄书寄词，还有两信，均已收到，极为感谢。高文典册，我很爱读。肃此，敬颂吉安。

毛泽东 1964 年 3 月 18 日①

高亨先生给我们开了两门选修课，一门是诗经，一门是左传。高亨先生给我们开课时已经 60 多岁，系里为了照顾他，每次只讲 1 节课，但我们同学约定每次在课下向老师请教几个问题。高先生很愿意解答学生的课下请教，真的是诲人不倦，不厌其烦地为我们讲解，常常课下的讲解又是一个小时。因此每次高先生也差不多讲了两节课。高先生讲课抑扬顿挫，非常清晰，力主坚持己见，绝不盲从。他在《诗经今注》前言中提出："我读古书，从不迷信古人，盲从旧说，而敢于追求真谛，创立新义，力求出言有据，避免游谈无根。"他在课堂上更是明确指出，所谓科研就是要有新意，在前人与古人如何说的前提下，要提出你的新说，否则重复前人与古人之说，就没有什么意义与价值。高先生的话对我们的启发很大，一方面让我们查阅大量资料，尽量做到穷尽现有文献，

① "山东大学"校名的毛泽东写本。

从而言必有据。另一方面，不盲从古人与前人，力创新说。可以说这样的治学态度影响了我们一生。我们向高先生问课，常常讲高先生与余先生如何说，但是高先生总是说，你们不要说高亨与余冠英怎么说，而是要讲自己怎么说，让我们大胆发表自己的见解。所以“创新”是先生对于我们最大的期望，也是山大中文系的良好传统。我们山大中文系教师曾经与别的学校有过合作，就拿教师上课来说，有的学校的某些同行是以 1∶1 的比例备课，几乎全部讲解前人与古人旧说。但我们山大中文系明确要求，一般备一节课至少需要 7—8 个小时，总要在旧说的基础上说出自己的评价与看法。认真备课这样的教学惯例其实是山大中文系严谨、创新之学术传统的体现。高亨先生的诗经课给我们印象深刻的个案很多，在此讲两个。一个是高亨先生讲“风、雅、颂”。一般讲“风、雅、颂”都是从音乐讲起，“风”为民间音乐，“雅”为宫廷贵族宴飨之乐，“颂”为庙堂祭祀之歌等。但高先生将音乐与地域结合起来讲解，从训诂的角度讲“雅者，夏也”，雅乃“夏”的借字，“夏”乃西周王畿之地，“雅”乃夏地之歌，这样诗三百就以民歌为主了。高先生认真考据了“雅”与“夏”之相通，其说有据。再一个就是高亨先生对于诗经《柏舟》的讲解。那是在一次课后，先生已经讲完了课，我去问课，主要问诗经《柏舟》之意。高先生给予详解，说《柏舟》是一首言人忧愁之诗，有女子自怨之说，也有说是“小人在侧、仁人不遇”之诗。先生持男子不遇之说，特别说到最后一句“静夜思之，不能奋飞”，奋飞之“奋”，

《说文》认为是鸟儿振羽高飞，谓大鸟从田间起飞，寓男子志向不得实现，讲解详细有据，包含了先生的创见。

萧涤非先生（1906—1991），著名的文学史家，杜甫研究专家，其杜甫与汉乐府研究享誉学界。萧先生同样在清华研究院接受教育并毕业，受教于著名的文学史家黄节先生。萧先生还是当时清华的著名运动员，是清华百米跑纪录 11 秒 1 的保持者，还是足球运动员，这倒是与我们见到的温文尔雅的先生形象反差颇大。先生治学刻苦投入，倾其毕生精力。他在《汉魏六朝乐府文学史》自题诗中写道“虽非作始功，青灯写如豆”，表现了先生刻苦治学的精神。先生治学常带感情，终身热爱杜甫，特别感动于杜甫对人民的关爱之心，称杜甫为“人民诗人”，其所著《杜甫研究》之深度，同行学者难以突破。郭沫若先生在“文革”中曾出版《李白与杜甫》，持“贬杜扬李”的立场，并点名批评萧涤非先生，当时因毛主席个人喜欢浪漫主义的李白，所以政治上具有无形的压力。但萧先生并不因此而改变自己的立场，直到“文革”结束，萧先生发表长文回应郭沫若《李白与杜甫》一书，特别是回应了郭沫若对他的批评，坚持并进一步阐发杜甫作为“人民诗人”的学术立场，成为当时的学术热点之一，这也是党的十一届三中全会后拨乱反正的体现。萧先生身体素来较好，只是呼吸一直有点问题。一次他叮嘱我说秋季到来之时一定要戴好围巾，将颈部保护好，防止呼吸道受到侵染。1991 年，先生还是患上了呼吸道疾病，起初只是一般感冒，不想入院后愈来愈严重，最后终致不治而辞世。

黄公渚先生（1900—1964），著名古典文学研究专家、著名画家，著述丰宏，画作名世。黄先生在山大1958年搬迁济南时，经成校长同意，留在青岛带研究生与指导青年教师。因此，我们没有机会直接听黄先生的课，但其影响深远，是中文系古典文学专业的又一面大旗。

关德栋先生（1920—2005），著名俗文学家、敦煌学家与满学家，著有《曲艺论集》《聊斋志异戏曲集》《聊斋俚曲选》等，有很大的学术影响。他对于满文的掌握在全国处于前列。我们上学时，关先生给我们开设了通俗文学专题课，关先生在通俗文学研究方面，处于全国领先地位并具有国际影响。关先生的业务领域在山大中文系也是别具特色的，是一项重要的填补。

当时山大中文系语言学方面的代表人物是著名的“二殷”，即殷孟伦与殷焕先。殷孟伦（1908—1988），1932年毕业于中央大学中文系，后进入日本东京帝国大学读取研究生学位，回国后先后在川大、中央大学与山大工作。殷孟伦先生是著名的章黄学派继承人，早年受业于章黄学派，在黄侃门下学习工作多年，在传统语言学、文字与训诂方面打下了坚实基础。殷孟伦先生给我们上古代汉语课，讲究训诂与考据，内容严谨，但课程讲解却不乏诙谐，常将语言与美食结合，趣味横生。

另一位殷先生即殷焕先先生（1913—1994），我们称他为“小殷先生”，以区别于殷孟伦先生的“老殷先生”。小殷先生于1936

年以第一名的成绩考入中央大学中文系，1940 年考入北京大学文科研究所，师从罗常培、唐兰、王力和袁家骅，毕业后先后到西南联大、北大、云大、川大工作，最后落脚于山大。小殷先生在语言学方面学问非常全面，尤以音韵学与文字学方面最为突出，他是山大语言学的开拓者之一，也是山大《文史哲》杂志的发起者之一，具有很高的学术成就与贡献。小殷先生在 1957 年被打成右派，由教授降为教员，因为子女多，负担重，老母与老伴有时不得不打杂工补贴家用。那时，小殷先生总是用一个笔杆插着的短铅笔，那是孩子用剩下的笔头，他又捡起来用，生活极为窘迫。他给我们上现代汉语课程，使用的讲稿都是写在旧香烟纸盒上的，可见当时穷困潦倒。据说小殷先生肺部有病，但他仍然坚持着工作和生活。直到“文革”结束后得以平反，获得解放，小殷先生重新焕发了学术青春，他连续出版了多部专著，并发表了多篇文章，非常活跃。但他身体长期不好，一直在疾病中煎熬。1982 年夏，小殷先生到四平师院参加硕士论文答辩，突发胃穿孔，住院治疗，做了胃部切除手术。学校派我与他当时的学生张树铮、杨秋时去看望并照顾他。当时小殷先生刚刚手术结束，身体虚弱，但他仍然偷着饮酒。我在床下发现酒瓶，为了他的健康，只得暂时拿走。后来小殷先生一直身体不好，也一直戒不掉喝酒的爱好，常常几颗糖果就能喝酒。

殷孟伦先生与殷焕先先生是山大语言学组的两座大山。两位殷先生在改革开放后，一开始是联合招生，后来分别招生，培养了不少研究生，质量都很好，在语言学的人才培养方面作出了重要贡献。小殷先生尽管从事语言研究，但充满文学才情，擅长旧诗词，所写书法潇洒流畅，属于典型的文人书体。改革开放后，小殷先生得知当年北大同学、著名美学家、山大中文系原主任吕荧先生在“文革”中含冤而死，写有旧体词：

满江红·怀吕荧学兄

紫万红千，真明媚，又逢春色。空叩问，斯人何在，九天岑寂。八府塘前同笑语，门帘桥畔怀踪迹。记荧窗忧愤论危亡，心丹赤。

书生梦，原清白。朋友道，由忠直。怅深山幽径，大都华宅。文笔自能传世代，性情尤足光篇策。正枝头，悠越到莺声，思畴昔。

词中写道吕荧“忧愤论危亡，心丹赤”，可谓深刻。吕先生于1955年在文联会上独自为胡风发言说“胡风不是敌我问题”，即被当作“反革命”。小殷先生词以“紫红万千，真明媚”开头，是对改革开放的歌颂，也是叹吕荧没有等到好时候。

语言学方面当时另一位重要人物是蒋维崧先生（1915—2006)，语言文字学家，著名书法篆刻家。蒋先生在我们入校时任中文系副主任，给我们上文字学课，“文革”后期开始负责《汉语大辞典》的编写工作，主持《汉语大辞典》山东编写组的编撰工作十多年，贡献很大。“文革”后，蒋先生的书法、篆刻蜚声全国，成为其主业。蒋先生也成为影响全国的著名书法、篆刻大家。蒋先生于1938年毕业于中央大学，受教于著名书法家乔大壮与胡小石先生，书法作品早有成就，受到徐悲鸿的称赞。21世纪开始，蒋先生在中文系培养书法研究生，并以其优秀的创作与学术水平影响了整个山大，使山大成为书法创作与研究的重镇，培养了一批卓有影响的书法家。2000年前后，我发现自己从未向蒋先生求过墨宝，于是相求于蒋先生。过了一段时间后，蒋先生给我写了“充实之为美”五个字，清秀遒劲，内含了先生对我的勉励。

当时山大中文系现代文学专业的著名学者有刘泮溪、孙昌熙与韩长经。孙昌熙先生（1914—1998），是我们文艺理论教研室的主任，也兼做鲁迅研究。1977年高考恢复后，孙先生就回到现当代文学教研室。孙先生于1936年考入北大中文系，抗日战争爆发后在西南联大求学，1941年毕业后留校任教，担任过朱自清先生的助手，1946年入职山大中文系，历任副教授、教授，《文史哲》编委，校刊编辑部主任，图书馆馆长等职务。孙先生长期从事古代文论研究，1953年按照华岗校长的安排与刘泮溪、韩长经一起从事鲁迅研究，成为新中国鲁迅研究的领跑者之一。孙先生与刘、韩两位先生一起为我们开设鲁迅研究课程，以深入探讨鲁迅原著为基点，阐发鲁迅的思想精神与学术贡献，不仅阐释了鲁迅的战斗精神，而且为我们进行作家个案研究发挥了示范作用。孙先生一度担任我们文艺理论教研室主任，其最大的贡献是领导教研室写了著名的《文艺学新论》一书。该书以毛泽东《在延安文艺座谈会上的讲话》精神为根本指导与基本体系，写出了完全中国化的、体系独立的文艺理论教材，今天看来仍然有其特殊价值。孙先生还在古代文论研究方面有所建树，他与自己的研究生一起完成了《司空图〈诗品〉解说二种》的研究与出版，是我国较早关注与研究司空图的理论家。1976 年以后，孙先生转向现代文学研究，与田仲济一起主编出版了《中国现代文学史》。孙先生对晚辈提携有加、关怀备至。当我还是学生时，孙先生就曾经在学术讨论会上给予我公开支持。在我毕业留在教研室后，孙先生对我更是关怀有加。孙先生具有疾恶如仇的精神，曾经针对“文革”中某些反常现象，写作了一篇题名《论文坛两面派》的杂文，发表在 1978 年 2 月 15 日的《济南日报》之上，被蓝翎同志发现，选入《百年文学经典》(第八卷)，是为杂文第一篇。该文通过历史上纪晓岚之两面派的面目，由古及今地批判了当时文坛上之新的两面派。该文指出：

有一位作家原是“文革骁将”，以打人为乐，且勒索钱财。但一旦到新时期，他却以阴暗的心理去钻索英雄人物美的光明的灵魂。作品发表后居然博得读者的钦敬，批评家的赞扬。这充分表明，纪晓岚之后继有人。任何社会，只要有极端为我主义，而又有点才情的“作者”，就会创作这种作品，文坛就会有这种隐患。

孙先生的评判即便在今天，仍然有其特殊的价值意义。

孙先生晚年耳背，我与他的对话常常无法进行，但电话却能听见，只得跑回家给他打电话，倾听先生的陈述和意见。后来孙先生罹患重疾，我们学生辈一起商量过，并没有让先生了解详细的病情，以求先生度过安详的晚年。

刘泮溪先生（1914—1978），著名现代文学专家，鲁迅研究专家。1940 年毕业于西南联大中文系，学籍为北京大学，1945 年抗战胜利后应聘到山大，1953 年在当时华岗校长的倡导与主持下，与孙昌熙、韩长经先生组成鲁迅研究课题组，在中文系开设鲁迅研究专题课，成为全国高校的首创。刘先生又将鲁迅研究的讲义整理成《鲁迅研究》一书，于 1957 年由作家出版社出版，后由香港波文书店翻印。20 世纪 60 年代刘先生参加教育部组织的、由周扬牵头的全国统编教材《中国现代文学史》的编写工作，该书于 1980 年出版。这里需要说明的是，当时参加全国统编教材的人数也反映了一个系的水平与地位，当时山大中文系有冯沅君、萧涤非、刘泮溪、吕慧娟、韩长经与周来祥六人参加全国统编教材的工作，遍及古代文学、现代文学与文学理论等多个学科，说明了山大中文系在当时的学术地位。1959 年我们来校时，刘先生刚刚从罗马尼亚外派交流教学回来，主要讲中国文学。那时刘先生还是中文系副主任，他给我们讲授现代文学史与鲁迅研究课程，教学严谨踏实，深入浅出，很受学生的欢迎。

当时中文系现代文学教研室给我们讲授现代文学课与鲁迅研

究课的还有韩长经先生（1927—1978），韩先生于1952年山大中文系毕业后留校，与刘泮溪、孙昌熙一起组织鲁迅研究课题，是《鲁迅研究》一书的主要作者之一，参加1961年至1963年教育部统编教材《中国现代文学史》的写作，并于1976年参加国家出版局组织的《鲁迅全集》与《故事新编》的题解与注释工作。1978年8月15日夜，韩先生突发脑出血辞世，当时只有51岁，当真是英年早逝。当晚韩先生从发病到医院的整个过程，我都在场，情景历历在目，每每想起仍然痛心。

山大中文系现代文学教研室还有一位特殊的教授，即为著名朗诵诗人高兰先生（1909—1987），高先生毕业于燕京大学。在抗日战争中他与冯乃超、光未然等一起以朗诵诗歌的方式，直接投身抗日战争的宣传工作，写作了《我们的祭礼》《哭亡女苏菲》等名篇，高先生本人即是著名的朗诵大家，在抗日战争时期影响很大。我们入学后高先生给我们上现代文学课，结合实际，常常伴以朗诵，效果很好，给同学很大影响。当时系里聚会与文艺演出，高先生的朗诵，特别是《哭亡女苏菲》，几乎是必演的节目。高先生的朗诵成为我们学生时代非常深刻且美好的记忆。

下面，我要说到两位与我关系特殊的老师。其中一位是我们中文系的主任章茂桐先生（1912—2000），章先生是山东大学中文系1937级的学生，抗日战争时期加入中国共产党，投身革命。章先生在新中国成立后主动回到母校，担任中文系主任。章先生不仅是中文系主任，而且是我们的哲学老师，给我们讲授了一个学期的辩证唯物主义与历史唯物主义课程。他有两件事让我们印象十分深刻。第一件是我们上学期间，他保持与学生家长的联系，这在大学是很少见的。他曾经给我的父亲写过一封信，反映我在学校的学习情况，并给予了我很多鼓励。第二件是我大学毕业后，章主任做主让我留校，进入山大中文系工作。一开始章主任打算让我从事现代文学教学，到武汉大学中文系跟随刘绶松先生学习现代文学，后来他征求我个人意见，我说我喜欢文艺理论，他于是决定让我留在文艺理论教研室。

还有一位就是文艺学教研室主任狄其骢先生（1933—1997）。在我上学期间，狄先生是我们的班主任。我于 1964 年留校后，他又是我的教研室主任。因此我与狄先生的接触很多，狄先生对我的帮助很大。给我留下深刻印象的首先是狄先生于 1977 年决定让我教西方美学课一事。当时教研室准备开设西方美学课，大家都比较陌生，难度也大。狄先生让我准备上课，我自己心里一点底都没有，不敢接课。后来狄先生让我到上海复旦大学跟随蒋孔阳先生进修，蒋先生也表示没有问题，但因为填表时误将蒋先生当时开设的西方文论课写成了西方美学课，被复旦教务处退了回来。蒋先生让我们重新填写，但那时已经开学，于是狄先生就决定让我在学校备课，并对我多加鼓励，使我有了信心。在狄先生的支持下，我终于在 1981 年开设了这门西方美学课，效果还可以。这就开启了我真正的学术研究历程。西方美学课伴随我学术工作的始终，通过这门课，我掌握了文艺学与美学的基础知识，学会了基本的研究方法。狄先生平日待我亦师亦友，有时要求很严，对我会直接进行批评。20 世纪 80 年代，我从比较文学角度写了一篇关于车尔尼雪夫斯基文艺思想的文章，发表后转载率比较高，反映不错。自己有点得意，于是自己将这种情况陈述给狄先生，狄先生说你将一方的短处与另一方的长项比较，这样的方法需要推敲。这样的批评给我敲响了警钟，使我的学术研究更加客观科学。另外，狄先生在我最迷茫、准备放弃学术的关键时刻为我找回了信心。1995 年前后，当时工作特别繁忙，人事关系又较为复杂，我准备放弃业务工作，专职做行政工作。狄先生找到我，与我谈话，他说从年龄结构上来讲，山大文艺学学科在他之后需要我挑起承前启后的培养学生的重担，他会与我一起担起博士生培养的重任，至于学术界的学术交流问题，他会帮助我进行必要的沟通。幸而在狄先生与其他同行的帮助下，我在学术工作中找到了自己应该起到的作用，培养博士生工作也开始走上轨道。这多亏了狄先生在关键时刻为我找到自信与方向。

我要专门讲一讲山大中文系美学专业的薪火相传。山大文科素有重视理论的传统。曾经担任山大两任校长的赵太侔就是著名的戏剧家，他首先提出了我国传统戏剧的“程式化”理论观念。新中国成立后，华岗校长更是率先示范，以马克思主义指导文科建设并力倡美学。1959 年，华岗在被监禁的困难条件下，在监狱中写就了《美学论要》一书，自觉地以马克思主义为指导，力主美的客观性，坚持“美是生活”的学术立场，认为审美感受与审美教育是帮助人们形成共产主义世界观的重要方面，是推动人们认识美和改造现实的强大武器。该书具有极为重要的理论与现实价值。

山大在解放初期的另一位重要的美学家是中文系主任吕荧。他在山大工作期间，出版了《关于工人文艺》《列宁论作家》等专著，后又出版了《艺术的理解》《美学书怀》等著作，提出“美是物在人的主观中的反映”的重要观点，成为美学大讨论中“主观派”的主要代表人物。在这样的背景下，山大中文系的美学研究始终未曾间断。周来祥与狄其骢两位先生先后以“美是和谐”论与“形象思维”理论贡献于美学领域，并联合开设了美学课程。1999年，山东大学文艺美学研究中心成立，2001年经教育部批准成为普通高等学校人文社会科学百所重点研究基地之一，并逐步成为全国文艺美学与生态美学等领域的研究重镇。山大中文系美学学科培养了一代又一代有影响的美学家，活跃于全国美学界，成为我们的骄傲。而今，已经进入21世纪，面向无限美好的山大未来，山大美学学科一定会薪火相传，不知其尽也。

转眼间，从我于1959年8月考入山大中文系迄今，时间已经过去一个甲子还多了，我的老师们许多已经逝去，但他们的音容笑貌仍然在我的记忆之中，还有的老师也已经进入了暮年。他们的学术与贡献将永留山大史册，惠及后人。我记得老师们的一切教导，甚至仍然记得老师们当年在山大南院的宿舍。我记得陆先生家那满墙整齐的线装书，记得孙先生那各处都放有香烟的大书桌；我记得萧先生那让我喝茶时热情的江西官话，记得高亨先生上课时特殊的鼻音，记得小殷先生从一个坛子里给我拿出文稿的动作，记得高兰先生朗诵的《哭亡女苏菲》——“你到哪里去了呢？我的苏菲”；我记得袁先生在我口试时那鼓励的眼光，记得张伯海先生那写得密密麻麻的、特别翔实的讲稿；我记得牟世金与凌南申两位先生漂亮的板书，记得董先生对于上古神话的独到讲解，记得钱先生音韵研究的特殊风采，记得狄先生那带有绵软吴语的口音，记得姜先生那手写的遒劲的甲骨文书法……我记得老师们的一切关爱与呵护。当然更加记得中文系要求我们学生做到的“三个基本”——基本理论、基本知识、基本技能，这一指导思想为我们打下了扎实的基本功，我至今受益。正是山大中文系的老师们为我们树立了榜样，让我们懂得如何做一名合格的教师与学者，也是山大中文系丰富的学术活动，开放的、师生对话的学术讨论氛围，引起了广大学子的学术兴趣，导引我们走上学术之路。每想到此，我都激情难抑，觉得自己要永远感恩山大中文系，感恩我的老师们！

除此之外，则是从我知道的、了解的历任校长本人身上体现的山大的传统。新中国成立前，留美戏剧家赵太侔先后两次担任山东大学校长。关于赵校长，我只听到过有关他的一些事迹，却无缘认识。一个非常有名的事例便是依照我国著名文学研究专家徐中玉教授的回忆流传下来的——赵校长力保师生的事情。徐先生于 1934 年考入山东大学中文系，抗战胜利后，1946 年山大复校，徐先生到青岛山东大学中文系任教。那时徐先生思想进步，反对国民党的腐败独裁，参加了共产党的外围组织“民先”并参与活动。当时山大特务活动非常猖獗，国民党的军统、中统等特务机构均在山大有分支组织和头面人物，经常监视进步师生的活动，并列出了进步师生的“黑名单”。有一天，徐中玉先生突然得到赵太侔校长的通知，被告知他已经被列入国民党的“黑名单”，让他赶快逃跑。徐中玉恰是接到了赵校长的通知，才赶忙逃出青岛，脱离了国民党特务的监视。徐中玉先生在自己的回忆文章中曾经特别详细地记述这件事，并曾亲自对我说起过。赵校长暗地通知列入“黑名单”的进步师生，不仅徐中玉一人。据记载，1947 年至 1948 年，国民党军警曾先后关押二百多名进步学生，赵校长都亲自组织营救，并指示校务委员会对所涉学生一律保留学籍。众所周知，赵太侔是坚定的国民党员，曾任国民党山东省党务指导委员会委员，但他作为一个教育家，有一个十分明确的理念，那就是历来没有师长整学生的。当时国民党当局要求赵太侔撤离青岛逃去台湾，但赵校长却躲在山大医院，以“治病”为名，没有跟随其他国民党大员逃去台湾，而是毅然决定留了下来，参加新中国成立后的教育事业。

华岗校长对山东大学的发展建设是举世公认的，特别在对山东大学文科的发展上，华校长更是以自己的实际行动，为文科师生树立了典范，并开辟了道路。华校长是我国最早在人文社会科学领域坚持以马克思主义理论为指导的著名学者。他的马克思主义理论水平之高，造诣之深，可以说是旗帜性的人物，而且他在学术上的贡献是开拓性的。20 世纪 20 年代后期，中国“第一次大革命”刚刚过去，他就出版了《中国大革命史》，开辟了中国“第一次大革命”历史研究的新领域。新中国成立后，他率先带领山大中文系的老师以马克思主义为指导，开辟了鲁迅研究的新方向。解放初期，华校长开辟新的研究阵地，领导创办了著名的《文史哲》杂志，坚持“双百方针”，开展学术讨论，发表了两个“小人物”文章，使《文史哲》享誉海内外，成为山东大学的重要标志。华校长坚持学术、追求真理的精神是令人感动的。他作为著名的革命家、教育家，始终不放弃学术研究工作，即便是身陷囹圄之时，仍然坚持研究，在那样艰难的条件下，写出了《美学论要》《规律论》等厚厚的、一摞一摞的论著。我们设身处地想，在那时的情景下，华校长那刻苦坚持学术的精神真的是让我们由衷感佩。

我们山大的校长都是经过了严格的选拔而当选的，都很优秀。我在这里无法言及所有的校长，只详细记述我在山大读书与做行政工作期间，我有直接接触的校长，即成仿吾、吴富恒、邓从豪与潘承洞四位。从他们身上可以看到山大的风格与发展状况。

首先要说的当然是成仿吾，即我们通常所说的成校长。成仿吾（1897—1984），原名成灏，笔名石厚生、芳坞、澄实，出生在湖南省新化县知方团（今琅瑭乡）澧溪村一个知识分子家庭。他是中国无产阶级革命家、忠诚的共产主义战士、新文化运动的重要代表、无产阶级教育家和社会科学家、文学家、翻译家。成校长是我上大学期间的校长，我的毕业证书就是成校长签署的。成校长是老一辈革命家，1910 年留学日本冈山第六高等学堂，1916 年进入东京帝国大学造兵科学习，1924 年受聘广东大学教授，大革命失败后积极参加革命，1928 年在法国加入中国共产党，后回国参加革命，是长征途中唯一的教授级知识分子，在延安担任陕北公学校长。新中国成立后历任中国人民大学副校长，东北师范大学与山东大学校长、党委书记。成校长作为老教育家，一向爱学生如子女，在陕北公学就有“成妈妈”的称号，我们入学后第一个见到的校领导就是成校长。那时山大刚刚从青岛搬迁过来，新校还在建设过程中，所以我们 1959 年 8 月入校时，中文系的同学都住在洪家楼老校二号楼一层的一间大屋里。成校长当晚就一间一间地去看望新同学，问寒问暖，用手摸摸同学的被子，询问同学来自哪里，习惯不习惯，等等，还特别嘱咐随行的干部与老师关心新生，将我们的生活安排好。去过宿舍后，成校长又到食堂检查伙食的准备情况和卫生情况。学校举行开学典礼，成校长做开学典礼报告，言简意赅，高屋建瓴，使我们深受教育。我后来留校工作，有机会看到了成校长的报告原稿，其实就是几页纸，上面写的是提要，好像诗歌一样，这说明了成校长作为教育家的理论涵养深厚。成校长是一位具有远大抱负的教育家，记得我们入校不久，成校长就奉命到民主德国访问，访问结束后在全校做报告。我记得很清楚，成校长在会上介绍了民主德国高教的发展情况，特别是介绍了柏林大学的情况，说当时的柏林大学有一万名学生。成校长提出我们山大也要建设万人大学，那时山大才三千名学生。我们一想到山大也要发展成万人大学，就真的很高兴。为此，成校长将洪家楼到利农庄的大片土地都划为山大未来的校区。当然不久就是从 1960 年开始的“三年自然灾害”，国家进入“调整、巩固、充实、提高”的时期，经济空前困难，万人大学成为未来的计划，已经划定的农田又被农民收回，而且还在洪家楼建设了历城县。山大由此形成了新、老校结构。

1964 年，我毕业留校，见到成校长的机会增加了，我当时在中文系担任学生辅导员，经常参加成校长召集的会议，聆听成校长的讲话，受到很多教育。我感受最深的是成校长的严格，每次开会成校长都会提前到达，从来没有迟到一次，而且不允许大家在会上抽烟。果然，成校长召集的学校会议上没有人敢抽烟。成校长与张教务长讲得最多的就是维护教学秩序的稳定性，为了维护课表的“准法规性”，不准随便调课，不准教师上课迟到，防止教学事故的发生。这样的优秀传统一代一代地传承了下来。我当教务长和分管教学的副校长时，严格执行成校长传下来的维护本科教育教学秩序的传统。直到现在山大仍十分重视本科教学，将其放在很高的位置上，我想也是继承成校长传承下来的传统。

不久之后，十年“文革”开始，学校作为重灾区，校系领导班子受到空前的冲击，众多领导、干部和教师遭到批斗、关押和人身侮辱。成校长当时已是接近古稀的老人，但仍然遭到了批斗，被造反派押着站在汽车上游街，手里抱着家里的维纳斯爱神雕塑。

后来成校长又遭到了多次批斗，据说成校长肋骨被打断了两根，有一次因为乘公交车的人太多，成校长不仅没有乘上车，而且被摔下车来。特别是造反派和某些人利用成校长早年在创造社与鲁迅争论的经历大做文章，给成校长强加上“反对鲁迅”的罪名，还在一段时间内将山大改名为“鲁迅大学”。并且抓住成校长与苏联留学生彼得洛夫关于鲁迅的谈话大做文章，无情地批斗成校长。据我了解，实际情况大致是这样的。1959年9月，苏联在北京大学留学的研究生彼得洛夫曾经对成校长有过一次学术访问，围绕彼得洛夫有关创造社与鲁迅的观点，成校长讲了如下一段话，大意为“对创造社的好恶与对鲁迅的评价并不是对立的，只是他个人当时对鲁迅的批评有些偏激，但后来他们之间的误会很快消除了”。1930年代成校长在湖北打游击时，因为“白色恐怖”的影响，一度与党中央失去联系，后来到上海见到鲁迅，依靠鲁迅的帮助又找到了党中央。鲁迅逝世时，成校长曾经撰文，给予鲁迅以高度评价，称鲁迅是“中国文化界最先进的一个”，有着“划时代的贡献”。但这样的客观历史并没有使得造反派谅解成校长，反而让他们加紧了对成校长的迫害。特别是《人民日报》发表文章点了成校长的名之后，这种批判不断升级。成校长以一位无产阶级革命家大无畏的勇气经受了这样的精神与肉体迫害，并凭其正气给予了回击。据说有一次开批斗大会，有一位造反派询问成校长：“你说，你是黑帮分子！”成校长当时回答：“我说，我是共产党员！”造反派又气势汹汹地问道：“你是做什么的?”成校长回答："我是山东大学党委书记、校长!"一次批斗会上，造反派在发言中将"更无豪杰怕熊罴"念成"更无豪杰怕熊罢"，成校长抬起头来说"那个字念 pí，不念 bà"。还有一次，造反派让成校长吃所谓的"忆苦饭"，并问他是否吃过，成校长回答："吃过，红军过草地时吃过野菜和煮皮带。"造反派们顿时哑口无言。

1973 年，那时山大已经被一分为三，我们文科在曲阜与曲师院合并为山东大学，我回济南办事时，与一位同事一起去看望成校长。成校长很高兴，向我们谈起他到北京治疗高血压病的情况，说在北京医院见到了萧克上将等许多老同志，他们都非常高兴地称成校长为成老师。因为在"瑞金时代"成校长在当时的红色中央党校当过老师，萧克等老同志在党校学习过，所以喊成校长"老师"。成校长又说，当时"文革"科教组的迟群曾经想让他去主政当时的北京师大，成校长当场回绝了。因为北京师大是高校中的特重灾区，被"四人帮"闹得到 1970 年之后还没有任何学生毕业，形势特别复杂。成校长看到了"四人帮"让他去北京师大是别有用心的，因此予以拒绝。1974 年 9 月，成校长在毛泽东主席的关心下调回北京，当年年底调中央党校从事马恩著作的翻译工作。成校长离开了山大。对于成校长的调离，山大的老同志们不仅感受到了党中央对成老的关心爱护，同时又有着无限的遗憾。山大在十年"文革"中受害深重，学校被拆散，教学骨干大量流失，特别是文科水平更是面临大幅下滑的局面。如果成校长继续主政，在改革开放的恢复期，山大可能会抓住机遇，发展得更好。

成校长的调离不能不说与“文革”是有关的。成校长离开山大后，山大根据周总理的批示，恢复原建制，已经搬到曲阜的文科与泰安的生物系迅速回到济南。吴富恒担任山大新的校长。

吴富恒（1911—2001），河北滦县人，北京师范大学毕业，获美国哈佛大学硕士学位，1982 年获美国哈佛大学荣誉法学博士学位。“文革”前历任山大教务长与副校长，1978 年至 1984 年任山东大学校长，他坚持“解放思想，实事求是”的思想方针，拨乱反正，稳定大局，为学校的长远发展奠定了基础。吴富恒教授于 1978 年被任命为山大革委会主任，1979 年被任命为校长。吴校长是我校新时期的第一任校长。那时山大真的是千疮百孔，遗留的问题成堆：1971 年被强行一分为三，已经流失了大量优秀教师，光文科专业流失的骨干教师就有 36 人之多。学校校舍破败，资源缺乏，人心涣散，纪律松弛，“文革”中的所谓派系仍然残存。

吴校长与山大领导班子推出的第一个重大措施就是于 1978 年 10 月 21 日至 30 日召开“实践是检验真理的唯一标准学术研讨会”。这个会议的召开在全国是比较早的，而且也还是有一定风险的，但会议却是非常成功的。何匡、高放、蔡尚思、李秀林、蓝翎等著名学者参加了会议，并作了重要发言。吴校长在济南东郊宾馆的会议开幕式上作了重要讲话。之后，各系、各学科结合学科特点召开了有所侧重的，以“打破禁区，解放思想”为宗旨的学术研讨会。这些会议起到了解放思想、突破禁区、凝聚人心的作用，也在学术界树立了山大特别是山大文科的良好形象，为山大的继续前行建立了信心。

其次是稳定秩序、健全制度，使学校工作特别是教学工作步入正轨。为此，在吴校长的领导下，学校召开了教学工作会议，制定了教学计划与教学规范，重申了课表的“准法规性质”，并整肃教学纪律，实行教学事故通报与处理制度等。这些举措使学校工作特别是教学工作逐步走上轨道。在全国范围内，山大较早地实行了教学奖励制度，制定了教学工作量奖励办法，极大地调动了广大教师的积极性。我记得学校是于1982年开始酝酿并逐步实行这一制度的，在高校中第一次实现了多劳多得，鼓励了奋战在教学第一线的教师，特别是中青年教师，该制度起到了较好的作用。吴校长对于这一举措是大力支持的。在校长办公会讨论这一举措时，存在着比较大的分歧，但吴校长却顶住了各种不同看法，使得这一举措得以实施。同时，吴校长为学校基础学术条件的建设付出了辛勤劳动，为《文史哲》、《山东大学学报》、山东大学出版社的建设呕心沥血。山东大学出版社得以成立是由吴校长亲自带领我们到省出版局开具证明文件的。对《文史哲》，他更是分外关注，付出了很多心血。这些基础性工作都是学校发展的重要前提，正是得益于吴校长等老一代领导同志对教育事业的坚持与辛勤工作，学校才能在较短的时间内逐步走上正轨。

再次是吴校长大力开展外事工作，为学校的对外开放、借鉴国外办学经验开拓了新的天地。吴校长具有教育家的深远视野，对外事工作特别重视，在他的六年任期中，山大外事工作与同类学校相比，相对较为活跃。他较早并清醒地认识到外事工作在学校发展中所特具的“开阔眼界、扩大影响、借鉴经验”的重要作用。所以当时即使在比较困难的情况下，仍将山大的外事工作做得有声有色。吴校长广泛建立校际关系，建立起了山大初期外事工作的基本格局，迅速建立起了山大与包括哈佛大学、牛津大学与东京大学等一批高层次高校的校际交流关系，同时也与山口大学、里贾纳大学、纽约市立学院、印第安纳大学等高校建立具有长期实质性的交流。吴校长在外事工作中十分重视学科建设，将外事交流与我校的重点学科、重点学术领域的建设相结合，具体就是与我校晶体、高能物理、微生物、数学、磁学、美国文学、语言等学科紧密结合，有的学科则在国外建立了科研基地，极大地推动了学校的学科建设。

其四是率先开展美国现代文学研究，为我校外国语言文学研究打开了新局面。美国现代文学在“文革”前只是英美文学研究中的一个领域，而不是一个独立的学科，但它却具有自己的特点与发展轨迹。吴校长早在1963年就预见到美国现代文学的发展前景，开始关注这个新兴学科，成立了美国现代文学研究室。改革开放初期具备了更多的发展该学科的条件，山东大学就在吴校长的带领下，成立了“美国现代文学研究所”，创办了《美国现代文学研究》杂志，并相继出版与发表了一系列有影响的研究成果。为此，吴校长被推选为全国美国文学研究会会长。美国现代文学研究也因此成为山大外语专业与山大文科的重要特色学科与研究方向。

最后，吴校长以自己平易近人、平等待人与艰苦自律的精神为建设良好校风树立了榜样。吴富恒校长长期担任领导职务，包括重点大学校长、山东省政协副主席与全国政协委员。但他始终将自己定位为一个普通的知识分子，以平等的态度待人接物，温文尔雅，从不以势压人。他本人更是严于律己。我们陪他外出办事时，吴校长从来都是自己拿钱请我们吃饭。有一次我陪他到北京外文出版社看望金诗伯先生，那时吴校长已经 70 多岁了，但他仍旧让我陪他乘公共汽车到出版社去。吴校长一直强调学校要牢牢树立为教学服务、为教师服务、为学生服务的理念，要求教务处深入教学第一线，解决教学工作中的各种问题。我曾经多次陪同吴校长听课，当场听取教师们的意见，解决各种困难与问题。在吴校长等老一代领导的带动下，这种主动服务师生的观念已经成为山大长期以来的优良传统。

继吴校长之后担任山大校长的是山大化学系的邓从豪教授。邓从豪（1920—1998），江西省临川县崇岗乡上邓村人，1945 年从厦门大学化学系毕业，1948 年到山大化学系工作。1963 年至 1965 年参加唐敖庆教授的物质结构讨论班，开始从事量子化学研究。1978 年邓从豪教授的《分子轨道理论研究》获全国科学大会奖。1982 年主持的“配位场理论研究”获国家自然科学一等奖。1984 年 6 月，邓从豪教授接替吴校长担任山东大学校长，1986 年年底因需要集中精力从事学术研究，辞去校长职务。1993 年担任中国科学院院士。1998 年 1 月 17 日辞世。

邓校长出身寒门，家境艰苦，1941 年他从家乡徒步走到福建厦门，报考厦门大学。他始终艰苦奋战在科研第一线，为我国和山大的量子化学建设作出了很大贡献，亦是山大量子化学学科的奠基人。邓校长对我关爱有加。1986 年，正是在邓校长的推荐下，我开始担任山大教务长一职，走上山大的行政工作岗位。我在 1991 年生病住院期间，邓校长亲自乘公交车到医院看我，我深受感动。邓校长于 1984 年担任校长，后曾经让我陪同他赴京到教育部汇报工作，其中最重要的一件事就是威海分校的建设工作。当时主要提出者是威海市的门市长与山大部分老领导、老教师，教育部基本建设司认为威海的环境气候不错，大力支持此事，但教育部领导是否支持至关重要。邓校长此行就是与教育部领导汇报威海分校的建设问题，期盼教育部能够另外拨款。那时学校发展最重要的便是经费问题，各个学校都在为经费操心。我们到教育部后见到了分管高校工作的黄兴白副部长，黄部长其实就是在某个会议之间抽空见了我们一下，他未等我们汇报就说道："邓校长，威海分校的建设，部里讨论还是同意你们建设，但经费投入不可能单独另支，就在给你们的总经费中解决。"说完黄部长就离去了，他说还有会议等他参加。我们当时真的很紧张，因为学校困难很多，经费十分紧缺，难以有多余的经费单独拨给分校。但大局已定，不好改变，这其实就为以后威海分校的建设困难开了个头，就是在那样的情况下，威海分校的同志还是克服困难，将威海分校的建设维持了下来。直到 2001 年，大学扩招、教育部投入增加以及高校贷款的开始，才在总体上解决了分校建设的困难。

邓校长非常重视学校的教学与科研工作，将大量精力投入其中，加上自己的科研工作压力很大，所以积劳成疾。1991 年，他在体检时发现肝上有一个肿瘤，而且部位在血管附近，不好开刀。我们与齐鲁医院的大夫商量决定采取保守疗法，进行药物治疗，还从上海中山医院请了专治肝病的潘院士来给邓校长治病，效果还不错，一直维持到 1998 年 1 月初，终因某种外因致肝血管破裂，我们连夜将邓校长送到齐鲁医院，他最终还是离开了我们。自此山大不仅失去了一位老领导，而且失去了一位非常重要的学术领军人物。

潘承洞校长是邓校长的继任者。潘承洞（1934—1997），我国著名的数学家、教育家，1991 年担任中国科学院院士，是山大的第一位院士。潘校长于 1950 年代初以优异的成绩考入北京大学，1956 年毕业留校，后跟随闵嗣鹤教授学习数论，奠定了潘校长此后的专业方向。跟随闵嗣鹤教授期间，潘校长还参加过华罗庚在中国科学院亲自组织的数论讨论班，奠定了他与王元、陈景润的合作道路。1961 年潘校长研究生毕业后，分配到山大数学系工作。潘校长初入山大时，是一名深受学生欢迎的教师，学生普遍反映潘老师讲课深入浅出，流利熟练，具有很高的水平和很大的启发性。其实早在北大学习期间，潘校长就踏上了科研的道路，开始了数论的研究。到山大后的 1963 年，潘校长证明了“哥德巴赫猜想的 1+4”，发表了论文《表大偶数为素数及一个不超过 4 个素数乘积之和》，这使得中国在哥德巴赫猜想的研究中处于国际领先地位。此时潘校长只是一名讲师。潘校长常说文章水平的高低与职位的高低并无直接关系，他写得最好的论文是当讲师时完成的，我想他所说的当讲师时写得最好的论文大约就是指这篇论文了。而且他说论文水平的高低与论文的字数也没有直接关系，我想他这篇具有突破性的论文大约字数也不会很多，他的这些看法与实践都对我有了莫大的教育意义与启示作用。潘校长于 1982 年与陈景润、王元共同获得了国家自然科学一等奖。1981 年与其弟潘承彪写出《哥德巴赫猜想》一书，被认为是以最简洁的方法对哥德巴赫猜想的科学表述。潘校长可以说是一个奇才，他在所有与用脑有关的活动和游戏中都具有杰出的才能，例如他的桥牌打得很好，曾经获得大奖；他围棋与象棋都下得很好，我的同事卢兆铭就是学校教师中象棋下得很好的一位，潘校长曾经约他下棋多次，老卢说潘校长棋艺不同凡响。我亲眼看到过他打台球，其实那时潘校长高度近视，但台球打得却很漂亮。由此说明潘校长在用脑子的技艺上都有不凡的表现，这说明他很聪明。还有一个证明潘校长聪明的例子，那就是学校要开廉政建设大会，贯彻教育部有关廉政建设的有关精神，潘校长并没有参加会议，因他眼睛不好，看文件实在困难，只能听我们的简单传达。我当时担任学校党委书记，希望校长能简单地表一个态，潘校长就结合山大的情况用理论联系实际，作了很有水平的一个发言，这说明潘校长的记忆力与理解力都是超群的。

潘校长身为院士、重点大学校长，有较高的社会地位与学术地位，但仍然保持着知识分子本色，生活要求不高，为人也很随和。记得有一次会见外宾，潘校长穿了一双两种颜色的袜子，我当时作为常务副校长分管外事工作，就告诉潘校长袜子两只两样，需要换一下，他这才发现。潘校长非常关心且信任普通教师，有一段时间对于教师的出国管理很严，当时有一位老师因科研需要出国工作，我虽然愿意担保，但分量不够，于是就请潘校长做担保，潘校长毫不犹豫地接受了此事。这位老师顺利出国，当然也按照计划顺利回校。这件事反映了潘校长对普通教师的关爱与信任。潘校长对办学有着很高的要求，他始终坚持山大要“立足本省，面向世界”，而且将“面向世界”放在突出位置。1995 年，山大“211 工程”验收时，有专家提出要将山大“面向本省”放在突出位置，在写最后评审意见时，潘校长对于别的意见都很宽松，唯独对于学校的定位抓紧不放，一定坚持“立足山东，面向世界”，最后大家尊重潘校长的意见并加以表述。现在回头看，那时潘校长已经将建设世界一流大学放到自己的议事日程之中，可见他所具有的远见卓识。

潘校长从 1980 年代初期就发现体内有癌变迹象，也因此动过手术；1995 年又有癌变迹象，再次手术，直到 1997 年病灶转移。可以说在很长一段时间内，潘校长都是以超强的意志力与病痛斗争。1995 年，潘校长住院手术，但手术创面出血，血压与体温都很高，应该说这是十分痛苦的，但潘校长不仅能够忍受而且以坚强的意志力挺了过来，此是非常人所能忍受的。1997 年潘校长再次发病，虽经医院的多方努力，但他终因不治而离开了我们。我接替潘校长担任山大校长。我清楚地记得，潘校长在决定让我担任校长时，专门到我的房间告诉我学校的经济状况没有太大的困难时的情景。这是潘校长对于我的信任和支持。

我的学生与我的行政经历

1964 年 7 月大学毕业后，我基本上一直在山大工作，接触最多的除了老师、同事，就是学生，除此之外，并无其他的社会交往。因此，自己并无除学校之外的社会上的朋友。所以从一定的意义上讲，学生就是我所有的社会关系。我曾经说过，我的人生中许多的“开始”都与学生有关。我的教师生涯是从 1964 年开始的，我的文艺学教学生涯是从 1973 年开始的，我的科研生涯是从 1977 年开设西方美学课开始的，而且我人生中的许多患难也是在学生的帮助下渡过的。1976 年，我的孩子罹患肾病，是我的学生帮助我连夜将孩子送到医院才得以保命。我更难忘记的是我在“文革”被批斗的患难时刻，有些同学对我的爱护与保护以及长期以来对我的关爱。这些同学的话和行动至今撞击我的心扉，使我常常热泪盈眶。我将永远记住我人生中无数个“患难”与“关爱”，许多同学可能早就忘记了这些，但我却感念所有帮助我、关心我的学生。万千事迹，只能记其一端。下面我以山大校外美学团队的关爱与支持，以及我与中文系 77 级、79 级同学的交往为例，记述我与同学们的深厚友谊，表达我的无限感谢。

山大校外美学团队的关爱与支持

我们山大文艺美学学科是改革开放后较早招收研究生并获得博士点的学术单位。早期周来祥先生是美学学科带头人，而我是团队主要成员之一。周先生招收的研究生几乎都听过我的西方美学课，我也由此与这一批同学结下了深厚的友谊，他们在我的学术成长过程中给予了我许多关爱与支持。

姚文放是这个群体的大哥，他出生于 1949 年，比我略小，虽然他听过我的西方美学课，但其实他本人业务上比较成熟。他与我之间可以说是亦师亦友，其中友谊的成分更多。他是扬州大学 77 级学生，这一级出了众多人才，姚文放是其中之一。他在中西美学与基本理论方面均有建树，其勤奋也是难有人可比，他可以同时写几篇文章，也可以在行驶的火车上非常投入地写作。读研期间，他常常来我家聊天，我们之间非常投缘。当时学校没有暖气，学生宿舍很冷，而我家生了炉子，我们围炉喝茶。环境和氛围都挺暖和的，这给了他较深印象，他在报纸上发文回忆研究生生活时专门提到这一点。我们曾经多次提议将他调回山大文艺美学学科，几乎都因他难舍扬州早已习惯的生活环境而未果。但文放却早已经成为我们中心的校外成员，我们的许多活动，特别是我组织的各种学术活动他都积极参与，并给予了大力的支持，包括我们申报与评审各种项目及研究生答辩等，他都是最重要的支持者。文放对我个人的具体学术支持当然也非常多，主要包括在我们中心刚刚成立之时，积极参与我们的《文艺美学教程》编写；2005 年，当时我刚刚参与生态美学研究，提出“生态存在论美学”命题，在学术界引起不同意见，有的意见上纲上线，对我产生了某种压力，文放在杂志上发文《面向新世纪的美学理论体系——试论曾繁仁的存在论美学》，给我强有力的学术支持；2022 年 7 月，他又出席了由我领衔的“生态美学文献与理论研究”项目评审会，在会上再次对我的生态存在论美学给予了学术支持。如此深情厚谊难以忘怀。

杜卫是这个群体中与我关系密切的另一位美学家，他出生于 1957 年，也是 77 级学生，他是与文放同时期的研究生，学术能力也很全面，有国外访学经历，外语很好。而且杜卫是我研究美育的同道，目前是中国高教学会美育研究会会长，我国美育的领军人物。他的博士论文即是关于王国维美育思想的研究，深入阐发了王国维“无用之用”的美学思想，也揭示了美育的“无用之大用”的本质特征，论文与所发文章产生了很大影响。我们互相支持，共同参加了很多美育会议。他在金华任职期间专门请我们夫妇到金华浙师大讲课并参观，并特别陪我们游览了千岛湖，从金华过湖登陆到对岸——我的家乡安徽。后来他到杭州师大任职，成立了“李叔同与丰子恺研究中心”，又多次请我参加会议与讲课，我几乎认识了这个中心所有的工作人员，也是收获良多。

彭修银是1952年出生的，但入校较晚，1990年代博士毕业后，先是任职于南开大学美学专业。2001年前后他与薛富兴一起承担了东方美学学会的会务工作。陈炎当时也是这个学会的主要发起者之一。陈炎认为老彭与小薛都是普通老师，承担这么大的国际会议存在诸多困难，我们中心要全力支持，于是让我与仪平策同他一起赴天津与会并发言。我们到会后发现，老彭与小薛有一套自己的节俭办会的招数，他们就在学校食堂招待国际学者，大家并不觉得寒酸；并且他组织大家参观天津的各种老饭店与街道，但并不铺张浪费，国际学者看到老天津的风貌非常满意。由此看出彭修银素朴节省的能力。后来他调到湖北中南民大，又在那里与王德胜一起组织了全国第二届生态美学学术研讨会，也很成功。这即是我与老彭的交往，从学术生活方面这个侧面反映了他与我之间质朴的感情。

李庆本是这个群体中更晚一点的美学家，他出生于1965年，1983年就到山大上学，1993年获得博士学位，但与我却是非常密切的忘年交。他毕业后到北语从事美学工作，又曾经在国外外事部门工作多年，外语早就娴熟，运用自如。他因在北京工作，而我又常到北京开会和办事，庆本对于我的接待、陪伴、照顾与支持就很多。首先他对我的生态美学研究真的是发自内心的关爱支持。他曾经很有感情地在文章与会议上说，生态美学的诸多论题不在谁提出的早，而是谁做的多和深。我尽管在诸多学者中是做得较多的一个，但不敢说自己做得深，但庆本的深情鼓励却显而易见，令人感动，我也因此深受鼓舞，争取做得更深一点。而他自己则从比较文化的独特视角研究生态美学并使用外语将中国生态美学介绍到海外。记得我们中心当年申报基地之时，就是庆本请我与童老师吃饭，并提供了一个相互交流的机会。我到北京看望乐黛云先生也是庆本陪我前往的。而我到北京开会与活动，庆本为了让我有放松地参观北京美景的机会，常常开车陪我到圆明园散步。后来庆本到浙江工作后，还专程到济南看望我们。

张政文在这个群体中年龄相对较小，他 1960 年出生，来校时一副纯学生的模样。他上学时非常喜欢康德美学，与我同好，经常与我讨论康德美学的学习体会，接触逐渐多了起来。1980 年代末，由于他的爱人杜桂萍是哈尔滨人，所以毕业后他分到黑龙江大学。多年后又见到他，变化特大。由原来的一口江苏普通话到说一口地道的哈尔滨话，比东北人还东北人。他不仅担任了黑大的研究生处处长，而且德国古典美学做得更加全面深刻，在《哲学研究》刊物上发表了多篇论文。因为他是山大硕士毕业，后来还想继续做文艺美学，于是就在我这里按照严格规程申请了博士研究生，并取得了学位。于是我们就成了博士师生关系。他对于我的帮助当然是多方面的。首先就是他在我的文集出版会上对于我的评价。他说我从教与行政的时间几乎各半，行政工作方面牵涉巨大精力，我的成绩除了学术还有看不见的行政贡献。他的评价符合实际且十分真诚，着实感动了我，在这个方面政文是“懂我的人”。再就是中国社会科学院大学等单位于2018年前后根据上级精神，组织编辑了《马克思主义文艺理论与评论建设工程名家学术文丛》。在政文的推荐下，我也忝列其中。由社科出版社出版了我的五卷本的文集，包含生态美学、美育与西方美学等。这是上级对我的某种肯定与认可，我受到鼓舞，感谢上级，也感谢政文的推荐。

王德胜，本科毕业于北大哲学系，他毕业很早，1984年就毕业了，由于学术上比较活跃，所以成名也较早。他虽是上海人，但却具有北方人的热情与豪爽。他于21世纪初以同等学力考取了我名下的博士研究生，就读于山大文艺美学研究中心。2003年他顺利毕业，其论文《宗白华美学思想研究》获得全国百篇优秀博士论文。作为学生，他对我可以说是关怀备至，但也很直言。他评价我说，生态美学与美育研究处于领先地位，西方美学研究处于较先进行列。他具有学术上的高敏感度，很早就致力于文艺美学的研究与推介，21世纪初期又致力于生态美学的推介，后又致力于日常生活审美化的推介。他的日常生活审美化的文章引起学术界的热议，甚至是批评。其实他本人对于这些学术方向均有其独立的思考与评价。如文艺美学与生态美学，他既认为其有价值，又认为其需要进一步的完善。这些看法其实都有其合理性，说明他是勤于思考的学者。他竭力推介我的学术成果，曾经发起召开过转型期论文集与五卷本文集的学术研讨会。我至今认为召开专人研讨会在水平上还欠缺很多，但作为新兴的生态美学与当时方兴未艾的美育召开研讨会还是必要的，而且也在一定程度上肯定了山大文艺美学研究中心的科研工作。另外，王德胜对于我们的《中国美育通史》研究与写作，一直持极为肯定的态度，而且专门从北京到济南来参加会议，又借我们会议召开之机，在北京召开出版发布会，对于评奖也持极力支持的态度。而德胜个人却并没有将自己的名字写入其中。我知道，这里不仅包含有德胜的学术支持，也包含有他对我个人学术的真诚关心与支持。我的学术工作离不开德胜的支持与关爱。

与77级同学的亦师亦友情谊

在2007年恢复高考30周年时，山东大学中文系77级的同学们决定组织同届同学与任课教师写一点纪念文章。我作为任课教师之一，积极响应了这一决定，写了一些文字，以资纪念。现在回望我与77级同学40多年的情谊，亦师亦友的亲切感瞬时涌上心头。

1977年冬，在邓小平同志的果断决策下，中国恢复高考招生，当年有570万考生参加高考，录取27万大学生。这不仅是对“四人帮”否定“十七年”教育成果、否定人类文明的有力反击，而且也是我们民族迈出低谷、走向光明的象征。这是中华民族的喜庆日子。从打倒“四人帮”之后，我们每个人都总是沉浸在难以抑制的喜悦与兴奋之中。1977 年初，邓小平同志提出自己要当教育事业的后勤部长，并开始领导教育界“拨乱反正”工作。为此，教育部组织了高校的 30 多位文科教师集中在北京虎坊桥旁的国务院招待所，组成教育部写作组撰写批判“四人帮”“左”的教育路线的文章，及时贯彻邓小平同志有关教育战线“拨乱反正”的指示精神。因此，我们写作组有条件较早地接触到小平同志与党中央其他领导同志有关教育问题的最新指示。1977 年 8 月初，小平同志与万里等同志召开教育工作座谈会，会上作出恢复高考招生的决定。这一精神我们是较早知道的。当时真的是高兴极了。因为，“文革”十年，高校停办，后来又传出“只办理工科大学”的传言，整个高校的命运和我们这些高校教师的命运都是未知数，大家心里总是忐忑不安。高考招生的恢复给我国高校与高校教师指明了前景。因此，我们特别高兴。1977 年 8 月 18 日，我有幸在北京参加了“欢庆党的第十一届代表大会”胜利召开的庆祝活动，此时宣布了打倒“四人帮”，结束了十年“文革”，因此我特别的兴奋。1966 年“文革”开始，那时我才 25 岁，到 1977 年整整 11 年过去了，我基本上都在运动中度过。从 25 岁到 36 岁，我人生中最好的时光就这样荒废了。“文革”终于结束了，我们可以做一点自己的事业了，我们的祖国也将结束动乱走上正轨，这难道不是最令人高兴的一件事情吗？因此，广大群众自发地组织起来游行庆祝，我们作为教育部的代表参加了北京的游行方队，我还作为旗手之一走在教育部队伍的前面。晚上我们与数以十万计的群众在天安门广场通宵达旦地欢歌畅谈，大家都对祖国与中华民族的未来充满憧憬。不久之后，我们写作组完成任务，各自回到工作岗位，我也回到山东大学，参加中文系招生的准备工作。因为“文革”刚过，学校条件较差，接收新生工作真的很困难，但小平同志说可以招一部分走读生，因此学校决定中文系77级共招收两个班，一个班为住校生，一个班为走读生，共计招了79人。全系的教师都很兴奋，安排了几乎是最强的教师阵容，老中青一齐上阵。

1978年春，我们终于迎来了盼望已久的77级学生。我也有幸为他们授课，并因此与这些“文革”后的第一批同学结下了深厚的友谊。时间已经过去40多年了，我也由中年迈入老年，早已满头白发，但回想起这不平凡的教学经历，我仍然非常激动。我想用“亦师亦友”来概括我与77级同学的关系是非常恰当的。因为从年龄结构上来讲，77级是非常特殊的，他们的年龄跨度很大，从十七八岁到三十几岁的学生都有。因此，当时他们中年龄最大的与我的年龄差不多，他们中的多数人都有着丰富的实践经历，这使得我与他们的共同语言较多。从这个角度说，我与77级同学更多的像是难得的朋友。而从个人的业务成长来说，从某种意义上说，我是与77级一起成长的。因为自1964年毕业后，我留在中文系文艺理论教研室，同时被系里派到64级担任辅导员，在担任辅导员期间，我只给64级同学讲过政治课。1966年，“文革”开始，学校就停课了，直到1971年在周恩来总理的批示下，才开始招收工农兵学员。1973 年，我开始给刚刚入校的同学讲授毛泽东文艺思想课，以《在延安文艺座谈会上的讲话》为最基本的教材，倒是一直讲了下来。77 级学生入校后，我担任他们的文学基本原理课教师，以“文革”前蔡仪先生主编的《文学概论》为教材，参考以群先生主编的《文学的基本原理》。从某种意义上说，我也得重新备课，实际上是一边讲、一边学，也一边清理自己脑子里僵化的文艺思想。到他们大学四年级时，按照规定要开西方文论课或者西方美学课，但我们教研室没有人手来准备此事。我的老师，也是我们的教研室主任——狄其骢老师就鼓励我开课，而我并没有系统地学过西方美学。本想到复旦大学跟蒋孔阳先生学习，一边听课、一边备课，但因为联系过程中写错了课程名称而耽搁，未能成行。于是狄老师就鼓励我自己在学校备课。经过难以想象的困难之后，我终于写出了“西方美学专题”的讲稿，1981 年，在 77 级毕业前夕，为他们正式开讲了西方美学课。当时全国开这门课的学校并不多，而我没有受过这方面的专业训练，但却将这门课讲了下来，这其实是 77 级同学支持的结果。因此，从某种意义上讲，我的西方美学之教学与研究是与 77 级同学一起完成的。此后，正是在这次讲课的基础上，我一直讲授西方美学课近 60 年，不间断地为研究生讲西方美学的范畴与体系研究。为 77 级讲授西方美学的讲稿经过进一步的整理修改，在山东人民出版社以《西方美学简论》的书名出版，得到当时学术界与广大师生的好评。回想起来，我的所有成果都是与历届同学，包括 77 级同学的鼓励和支持分不开的。

我觉得77级同学特别宽容，只要是尽心尽力地教学，诚恳地对待同学，他们特别能够体谅老师。我在77级上了一年半的课，如果包括备课，其实是在整个77级入校阶段，我都是与他们一起学习，一起前进的。从这个角度说，难道77级同学不是我的朋友吗？我永远记得文史楼239教室，我与77级同学共同学习与探讨的难忘岁月。从古希腊到德国古典美学，我们共同爬过了多少理论的高山啊！记得，有一次77级同学返校，大家邀请我参加见面会，有一位同学见到我的第一句话就是黑格尔的“美是理念的感性显现”这一著名美学箴言，一下子让我感动不已。

77级入校后，我国正处于“拨乱反正”时期，理论界与文艺界发生了巨大变化，出现了许多新的理论与文学现象，诸如“为文艺正名”的讨论、有关“人道主义”与“异化”问题的争论、刘心武《班主任》的发表、关于“伤痕”小说的讨论，等等。我与77级一起经历了这些理论领域与文艺领域的大事。记得为了讨论“人性论”问题，我们在课堂上讨论了苏联《第四十一》这部电影。电影描写主人公女红军战士与白卫军官的爱情缠绵，但在最后关头却将其射杀的情节。大家就该作品在倾向上到底有没有问题，进行了热烈的讨论。当时还出现过颇为惊人的《沃野》刊物事件。《沃野》是以77级为主体创办的一个文学刊物，因为同学们大都来自社会基层，因此写了不少反映社会现实，包括某些反映社会阴暗面的作品。这就引发了一些风波。当时我是该刊的业务指导，我理应承担责任，我也明确表明了态度。但77级同学却说他们并没有给我看过该期刊物，从而将我解脱出来。历来只有老师保护学生的，但77级同学却挺身而出保护了老师。这难道不是一件感人的事件吗？

中文系77级同学的面庞经常在我的脑海里浮现，他们常常在我难忘的时刻出现在我的生活中。

记得1991年秋，我参加中国高教代表团的赴美访问，最后一站是旧金山。就在我马上要上飞机的一刻，77级同学孙照华开着汽车气喘吁吁地赶来送我。原来他当时在旧金山工作，就在当天早上看到《世界日报》报道我们到旧金山访问的事情，于是他立刻联系使馆，当得知我们已经到机场后，他马上开车赶来为我送行。就在我入关与小孙告别的一刻，看着依依惜别的小孙，我真的涌出了热泪。

当我调入海洋大学工作后，第一次回到济南时，带着些许在异乡工作的惆怅，但一看到张华在车站接我，便凉意顿消，感到分外温暖。最近几年，我大概每年暑假都要到威海参加会议。时述国、宋乐永同学几乎每年都要去看我，问寒问暖，关怀备至。李明政同学在文登工作，听说我去，也赶到威海看望我。徐伟华在烟台挂职，我到威海时，他也专门邀请我去烟台，招待我，与我促膝谈心。至于在济南的同学，因为在同一个城市，平日对我的关心更是令人感动。

总之，一个一个面庞在我眼前如电影般闪过，几乎都是欢乐的、动人的。然而也有令人悲伤的画面。张玉冰同学毕业不久就因病离开了他挚爱的亲人与事业。李安林同学毕业在济南文联工作，通过自己的努力工作而小有积蓄，就在约我参加 2007 年聚会的不久后突然辞世。记得那次是贺立华、张华邀我与李安林在山大附近的“老转村”小聚。安林豪气不减，喝了不少酒，我觉得他的身体不错，因为能喝酒是身体健康的表现。而且，他还说他在舜玉小区买了一套单元房，我们都为他高兴，但不久就传来他辞世的消息。我当时根本不相信。但这是不以人的意志为转移的事实。学生英年早逝，令人痛心不已。

权力是暂时的，金钱是身外的，生命是珍贵的，情谊是无价的。在所有的情谊中，师生情又具有自己的独特的超越性与无功利性，“尊师爱生”历来是我国的重要传统，“历来没有老师整学生，也没有学生整老师的”，这是他们留给我的可贵箴言。我会永远将与 77 级这份不同寻常的“亦师亦友”的深厚情谊铭记心间，成为自己感恩社会、珍爱人生的重要原动力。

难忘的中文系 79 级

2013 年的时候，79 级的同学告诉我他们要举行毕业 30 周年纪念大会，让我写一篇纪念文章。我当然乐意，因为我与中文系 79 级延续了 43 年亦师亦友的情谊，真的非常宝贵。我早已进入古稀之年，回首往事，感到万分宽慰的事情之一就是今生当了教师。我曾经有过一年的公务员经历，但我的一位学生却给我捎信让我赶快回到学校，他说公务员不适合我，我听从了这个建议，果然正确，因为我回到了适合自己的教师岗位。教师是清贫的，一位真正的教师其实只有工资的收入，而且不是高收入，所以有新中国成立前闻一多先生“治印养家”的故事，我自己发生过家里的床被一位朋友坐塌的事情。但教师又是富有的，他的富有就在于他有学生，师生的情谊是永恒的、纯洁的、超脱的。我与中文系79级学生的亦师亦友情谊延续了43年之久，想来令人感动。1979年我接手了中文系79级的文学原理课，此前我已经给好几个年级讲过这个课，所以自己没有什么负担，但一给79级上课却使我愕然，因为同学们并不太喜欢我的讲课方式。在讲课的过程中有一位同学在给我的作业中夹了一张字条，说我上课时“满堂灌”。我真的吓了一跳，因为历来我的教学效果还是不错的，怎么回事呢？一了解才知道自己犯了经验主义的错误，我以往上课的对象大多是有实践经验的学生，而从79级开始，则以应届学生为主，以往的那种讲法就不适应了，多数同学只有十八九岁，对于抽象的理论课难以接受。为此，我除了严格要求同学之外，还让他们逐步习惯大学，特别是适应文科理论课，因此我开始重新备课，将课讲得更加形象生动。这也让我与79级结下了深厚的友谊，在他们毕业之前，我又给79级开设了西方美学课，两次上课使我们的师生情谊更深，相互之间也更加了解。我当时甚至能够叫出79级所有同学的名字。同学们也开始喜欢我的课。记得他们毕业离校好多年后，一位并不是做学术工作的79级同学见到我，居然说：

“曾老师，不到顶点。”这是德国美学家莱辛在名著《拉奥孔》中所讲到的“雕塑作为美的艺术，在人物表现中应该是刻画最富有包孕的‘不到顶点的那一顷刻’”。所以“不到顶点”就成了古典空间艺术的一条规则。这既是一条美学规则，其实也是一种人生规训，教育我们永远不能自满，永远将自己的人生看作“不到顶点”。时隔二十多年，同学还能记得这个美学原则，我真的很高兴！是79级同学让我享受到了教师工作的快乐，也是他们让我记住了教学和工作都要从对象出发，也是他们让我知道了每一次上课都是一次新的开始，让我养成了更加认真的工作习惯。79级学生毕业后，我与他们的友谊继续着，留在山大工作的79级同学对我也更是关爱有加。

2000年，我从行政岗位退下来后转到教师岗位，那时79级同学周广璜在山大出版社工作，由他提议、策划，出版了我的《美学之思》一书，该书朴素而精美。因为我选择了由传统认识论到当代存在论的转型，而且将我开始研究的生态美学列入其中，大家对此书的反映尚好，这给了我信心，标志着我崭新的学术生命的开始，我从内心感谢周广璜，是他帮助我出版了这本书，以此为契机，我有了一个新的开始、一个新的出发点。79级同学赵平海毕业后一直在山大机关工作，我做过学校的副校长、党委书记和校长，但赵平海从未为自己的事情找过我。当我从行政岗位退下后，他却对我们极为关心，因为我与老伴进入老年，病痛开始不断光顾，而且我家又住得远，于是平海常常来看望我们。我们住院的时候，他都会作出具体安排，不时来看望，这让我们感到特别亲切和温暖。79 级同学郑训佐一直留在文学院古典组工作，对我也是关怀备至。他现在已经是著名书法家。我有时为了学科的工作，在参加学术前辈的纪念活动等场合，需要准备一些字画相送，训佐从来都是高质量地无偿提供精品，这使我非常感动。孙基林已经是著名的诗评家，他调到威海分校工作时，专门到我家与我话别，盛情邀请我到分校讲课与旅游。

校外同学的行动也使我十分感动。史遵衡在当了济宁市委副书记后，自己跳到水中救起落水的妇女，还主动报名到新疆带队，差点因受伤而牺牲。这些同学用他们的实际行动影响了我。教学相长一直延续到今天，一定还会继续延续下去，只是现在是学生用他们的言行在给予我教育。在校外工作的同学对我的关心，也是使我终身感动。记得 1987 年，我的老母亲参加老干部旅游，在乐山发生意外，医院已经下了病危通知，我从济南转道北京飞成都，在北京住了一夜，是许觉明给我找的住处并送我到机场。1998 年，我到香港访学，有一天山大的老朋友柯先生请我们山大一行吃饭，突然在饭桌上看到一位熟悉的面孔，原来是 79 级的王思东，他在香港工作，听说我参加晚上聚会，专程来看我。2003 年我与老伴到杭州参加一个学术会议，杭州的沈达和张子仁专门来看望我们，请我们吃饭，沈达还送我去机场，在候机室给我要了杯很好的龙井茶，茶香的余味一直伴我到济南。2009 年，我应邀参加河南少林寺的机锋答辩和讲座，事后支兴复与杜春景夫妇等河南的校友邀我到郑州小住，小杜在上学时是扎着两个小辫的腼腆女孩，也已经成长为成熟的干部。他们对我们的食宿照顾可谓是无微不至，使我感动；盛清宪召集了郑州的校友与我们见面，这让我感到非常亲切。2013 年 6 月，我老伴突然尿血，住院治疗后需要人照顾以及疗养，史遵衡介绍了一名中医为我老伴治病，并一直待在医院照顾我们，一待就是十天。2013 年 5 月，我重回海大，受到山大中文系在青岛同学的热情接待，尤其是 79 级的王秀云与傅耿清，对我更是照顾备至，小傅给我拍的照片充满深情，是我在青岛期间永远的纪念。我与于晓明住在一个宿舍区时经常相遇，晓明对我的关心也难忘怀。其他如武卫华、王炜、张伟、张艳华、孙培遥、谢永红、张永臣……对每一位同学，我都有亲切美好的记忆。时光荏苒，43 年过去了，但难忘 79 级，难忘他们从上学开始直到现在所给予我的关爱。衷心祝愿 79 级同学在进入中年时，收获成功之外，更要收获健康、平安与幸福。

下面简要说一下我 20 多年的学校行政工作经历。其实，“文革”之中，由于特殊时期的帮派斗争，导致政治局势变化多端，特别是当时流行戈培尔的名言“谣言重复千遍就是真理”，让我们觉得政治好可怕。所以当时学校组织部门提出安排我到校办工作时，我十分害怕，找到系主任章茂桐先生，问他怎么办。章主任并不希望我离开中文系，于是就安排我到北京出差，因始终在路上，联系不畅，调动作罢。1981 年，我当时在系里分管研究生工作，因管理理念与当时系领导有分歧，学校决定调我到教务处，日常行政业务开始繁忙起来，因此再未回到系里，直至2000年合校。

关于我的行政工作，我的一位朋友在一次学术研讨会上谈到我的学术工作时，认为我是名副其实的高校“双肩挑”教师。因为我在很长一段时间里承担着很重的高校行政工作职责。这位朋友的看法是符合我的实际情况的。我从1978年担任中文系副主任，1981年担任山大教务处副处长，1986年担任山大教务长，1988年担任山大常务副校长，后来担任海洋大学与山大党委书记，1998年担任山大校长，直到2000年7月三校合并卸下行政职务，前后长达22年之久。行政工作最忙的时候常常是晚上，节假日也都在加班。但这20多年我从未停止过培养本科生与研究生的工作，也从未停止科研与文章的写作。只是在担任教务长和常务副校长之后，因为实在太忙需要不断地调课，影响了教学计划的严格执行，我只得停下本科生课程，并将研究生课程安排在晚上。我实际分管学校安全秩序与校办产业管理等工作，担负着维护万人大学日常运转的责任，需要每晚、每周日，乃至寒暑假都在办公室待命。有一次中午时分，在公教楼自习的外来进修人员乱扔烟头，引燃了教室后墙，引发火灾。得到警报后，我赶到火场，浓烟弥漫，我听闻教室内有人，准备冲进去查看，被保卫处的同志拉住，并告诉我未发现有人，引火者已出来，消防车马上就到。还比如在假日里，如有学生在黄河游玩被水冲走等这类事情，我都赶到现场处理。总体来说，行政工作非常繁忙，也常常感到身体不适，出现血压升高需住院的情况等。

可见的工作大体有四个方面：其一，在教务处工作期间，在校领导的支持下，以及教务处全处同志的积极参与下，从 1983 年开始在学校实行教学计时津贴。这是从未有过的，初步突破了长期以来教师教学无报酬的状况，受到广泛欢迎，并一直坚持下来，但工作的难度是可想而知的；第二，在新学科建设上，从原来的 13 个系的 3000 名学生拓展到万人大学，拥有 22 个一级学科，我们支持了许多新学科，特别是管理类学科的建设，包括 MBA 和 EMBA，而博士点专业由传统的 25 个点扩充至 50 个点，并于 2000 年 6 月由教育部批准成立研究生院；第三，从我 1995 年回到山大担任党委书记期间，就与校长及全校同志努力争取进入“211 建设”行列，并多次专门进京找计委和教育部汇报工作，并于 1996 年 1 月通过了国家教委组织的“211 工程”部门预审；第四，在学校建设上，主持兴建了老校五宿舍，由此发挥了原山大农场的作用，防止被无端占用，同时解决了教职工宿舍问题，参加、主持并兴建两栋逸夫楼，接手并完成了学人大厦的建设。20 多年的行政工作中，我也有不少失误。但在察人、用人与处理问题上，我始终坚持四条基本原则：第一，尽最大力量不脱离业务，并且最后回归业务；第二，努力为广大教师和学生服务，可以一次办成的事情绝不拖延到第二次；第三，不在评奖、项目和待遇上与普通教师争利；第四，不给学校和后人留下不可弥补的损失。由此，个人能力可能有大小，贡献与成绩也有大小，但多少还是起到了促进学校发展，特别是促进学科发展的作用。从多次选举和历次测评来看，我得到了广大教师和同事的充分肯定，包括在省教委的一年也是如此。

我本人也并不后悔做了20多年的行政，因为这20多年的行政工作，不仅使我有机会为国家和学校的事业作出自己的贡献，同时也使我在一定程度上能够接触社会、了解社会，增长见识，消除书生气，拓宽视野，成为一个更有时代感与社会责任感的知识分子，这也许就是我长期以来投身文艺美学、审美教育与生态美学等更具社会性学科建设的原因之一。我常想，从个体角度来看，一个人作为知识分子，他的文章是很少有非同行的人看，这是因为他论述的专业性，同时也有局限性，但如果这文章的论述适应了时代，形成了舆论，那就会形成一种力量，大大小小的会产生一点社会影响，起到一点社会作用。例如当前越来越热的审美教育与生态文明，我们当初的文章和书籍没有什么大的影响，但终归是社会主义精神文明建设这股潮流中的一朵浪花，起到了一点作用，现在看来会有一点点欣慰。

2000年7月三校合并之后，我在任命未满时离任，我的亲人和学生不理解。但现在回过头来看，这恰恰符合了我个人的理想，那就是在行政工作一段时间之后，趁精力最好之时回到业务岗位，全力从事业务工作，做自己热爱的美学研究。我当时从行政工作退下后，上级组织和学校对我的业务安排还是很体贴的。在教育部社科司顾海良司长的大力支持和学校领导的认可下，作为教育部人文社科百所基地之一的“山东大学文艺美学研究中心”成立，由我担任主任，给我与我的同仁以宽广的业务工作天地，得以开展文艺美学、审美教育与生态美学研究，承担国家与教育部项目，召开各种国际与国内学术会议，出国参会与访学。有的朋友说我又焕发了学术的青春，这话颇有些道理。现在我十分感激这种在转折中走向业务的安排，也许这就是上天的眷顾。

回顾以往，业务工作还有文章、书籍和成果加以见证，但行政工作20年又有什么见证呢？我想为此做一点点梳理。其实纵观宇宙大化，每个人都只是一片云彩，这片云彩或许会留下雨点，但最后也终将飘去；而一切的历史都只是现代史，一切的叙述对于必然逝去的个体而言，都并无大的意义。但每个人自己的回顾，又是对人生历史的一种回望。我还想言说一下自己几段可感可知的历史，也许这对于我的后人与学生来说是一种告白。

1992年8月我被调到中国海洋大学担任党委书记，直至1994年5月调到山东省教委，可以说与海大的广大教师、同学结下了深厚的友谊。青岛鱼山路五号，海大那500多亩的校区，校内操场以及我每晚必走的道路，常常出现在我的梦中。在青岛海大我到底做了些什么呢？每天在这500多亩的校园里忙碌，没有白天黑夜，有时好几个星期才出校门，仿佛与世隔绝。这样的忙碌常常是不可见的，而可见可记的事情大约有这样几件：一是海大校内八关山之山顶产权的收回。海大坐落在青岛前海沿的要塞，内有一座小山丘即八关山，形成海大山海相依、景色秀丽的景观。

八关山南麓就是海大学生宿舍，山坡临海。从海大前身老山大的校园图纸来看，八关山的产权归属于海大，这并无疑问。但因当时的现实情况，八关山山顶被邻近另一单位所占，并驻有人员，这对学校校区的完整和秩序维持形成了一定影响，所以收回八关山势在必行。但产权收回一事难以形成一致的意见。后经过市领导出面，多方协商，市里与学校共同补偿，八关山山顶产权得以基本收回，保证了学校的完整和秩序。二是我从 1995 年国务院批准启动“211 工程”后，即与海大领导班子与学者一同为创建中国海洋大学“211 工程”而努力，并进行了充分准备，在此基础上，海洋大学于 1996 年经专家组评审，由教育部批准正式进入“211 工程”院校行列。三是积极参与海大的学科与项目建设。中国海洋大学是一所非常有活力与特色的大学，以海洋与水产学科为其明显专长。理、工、经、文综合发展，海洋与水产学科水平在全国领先，所以着力建设并推进这两个学科的发展成为海大的重中之重。我积极参与了这两个学科的学科建设，特别是海洋系国家重点实验室的建设，这为学科的未来发展奠定了基础。海洋大学以经济建设与为现实服务作为特色，当时主要是为建设油田服务。我曾陪同科研团队到胜利油田、辽河油田以及海南岛具体落实科研项目。四是积极推动了“东方红 2 号”海洋考察船的兴建，为此我专门找了当时的财政部领导，为此后资金的落实打下一定基础。我在海大两年的时光短暂但又充实，许多工作给我以教育启迪，也给我留下了深刻的印象。

1994 年 5 月到 1995 年 5 月，我到山东省教委工作，担任分管高校的副主任、党组副书记，并兼任高校工委副书记。这一年的任职经历使我真正走向社会，走向行政管理岗位。时间虽然短暂，却让我亲历了政府的行政管理日常，体验了别样文化。这一年其实十分忙碌，不断地外出和开会，能见到的工作实绩，大体有三个。一是山东省教育电视台的建立。这其实响应了国家教委在全国多地逐步推行省级教育电视台的决定，以加强并丰富教育的传播手段。国家教委主管此事的广播电视大学的老柴同志是山大校友，他也是山东人，当然希望故乡率先办成此事。我当时联系上下负责沟通，在省领导和国家教委的支持下，山东省教育电视台得以在济南千佛山建成并运转。二是当时国家启动了“211 工程”建设，当时作为分管高校的教委副主任，在省领导的支持下，我积极推动“山东工业大学”与“山东师范大学”的“211 工程”建设工作。三是调研并初步形成山东省高校体制改革规划，推动了山东理工大学、济南大学与山东建筑大学的体制改革。

01

01 大学时

02 大学期间与同学合影

02 前排左为唐怀训，右为李德文

后排左为李延珠，右为曾繁仁

03　山东大学中文系59级毕业班师生合影（1964年）

第一排：左二周来祥、左五陆侃如、左六孙昌熙、左八高兰、左九高亨、左十一冯沅君、左十二成仿吾、右四殷孟伦、右六殷焕先、右七章茂桐、右八萧涤非、右九吴富恒

第二排：左七纪温玉、左十二袁世硕

第三排：左十杜书瀛

第五排：右六曾繁仁

04 第一排：左一徐传武、左二侯树阁、左三狄其骢，左四吕慧娟、左五王耀华、右五孙昌熙、右四焦裕银、右三曾繁仁

04　山东大学中文系 75 级毕业合影（1978 年）

05　在山东大学教务处工作时与同事合影（1984 年）

06　与潘承洞校长合影 (1988 年）

05

06

07

08

09

07 与邵逸夫、孙桂荣、方逸华在香港（1992 年）

08 中国海洋大学研究生教育中心成立大会（1995 年）

09 山东大学“211 工程”申报（1996 年）

 山东省古典文学学会年会暨陆侃如、冯沅君学术研讨会(2021 年)

第一排从左到右：杜泽逊、吴怀东、郭延礼、吕家乡、陆一民、陆东升、袁世硕、王琪珑、曾繁仁、刘文忠、刘光裕、杨慧文、王洲明、武润婷、张帅

11　与 64 级学生合影（2021 年）

从左到右：李传玉、何荣德、李承俊、李建国、左郡、郑秀桂、武越、栾桢、台进华、孔令新

[illegible]。当时的运动会均为男性[illegible]
[illegible]裸体雕像的发展提供了条件。从文化的角度来看，
[illegible]的探索，或者将宇宙的本体归结为"数"，或者归结
[illegible]为"理念"……不一而足，使之呈现清晰的
[illegible]宇宙观。色彩的神话的盛行，使之成为后世文学艺术
[illegible]的来源，促进了手工业的繁荣，推动了作为
[illegible]的实行，促进了手工业的繁荣。
发展。在文学艺术上，古希腊是人类童年艺术高度
是[illegible]表现的艺术形式，其它诸如史诗、戏剧也都
[illegible]语言美学的发展提供了前提，而和谐论美学就
[illegible]的动力。
[illegible]与节制，美学史上最经典的概括就是
[illegible]和静穆的伟大"。① 温克尔曼将其归之为古典
[illegible]适合内容的形式达到独立完整的统一，因而形式
[illegible]在其《美学史》中将之归结为"和谐、庄重和
[illegible]古希腊古典美的内涵都是一种静态的、形式的
D

第三章 我的学术经历

我与师友辈学者

现代社会已经成为社群社会，每一个人都生活在一定的群体之中，其生存与发展都受到特定社群的影响。我作为文艺美学这一特定学科的学者，当然也受到文艺美学这一特定社群的影响。1978 年改革开放后，我正式迈入了文艺美学这个社群，我所接触到的主要是师友辈的学者：年长者如蒋孔阳先生（1923—1999），他是我国当代著名的美学家，著有《德国古典美学》《美学新论》《先秦音乐美学思想论稿》等重要的美学论著。蒋先生在十年“文革”中被批判，并被边缘化，处境十分艰难。在打倒“四人帮”后，复旦大学中文系成立了《文学概论》教材编写组，蒋先生也在其中。随后，为更好地编写教材，编写组到其他高校同行处走访，先后走访了南大、南师大、上交大、山大与曲师大。当时狄先生与我分别担任山大中文系文艺理论教研室正副主任。那是 1977 年的 5 月，天气仍有寒意，我与牟国胜是当时教研室最年轻的教师，我们从学校要了一辆客车，到济南火车站去迎接复旦大学中文系的蒋先生一行。他们一共有五六位老师，目前只记得有蒋孔阳、徐俊熙、吴中杰等。那是我第一次见到蒋孔阳先生，蒋先生持四川口音，儒雅而俭朴。我上学时就读过蒋先生所著的

《文学的基本知识》，此书深入浅出地阐释了文学的形象性与典型性特征。另外，在1950年代初期，蒋先生与我们教研室的吕慧娟老师一同参加过由北大主办、苏联专家毕达可夫主讲的文艺学引论研修班，因此，我对蒋先生比较熟悉，觉得他非常亲切。我们陪同蒋先生一行游览了四门塔与灵岩寺，这次会面算是初识蒋孔阳先生与吴中杰老师。此后，狄其骢老师让我准备给77级开设西方美学课，当时他帮助我联系到了复旦大学的蒋孔阳先生，蒋先生准许我在那里一边听课，一边备课。我原本准备1978年暑假后就到复旦大学进修西方美学课，但是申请报告却被复旦大学教务处给退了回来，原因是蒋先生开设的是西方文论课而不是西方美学课。这可能是因为按教育部批准的教学方案，西方美学课要开设在哲学系，而西方文论课要开设在中文系，但其实教学内容基本是一样的，只是名称不同而已。蒋先生了解了这个情况后随即告诉狄老师，说重新写一个进修西方文论的报告即可来复旦。蒋先生的语言谦逊实在，还说这其实是给我一个脱离行政工作（当时我兼任山大中文系副主任），专心治学的机会。来往信件的过程历时几个月，不知不觉到了1978年9月，已过了开学时间。狄老师认为既然已经错过了时间就不用去了，让我自己在家备课即可。由于种种客观原因没有成为蒋先生的学生，但蒋先生谦逊、友好和热情的待人态度已深深地印在我的心中。自从1981年给中文系77级开设西方美学课，这门课就成为我一生都在坚持上的课。

在我心中，也早已认了蒋先生这位老师。后来，正是在狄老师与蒋先生等师长的鼓励下，我才于1981年在山大中文系为77级学生顺利开设了西方美学课，并在修改、完善课堂教案的基础上，完成了《西方美学简论》一书，该书于1983年7月由山东人民出版社出版。1983年10月，在厦门召开中华全国美学学会第二届年会，我在会上遇到蒋孔阳先生，得到蒋先生的赞扬与鼓励。1984年9月，蒋孔阳先生在1984年第5期《复旦大学学报》上发表了重要文章《对近年来我国美学研究工作的一些想法》，该文客观总结了我国改革开放以来美学学科的发展情况：改革开放以来，在我国美学学科的建设工作中，“参加的人数更多了，讨论的问题也更有广度和高度”，这篇文章提及改革开放后，我国美学界“涌现了大批中青年的骨干力量”，其中也包括我。后来，蒋先生告诉我，他对我学术工作的肯定主要是因为《西方美学简论》的出版。蒋先生的文章代表着学术界，特别是前辈学者在一定程度上对我教学科研的认可，这对我而言是一种极大的鼓励与支持。以此为动力，我将西方美学的教学与研究作为自己终生的事业。我始终坚持给本科生开设这门课，后来改为给研究生上这门课，直到2020年退休，这门西方美学课已经开设了有40年之久，在这期间我出版了《西方美学简论》《西方美学论纲》《西方美学范畴研究》等论著，并从西方美学研究中获得了“美育”“生态美学”等学术资源，而这都与蒋先生的鼓励有着重要关系。

此后，我与蒋孔阳先生多有联系，在蒋先生去世前的1997年夏天，我还与蒋先生共同参加了在济南举办的第一次中外文论会。

在与蒋先生近20年的交往中，先生对我多有教导，而令我印象最深的有两个事件：其一是在1986年，那时我们中心的文艺学正在申报博士点，当时蒋孔阳先生是学科评议组文艺美学方向的评委。周来祥先生与我先后找到蒋先生，请求他给予支持，蒋先生都给予我们肯定性答复，并支持山大文艺学申报上了博士点；其二是在1993年，蒋先生历时十年写作并出版了《美学新论》。这本书是蒋先生倾其一生的力作，提出“综合比较”方法论、“审美关系论”、“审美创造论”与“多层累突创论美学”等一系列重要理论观点。特别是在《美学新论》中蒋孔阳先生论述了“美与美感的关系”这一在美学大讨论中被众多学者所反复纠结的问题，并结合实践对这一问题作出了实事求是的科学阐释。在蒋先生看来，传统美学以唯物主义与唯心主义的二元对立来理解美学的基本问题，从而认为美先于美感，美乃美感的物质性本质，因此，美应是第一性的、先在的；而美感则是对美的反映，应是第二性的、被美所决定的。美决定美感，这必然是唯物主义的客观论美学，如果认为美感先于美，则是唯心主义的主观论美学；而所谓主客观统一论，在传统美学看来也是主观的唯心主义美学。所以，美与美感的关系问题成为美学讨论中划分唯物主义与唯心主义的关键性问题，“美决定了美感”几乎是唯物主义解释美的铁律。但蒋先生在《美学新论》中却从审美现实出发，对这一问题给予了崭新的解释。蒋先生认为，美与美感“二者相互循环，我们很难说，有了美就产生美感”。蒋先生指出，如果单纯从哲学认识论之“存在决定意识”的观点来说，确实是美存在于美感之前，但从生活和历史实践来说，却很难确定有那么一个形而上学的、与主体无关的美的存在。我们只能说美与美感都是人的社会实践的产物，“它们像火与光一样，同时诞生、同时存在”。这样一种阐释基本解决了几十年来唯物主义与唯心主义的论争，既强调了“社会实践”的基础性作用，坚持了辩证唯物主义的基本立场，同时又以“像火与光一样，同时诞生、同时存在”这样的观点落实了审美的实际，基本摆脱了二元对立的传统思维模式。这正是新时期美学研究的新突破与新成果，这也成为蒋孔阳先生对我国美学的新贡献，也是《美学新论》的闪光点。蒋先生曾经将这本书寄给我一本，因我没有收到，他又于1995年9月再次署名寄给我一本，来信询问确认我收到后才放心。由此说明，蒋孔阳先生对这本书的重视，寄托了他希望我们好好研究并发扬该书美学思想的深意。蒋先生于1999年6月辞世，他走得太早了，非常可惜!

汝信（1931—　），是另一位对我产生重要影响的当代著名美学家。汝信先生是我国影响广泛的西方美学研究专家，1963年，他与夏森合作的《西方美学史论丛》（以下简称《论丛》）与同年出版的朱光潜的《西方美学史》一起成为我国现代西方美学研究的奠基之作。我初识汝信先生正是从1978年准备开设西方美学课程时开始，毫无疑问，汝信与夏森的《西方美学史论丛》以及朱光潜的《西方美学史》都是我当时的重要参考文献。毋庸置疑，我从中吸取了无尽的营养，但也从改革开放背景下对写于“文革”

前的这两部论著进行了批判性审视。主要是《西方美学史论丛》之“柏拉图的美学思想”部分，书中认为柏拉图持“奴隶主贵族观点”，其“艺术理论在历史上起的不是进步作用，而是反动作用”。由此我认为《西方美学史论丛》在这一点上离开了“历史主义观点”，否定了美学观、艺术观与政治观相较而言的相对独立性，从而否定了柏拉图美学观与艺术观的巨大贡献，等等。当然这种立论在当时改革开放背景下是正确的，《论丛》的立论是一个时代的必然产物。汝信先生早已预料到这一点，他指出：“这些文章写于‘文革’前20世纪的50、60年代，不可避免地带有那个时代的烙印。”然后，汝信又写作并主编了众多西方美学论著，早就将这种时代的烙印加以消除了。我写作《试论柏拉图美学思想的历史地位》一文与《西方美学简论》时并未见过汝信先生，此后则与他成为亲密无间的朋友，当然汝信先生也是我的师辈。后来在多个会议上见到汝信先生，但正式拜访他应该是在1997年，为山大申报哲学博士点之时，由叶秀山先生引见，在社科院的办公室向他介绍山大哲学系情况。当时汝信是国务院学位委员会委员，哲学学科组第一召集人。其实拜访非常简单，在我介绍完山大中国哲学学科基本情况后，汝信即连声说山大应该解决博士点，非常明确真挚，没有多余的语言。

此后，山大哲学系中国哲学方向正是在汝信等评委的支持下，顺利评上博士点，汝信先生热情、真挚、诚恳的待人态度深深地烙印在我的心中。2000年，我从行政工作岗位退下，回到山大中文系文艺学学科，重新走上业务之路，此后更是得到汝信先生的关爱与帮助。1999 年，山东大学文艺美学研究中心成立，由我担任主任，中心聘请王朝闻、汝信与钱中文为学术顾问，中心成立时，汝信先生与钱中文先生都到济南山大参加会议，汝信先生在开幕式上发表热情洋溢的讲话，给我们以鼓励和支持。2007 年 12 月 22 日，由首师大美学所、山大文艺美学研究中心与商务印书馆等单位在北京召开“转型期中国美学问题学术研讨会”，主要研讨商务印书馆出版的《转型期的中国美学——曾繁仁美学文集》（以下简称《文集》）。汝信先生在会上做了专门发言，并为《文集》写了“序”，指出：“本书最值得注意的创新，在于生态美学的提出和探索”，“生态美学的提出是我国学术界的首创，正好弥补了生态研究的一个空白，无论是在理论上或是在实践上都具有现实意义的”，“曾繁仁教授是生态美学研究的倡导者，他在本书中对生态美学的阐述和论证，这是他对我国美学研究作出的新贡献”。汝信先生的这个“序”后来在《人民日报》发表，汝信先生对生态美学学术价值的阐发与肯定是对我个人的鼓励，更是对我国生态美学研究这一新的美学理论形态的支持，这对我国生态美学的发展起到极大的推动作用。

2014 年，由汝信主编的《20 世纪中国知名科学家学术成就概览・哲学卷》由科学出版社出版。该书对生态美学和我本人给予了充分肯定，指出：

同是20世纪90年代，中国学者提出了生态美学理论，曾繁仁、徐恒醇、陈望衡、刘成纪等开启了这一领域，并出版了《生态存在论美学论稿》《生态美学》等专著。文中论述到，从生态美学产生的逻辑与动因而言，曾繁仁提出，生态美学是中西交流对话的产物。这意味着生态美学不但与世界主流思想相应和，也与中国发展带来的生态形势相关联，生态美学具有世界性与本土性的双重维度。如果说，实践美学与后实践美学的对立是在人的社会整体性与个体自由性上的对立，从而都是一种以人为中心的美学，由人的审美活动产生出社会美、自然美、艺术美等美学领域与美学体系；那么，生态美学则是一种强调人与自然和谐相处的美学，生态需要人去敬畏、体察与关爱。因此，生态美学代表一种美学整体论的转变。

以汝信为代表的哲学编委会的肯定是对我国生态美学最为重要的学术评价，并为我们指出了坚持生态整体观的学术大方向，我本人也备受鼓舞。同时，在以汝信为主编的编委会的主持下，我不仅成为编委会成员之一，而且入围了“20世纪中国知名科学家”名单。

2017年9月17日，由我主编的《中国美育思想通史》出版，出版座谈会在首师大国际文化大厦举行，汝信先生当时已经86岁高龄，且走路不便，但仍然抱病参会发言，给予我热情鼓励与充分肯定。2021年2月25日，全国脱贫攻坚总结表彰大会在人民大会堂举行，国家主要领导人代表党和国家向全国脱贫攻坚楷模荣誉称号获得者颁奖，其中就有一位坐着轮椅的 98 岁的社科院研究员夏森，她就是汝信先生的夫人，也是《西方美学史论丛》的合著者。他们节衣缩食捐出 203.2 万元设立“夏森助学金”，帮助 182 名贫困大学生圆了大学梦。会上表彰的既是夏森，也是汝信先生，汝信先生的无私大爱使我动容，使人肃然起敬，他也成为我终身的榜样。2019 年，汝信先生在《人民文学》发表中篇小说《一个人的初恋》，该小说生动而形象地记述了在战火纷飞的朝鲜战场发生的一场无比浪漫的初恋，描写了青春、诗意和远方，表现出已经米寿之年的汝信先生之青春永在，这也正是我们的衷心祝愿！

钱中文（1932— ），著名文学理论家，中国社科院荣誉学部委员，《文学评论》主编，山东大学文艺美学研究中心学术顾问。钱先生是新时期以来我国文艺学领域重要的领军人物，也是中外文艺理论学会的会长。他在新时期的学术贡献是多方面的，首先，钱先生立足于拨乱反正，首倡文学的基本特质是“审美的意识形态”，并对“审美的反映”进行了心理学与审美的深化研究，以区别于传统的“反映论”；其次，钱先生面对西化的压力与人文精神的失落，力倡“新理性精神”，以新人文精神为其中心点，抵制人的物化与异化，改善人的生存处境；再次，在新时期与中西古今文学理论交织多变的背景下，钱先生力倡“交往对话精神”，反对传统的“非此即彼的，绝对化的思维方式”，倡导一种“走向宽容、对话、综合、创新，同时包含了必要的非此即彼、具有价值判断的亦此亦彼的思维”。1980 年代，钱中文先生从初期就开始向国内介绍苏联文论家巴赫金的狂欢复调理论与对话理论，并主持翻译了六卷本的《巴赫金文集》，对巴赫金文论的传播与中国新文化的建设作出重大贡献。

钱先生与我亦是非常密切的忘年之交，对我多有关心与支持。在我们山大文艺美学研究中心进入“教育部人文社会科学百所重点研究基地”与国家重点学科的关键时刻，钱先生为我们山大文艺学作出了不可磨灭的贡献。2001 年冬，教育部在北京友谊宾馆评选新一轮中国高校的重点学科，我们山大文艺学初选入围得以参加全国重点学科竞争，但由于种种特殊的原因，我们山大排在第 3 名，而且后面还有实力比较强的学校参加竞争，如果按照惯例，只能入选两个重点学科的话，那我们山大文艺学就会被排除出去，即便是破格给文艺学三个名额，我们山大文艺学也没有百分之百的把握。因此，我与谭好哲教授参加评审时内心非常紧张。记得评审会召开前的那天晚上，北京的气候分外严寒，我与谭好哲在友谊宾馆的路上散步，内心十分不安，深知如果上不了重点学科，我们山大文艺学在未来的很长时间内很难有进一步发展的机遇。第二天参加评审会时，由于紧张，我竟然找不到准备好的发言稿了，只好用旧稿去汇报，谭好哲当时安慰我说：“曾老师您不是准备好长时间了吗？有稿与无稿已经不重要，内容你早就烂熟于心了。”小谭的安慰倒使我心安了许多。当时中文评审组有十多名学者，钱中文与陆俭明先生是召集人。我们进门时，陆先生马上站起来接过我手中将要分发给各位评委的评审材料，非常热情。当时评委集中的问题有两个：其一，山大文艺美学的特色是什么；其二，一旦将山大文艺学评为重点学科，学校是否会全力支持。对于第一个问题，我们回答的是："山大文艺学，以文艺学与美学的结合，即主要从事文艺美学研究为其特色，也反映了山大的学科传统。"对于第二个问题，我们回答是："目前山大中文系全力保证文艺学的发展，学校也有明确态度。"评审会后，我们仍然忐忑不安，但又不好询问评委，到了晚上忍不住给中央民大的戴庆夏教授电话，他告诉我们文艺学上了三个，包括山大。后来我们才知道这是钱中文教授力荐的结果。因为钱中文教授既是召集人，又是文艺学方面的专家，他的态度是非常关键的。正是因为山大文艺学成为国家重点学科，这才使我们中心作为教育部人文社会科学百所重点研究基地，有了更大发展空间，也有了此后进入"211"与"985"重点建设的可能性。可以说，钱中文先生与各位评委对我们山大文艺学的发展作出了极为重要的贡献。

在个人学术工作中，钱中文先生对我的第一层关心是大力支持我的学术研究。2001 年，我们山大文艺美学研究中心作为教育部人文社会科学百所重点研究基地刚刚正式挂牌，并召开文艺美学学术研讨会，钱中文先生为了表示对基地的支持约我就文艺美学学科的特点这一问题写文章。这就是我在 2001 年第 5 期《文学评论》上发表的《中国文艺美学学科的产生及其发展》一文，该文全面阐发了中国文艺美学产生的背景、特有内涵、未来发展以及山东大学文艺美学重点研究基地成立的价值意义，这既是对文艺美学这一崭新的学术形态的最新阐释，也向学术界明确展示了山大文艺美学研究中心的学术责任与发展方向，使学术界更加了解文艺美学学科和我们中心，学界因此也给予了我们以更多的关注与支持。

从 2001 年秋季开始，我逐渐走上中国生态美学研究之路。对于我的生态美学研究工作，钱中文先生也给予了大力支持。在他的关心和支持下，我于 2003 年第 3 期《文学评论》发表了《试论当代存在论美学观》一文，该文主要阐释了我国生态美学产生的哲学背景，即由传统认识论到当代生态存在论，由传统人类中心论到生态整体论的转型。从 1997 年开始，钱中文先生与我在国务院学位委员会中文学科评议组一起工作，主要负责审核文艺学与比较文学博士点，在评议组，钱先生与我有长达十年左右的合作，钱先生大度的胸怀、学术的识见、处事的细致认真都给我以很深的印象和教育。我们还在中国中外文艺理论学会也有过十分默契的合作，他曾多次到我们中心参加会议和讲学，给我本人与中心很多的关心与支持。

鲁枢元（1946— ），苏州大学博士生导师，著名文学理论家。鲁枢元先生与我是从事生态美学研究的亲密战友，大约在 2000 年，陕西师大的畅广元教授与鲁枢元先生一起来济南看我，从此我便与鲁枢元先生有了交往并逐渐熟悉起来，其实在此之前，我就已知道鲁枢元先生的大名。1978 年改革开放之后，鲁枢元先生针对文学领域以政治代艺术的“左”的倾向蔓延之问题，发表了一系列文艺心理学的学术论文，产生了广泛影响，具有很高的知名度。1990 年代，鲁枢元先生转向文学语言学研究，出版了《超越语言》一书，文字如诗如画，将理论文章写得极富文学性，真是别开生面，这成为鲁枢元文学研究的重要特色，被我的学生们众口称赞。

与我交往的时候，鲁枢元先生正在海南大学工作，那时他就已经开始了一个新的领域——生态问题的研究，鲁枢元先生还自己主编、油印了《精神生态学》。鲁先生治学具有极强的时代敏感性，他从 1990 年代初就开始研究生态学与生态文学，并于 2000 年由陕西人民教育出版社出版了《生态文艺学》一书，提出著名的“生态批评三分法”及精神生态问题，这一观点的提出时间几乎与法国哲学家加塔利提出此问题的时间相一致。鲁枢元先生的生态学与生态文学研究对我的影响很大，他与我交往后即给我寄送了《精神生态学》的油印刊物，同时给我寄了《文艺生态学》一书，书中的“后现代”“复魅”“栖居”等概念都对我极有启发，并成为我准备 2001 年在陕西师大举办的首届全国生态美学学术研讨会的发言“生态美学：后现代语境下崭新的生态存在论美学”的重要参考。我在自己出版的第一部生态美学论著《生态存在论美学论稿》的“序”的开头即指出：“从 2001 年开始，鲁枢元教授就给我邮寄他所编辑的《精神生态通讯》，内容十分丰富，引起了我对生态美学和生态文艺学的浓厚兴趣。”2002 年，我又到苏州大学参加了鲁枢元召开的生态文艺学会议，认识了许多从事生态研究的同仁，受到很大启发。此后，我即与鲁枢元先生共同携手奋斗在生态美学与生态文学研究的第一线，几乎所有的活动都一起参加，分享各自的体悟。

2007 年，鲁枢元先生承担了国家社科基金项目“自然在中国文学中的地位及其演替”，历时六年，最后以《陶渊明的幽灵》一书作为结项成果。该成果以东晋著名田园诗人陶渊明的诗歌为主体，串联了人与自然之“元问题”，自然哲学、自然浪漫主义、自然的演替与人的生存困境等一系列自然哲学与自然文学的基本理论问题，亦诗亦画，沟通古今中外，是国家社科基金项目成果的一种别样形式。该成果被确定为外译成果，以英文介绍到海外，并获第六届鲁迅文学奖。鲁枢元先生还主持编写了《自然与人文：生态批评学术资源库》，汇集古今中外重要理论家有关生态批评的重要论述，几十万字，是目前国内外生态文化方面资料最完备的工具书，具有重要的基础性作用。鲁枢元先生与我的学术交往可谓是相互理解、相互包容、相互支持。二十年来，鲁先生对我的支持鼓励很多，在许多方面都包含着他对我的期许。2013 年，鲁枢元先生为湖北大学青年学者罗祖文所写《中国当代存在论美学：曾繁仁美学思想研究》作“序”，鲁先生指出：

曾繁仁的生态美学显然是对以往认识论美学、实践论美学的

"接着说"，这种"接续"，实则也是超越。说开一点，甚至还是对于从柏拉图、亚里士多德到培根、笛卡尔、康德、黑格尔整个形而上学逻辑链条的超越。美学问题被置放在苏格拉底之前人与自然的原初情境之中加以新的阐释。可贵的是，曾繁仁在他的生态美学视域中对自己以往稔熟的审美教育、文艺美学又重新加以审核修正，从而圆融了自己大半生美学研究的境界。

青年学者罗祖文的论著《中国当代存在论美学：曾繁仁美学思想研究》即将出版，请我作"序"。我将书稿大体浏览一遍，感觉他是下了很大功夫的，对于曾老师的治学历程、学问内蕴、学科贡献、学术影响均有翔实的搜集、周到的梳理、认真的剖析与悉心的陈述。应当说这对于了解曾繁仁的美学思想与治学生涯，提供了一条方便的捷径，对于张扬方兴未艾的生态美学亦功不可没。

自20世纪90年代初，我与曾繁仁先生都在探索将生态学的观念、理论、方法援引进自己的学科研究中。这条跨学科的研究之路充满坎坷与疑难，可以说步步维艰。而他在生活阅历、学术积累、内在涵养、学界视野等方面都较我丰蕴、开阔，多年来我受他鼓励、支持甚多。我希望借助这篇"序言"表达我对他的敬意。但在学术领域我又是一个不可救药的"个人主义者"，这里写下的文字或许仍不过在自说自话，不当之处，当然还是由我自己负责。

这里包含了鲁枢元先生对"生态美学"在美学发展中由"照

着说”到“接着说”的肯定，并阐述了生态文化探索中的“坎坷疑难”与“步步维艰”，这是鲁枢元先生与我学术工作中的一种“共情”。

在此之前，2011年12月30日，鲁枢元先生在《文汇读书周报》发表文章《审美与生态的整合——读曾繁仁新著〈生态美学导论〉》中认为，我们的“接着说”其实是对“实践美学”之“补充与矫正”，且是面对刘再复先生介绍李泽厚的“实践美学”时说的。鲁枢元先生指出：

> 几个月前，我在常熟理工学院听刘再复先生讲李泽厚先生的哲学体系。再复先生讲了美学家李泽厚哲学体系的六个方面：纯粹哲学、历史哲学、伦理哲学、文化哲学、政治哲学、美学哲学。讲过后，我提出这样一个问题：从我所关注的生态批评的角度看，似乎仍然缺少了一个方面的哲学，那就是“自然哲学”。我说，这恐怕不是再复的疏漏，而是泽厚先生哲学中的欠缺。或许更是“实践哲学”自身的局限。如果再接着往下说，那么，实践美学的欠缺与局限，正有待于“生态美学”的补充与矫正，而这一工作，在中国，正是由曾繁仁先生发起与推动的。这部《生态美学导论》的学术价值由此可见一斑。

2020年1月10日，鲁枢元先生在我五卷本《曾繁仁文集》的出版发布会上发表的《生态型人格与生态美学研究》一文指出：

曾繁仁的生态美学研究，接过来的是时代转换中的一个大问题，即重新评估自然对于人类社会的意义与价值、重新建构人类在地球生态系统中的地位与关系，而这些必然涉及整个美学学科的出发点与奠基石。曾繁仁在他的《生态美学导论》一书中曾谈到生态美学对于现代美学学科的突破：重新将自然维度引进审美领域、确立自然本身的审美属性与价值、汲取“天人合一”的古典精神与西方后现代主义哲学的精华创建出的新的审美范式，从而促使人类中心向生态整体主义的过渡。

纵观中国百年美学史的发展历程，如果说曾繁仁先生关于生态美学的系列论述开创了美学研究的新时代，并非虚饰之言，这有他的五卷《曾繁仁文集》为证。

鲁枢元先生还认为我的“乐善好施，宽容大度”是一种“生态型人格”，当然，这对于我来说是一种“美誉”，我还远未达到鲁枢元先生所说的境界。但“生态型人格”之“善待万物，同情弱小”是一种生态文明时代生态美学视野下应该提倡的人格，这是鲁枢元先生的一种创见。

鲁枢元先生于2011年6月13日被聘为山东大学特聘教授，并任山东大学生态美学与生态批评研究中心学术顾问，从此他与我们中心的联系更为紧密。

胡经之先生（1933—　），我国著名美学家、国内文艺美学的首倡者。胡经之先生在 1980 年即在大陆首倡文艺美学，并在北京大学出版社主持出版了《文艺美学丛书》，胡经之先生撰文对文艺美学作了比较全面的介绍。我当时读了胡经之先生的文章，深受启发。在此之前我便读过胡先生论《红楼梦》的文章，对其思想与文字均留下较深刻的印象。但我真正与胡先生打交道则是在先生主编《西方文艺理论名著教程》时期，那时约是在 1984 年的夏季，山师大的李衍柱老师知道我一直在做西方美学的教学与科研，并对德国古典美学有所研究并有论文发表，于是向胡经之先生推荐我撰写《西方文艺理论名著教程》中的康德部分，胡先生当即同意，并邀请我参加北京大学出版社在浙江舟山群岛召开的审稿会。我应约前往，由此便认识了胡经之先生，并与他开始了将近 40 年的交往。审稿会后，1986 年，胡经之先生又约我们编写组在深圳大学聚会，我与陈炎一起参加会议。当时，胡经之先生约了钱中文先生等一众专家与会，参加审稿。1986 年《西方文艺理论名著教程》由北京大学出版社出版，成为当时比较受欢迎的西方文论教材。我们山东大学文艺学根据本学科华岗、吕荧、周来祥、狄其骢等前辈学者在美学领域辛勤耕耘的实际情况（如周来祥早在 1984 年即已出版《文学艺术的审美特征和美学规律》一书），决定从文艺学与美学交叉融合的独特角度建设发展山大文艺美学学科，并计划成立山东大学文艺美学研究中心，同时计划于 2001 年 5 月申报为教育部人文社会科学百所重点研究基地，聘请胡经之先生为山大文艺美学研究中心的学术委员会委员。胡经之先生与会并发表热情讲话："山东大学成立了文艺美学研究中心，为全国文艺美学研究提供了一个良好的基础，这必将有力地推动文艺美学这一富有中国特色的文艺学学科方向获得更好的发展。"胡先生此后一直与山大文艺美学研究中心有着密切的联系，多次来中心参加学术活动并讲学。可以说，我们山大文艺美学中心的成立及成功申报教育部人文社会科学百所重点研究基地，是建立在胡经之先生等前辈学者对文艺美学开拓研究的基础之上的。胡经之先生一直在文艺美学领域辛勤耕耘、探索研究，历经近30年时光，由北京大学出版社出版了胡先生关于文艺美学的力作《文艺美学》。该专著是胡先生对文艺美学深入思考研究的成果，也是一部综合、总结之作。该书从"艺术审美是一种生存方式"的本体视角，以审美活动为出发点，全面论述了文艺美学的产生、性质、内涵与发展，成为我国文艺美学学科的奠基作之一。胡经之先生已88岁高龄，即传统文化所称的"米寿"，他精神矍铄，充满朝气，仍然笔耕不辍，每日坚持游泳，几乎每个春节胡先生都会打来问候电话。他的细致周到令人叹服。前几年，我参加《文艺研究》刊庆活动，遇到胡经之先生，他穿了一件粉色的T恤，显得特别有精神，一点也不像八十多岁的老人，胡先生是永远年轻的，我们对胡先生充满敬意与羡慕！

高建平（1955—　），中国社科院研究员，瑞典乌普萨拉大学美学博士，曾任中国社会科学院文学研究所副所长，《文学评论》杂志副主编，国际美学学会会长，中国中外文论学会会长。高建平在中西美学研究与西方美学名著中译方面均作出了突出贡献。高建平教授致力学术发展的“初心”，对美学学科与同行学者均给予高度的关怀与大力的支持，对我们山大文艺美学研究中心与我个人的学术工作给予了非常重要的支持。高建平教授多次参与主持我们中心的学术研讨会、课题开题会与论文答辩会，有时一年多次来我们中心。对于生态美学这门正在建设发展中的学科，他给予大力关怀与支持。我所写的《人类中心主义的退场与生态美学的兴起》《当代生态文明视野中的生态美学观》《笔的生命之舞——书法美学概论》等均已在高建平与《文学评论》杂志其他同仁的关心支持下发表。高建平教授还主持了我所领衔的国家社科重大攻关项目“生态美学文献整理与研究”开题论证会，给予了充分肯定，并提出了宝贵的改进意见。高建平教授一直对我们中心与我本人持理解与支持的态度，2021年，他在我故乡芜湖市安徽师范大学召开的“新美育时代高校艺术教育的创新发展”学术研讨会的致函中指出：

最近才得知，曾繁仁先生祖籍也是安徽，深感安徽这个地方，真是中国美学的一块宝地。曾繁仁先生著作等身，我的书架上，排放着曾先生撰写和编辑的许多著作，有空时就常翻看查阅，从中学到了很多的知识。对于曾先生，更吸引我们的，是他的人格魅力。记得去年在山东大学召开的一次会上，有人称曾先生为“大先生”。我的理解是，“大先生”之“大”，就是在许多方面都值得我们学习。

我们首先要向曾先生学习的，是他的“拒绝躺平”的精神。现在网上盛传，二三十岁的人，要“躺平”，还说什么有“躺平”的权利。他们看到曾先生这个年龄了，还这样努力，会感到惭愧的。曾先生原本有很好的学术素养，因需要担任行政工作，忙忙碌碌半生，到了快退休的年龄。他的行政工作上做得很出色，对山东大学的发展有巨大的贡献。行政工作退下来后，却没有像许多人那样，产生“船靠码头、车到站”的思想，而是“再出发”，在美学上做了很多的事。从“和谐美学”到“生态美学”再到“生生美学”，不断探索，还主持出版了十多卷的大书《中国美育思想通史》。

我们还要向曾先生学习的，是他的团队合作的精神。自己当一位好学者不容易，指挥一个团队来做科研更不容易。有些学问，适合个人单打独斗，有些学问，还要需要团队。做现代学问，团队合作尤其重要。怎样将团队组织起来，发挥各人的长处，形成一个合力，这不是一件容易的事。合作工作，取公约数，求同去异，就会所剩无几；取公倍数，求同存异，就会相得益彰。一加一，是大于二，还是小于二，全看学术领导者的才能。我们在曾先生身上，看到了这种难得的使“一加一大于二”的才能。这种才能得来不容易，这在当下，属于稀缺才能。出现这种才能的人，是山东大学的幸事，也是中国美学界的幸事。

我们更要向曾先生学习的，是他平等待人，以学术为重的精神。曾先生当过全国知名大学的校长，也算是有一定的级别。他在与人交往时，从来不谈级别，而是平等待人，特别是平等对待学术上刚起步的年轻人，坚决反对权力的傲慢、级别的傲慢。这在现在“以级别论水平”，以为有了级别就有了水平的风气之下，是非常难能可贵的。他自己靠学术赢得人们的尊重，他也尊重心向学术的人。

汤一介先生（1927—2014），中国当代著名哲学家。乐黛云先生（1931— ），中国当代著名文学家，中国现代比较文学学科的奠基人之一。我与汤、乐两位先生的交往缘于山东省比较文学学会的建立与发展，汤、乐两位先生不仅给予我诸多支持和鼓励，他们两位的学术思想更是给我的学术工作以诸多启发与教益。1986 年秋，我的老师狄其骢教授与学兄刘波筹建的山东省比较文学学会成立，学会邀请了当时的中国比较文学学会秘书长乐黛云到会指导。我当时作为山东大学教务长参与会议的准备工作并接待了乐黛云先生，此时恰逢乐先生 1983 年从美国访学回国筹建中国比较文学学会刚满一年时间。乐先生自改革开放后赴美访学，成绩斐然，留美工作没有任何问题，生活与待遇会比国内好很多。但汤、乐两位先生为了祖国的学术事业，毅然放弃了国外更好的生活待遇，选择回国工作。乐先生帮助自己的恩师杨周翰、季羡林先生等筹备、成立了中国比较文学学会，引进了西方新的比较文学理论成果，结合中国情况加以活学活用，使中国比较文学学会成为文学领域规模最大的一级学会，每次大会都有 300 人以上参加，蔚为大观！1986 年，山东省比较文学学会成立大会在山东大学新校召开，乐黛云先生应约在会上作了学术报告，阐述了比较文学的发展内涵、特质及中国化等问题。如此清晰明了地介绍比较文学，我是第一次听到，真如醍醐灌顶。乐先生那时正值中年，短发圆脸，双目有神，睿智精干，讲话条理精练，有理论高度，给人印象深刻。这是我第一次全面接触比较文学学科，也由此认识了乐先生。后来，自狄先生去世后高旭东任山东比较文学学会会长，2001 年高旭东调任北京语言大学后，就由我担任山东省比较文学学会会长，直至 2017 年换届。在担任山东省比较文学学会会长期间，乐黛云先生是中国比较文学学会会长。于是我就与乐先生、汤先生有了较多的学术交往。

2004 年夏，山东比较文学研究的专家发起在威海举办学术培训班，汤、乐两位先生应邀参加，我与陈炎陪同前往。当时会议经费短缺，条件较差，两位先生不辞疲劳，由北京长途跋涉至威海，即以 70 多岁的高龄不辞辛苦分别在会上作了长篇学术报告。乐先生主要讲比较文学的发展与学术前沿，汤先生则以“和而不同”这一中国传统文化思想为核心讲了比较文学走出理性之“二元对立”，迈向跨文化之多元共存之途。两位先生均立意深远，报告不同凡响，给山东比较文学学者以学术滋润。2008 年秋，山东比较文学学会在山东潍坊召开年会，两位先生又到会讲话，回顾山东比较文学学会的发展历程与成绩，给予了学会极大的鼓励与支持。2008 年 6 月，他们又应约到山东大学给学生作了两场报告，报告题目为“西方文化的反思和中西文化的第三次相遇”。乐先生在报告中深入地分析了西方文化的得失，特别分析了以物质主义为标志的西方文化的弊端，而当前改革开放新形势下中西文化第三次相遇，提供了中西交流对话的新契机，她寄希望于青年一代为实现繁荣富强的中国梦而奋斗，此后，我又多次在上海、南京、北京与两位先生相见。两位先生对我的学术影响很大，主要是他们自觉地将学术研究与中华民族的繁荣发展紧密联系，并自觉追求推动民族文化走向世界舞台的学术目标，这对我而言是一种令人感动的深刻教育。两位先生对中国学派的强调尤其给予我治学启发：在法国学派的“影响研究”与美国学派的“平行研究”之后，两位先生力创中国学派的“跨文化研究”，并将中国文化“和而不同”的思想作为其理论根据，以反思西方工具理性之“二元对立”。乐先生一再强调杨周翰先生的观点——“中国比较文学的产生是振兴国家民族的愿望，更新和发展民族文学的去西方化的开始”。乐先生指出，中国比较文学“与中国社会，与中国文学由传统向现代的转型密切相关，它首先是一种观念、一种眼光、一种视野，它的产生标志着中国文学封闭状态的终结，意味着中国文学开始自觉地融入世界文学之中，与外国文学开始平等对话”。

两位先生这样的学术自觉性给我以教育与启示，促使我更加自觉地力图在欧陆现象学生态美学与英美分析哲学之环境美学之外，创立一种中国特有的生态美学，由此，我先后提出“生态存在论美学”与“生生美学”。

两位先生伉俪情深、珠联璧合，成为我国学术界的典范。尽管乐先生的文学研究与汤先生的哲学研究密切相关，但毕竟是两个不同的学科，两位先生却能在不同之处找到两者的关联处，共同弥补、共同创新，提出影响深远的见解。因为我们更多是从与乐先生的联系中而结识汤先生，所以相对于汤先生，对乐先生在比较文学领域的贡献有更多了解。除了上述汤先生以“和而不同”论证“跨文化研究”之“多元共存”外，汤先生还以当代哲学之“后现代”理论为乐先生“跨文化研究”之时代性提供论证。因为“跨文化研究”之中涉及“话语建设”，乐先生主张现代“话语建设”之中西的交融对话，批判了完全的“西化”话语，强调了中国传统话语的当代价值。汤先生认为，中国传统话语之“混沌性”在西方工具理性时代不被重视，但在解构的去本质的“后现代”却呈现其自有价值，这为乐先生的“话语建设”理论提供了哲学支撑。

2012 年前后，我与陈炎到汤、乐两位先生的北大朗润园住处看望两位先生，两位先生与我们谈论许久。汤先生兴致勃勃地给我们讲到他的佛学研究体会以及“儒藏”项目的进展，精神矍铄。但乐先生悄悄地告诉我们，其实汤先生此时的身体状况并不是很好，表现出焦虑之情。2014 年，汤先生辞世。2016 年，我与李庆本教授一同前去看望乐先生，此时乐先生只能依靠轮椅活动，将住处搬到一楼，乐先生的精神状态仍然很好，与我们谈论的仍然是学术。可见，两位先生终生致力于学术，学术工作凝聚了两位先生全部的心血。

杜书瀛（1938— ），我国当代著名文艺理论家，中国社会科学院文学所理论室主任。杜书瀛与我是山东大学59级的同班同学，恰好他也从事文艺理论与文艺美学研究，老同学又加同行，实在是难得。杜书瀛本来是于1958年入学的，但据说他患有神经衰弱，于是休学一年，与我同级。杜书瀛上学时在班里时学习出类拔萃，非常用功，而且行文简洁，条理清晰，非常有水平。我们当时的大学是五年制，1964年大学毕业时，杜书瀛考取了中国社会科学院文学所蔡仪先生的研究生，应该说当时挑选标准很严，他能被录取说明他是非常优秀的。改革开放后，杜书瀛很快在学术上发展起来，在文艺理论与文艺美学方面出版了一系列专著，发表了一系列论文。其最重要的成果集中在李渔研究、文艺美学与价值美学等方面，在成为知名学者后，他又担任了中国社会科学院文学所理论室主任。作为蔡仪先生的研究生，杜书瀛对其老师蔡仪先生的学术成就多有阐发，曾在介绍蔡仪美学思想的文章中提出中国“美学大讨论”中“上演了一部有声有色的以蔡仪、朱光潜、李泽厚为代表的美学三国演义”，这一说法被美学界广泛接受。杜书瀛研究李渔的成果《李渔美学思想研究》成为我国当代李渔研究的最重要代表作。据说此作得到蔡仪先生的肯定，获得中国社会科学院优秀成果二等奖。

20世纪80年代初期，杜书瀛即参与文艺美学研究，主编出版

《文艺美学原理》，后又提出超越传统认识论的“本体论意义上的美学”，将文艺活动看作“人的生命存在的特殊方式和形式”。这诚然是杜书瀛对文艺美学的新认识，也是他学术思想的新发展。2009 年 4 月 8 日，我被邀请参加社科院文学研究所召开的“杜书瀛美学研究暨《价值美学》座谈会”，对杜书瀛 30 多年文艺学与美学研究成绩进行了学术的回顾与充分的肯定评价。作为唯一的外地学者，我被邀参加会议并作了发言。杜书瀛对山东大学中文系有着很深的情感，与狄其骢老师建立了很深的友谊，我们之间有很多的学术交流。

2001 年，山东大学文艺美学研究中心成立后，杜书瀛又担任了我们中心的学术委员会委员，出于对母校以及对我本人的支持，他多次参加了我们中心举办的学术会议与博士生论文评阅、答辩。我记得有这样一件趣事：有一次，在赴济南之前，杜书瀛的车票误被另一位先生带走，导致无票乘车，只能坐在几本博士论文上匆匆赶到济南参加论文答辩。杜书瀛先生积极参与我们中心的博士论文答辩会，这给学生以学术上的辨析与情感上的鼓励，并对中心的其他工作多有支持。2015 年，杜书瀛在文艺美学中心召开的高端论坛上指出，文艺美学研究中心要“发挥我们在文学语言学研究、审美文化研究与生态美学研究方面的优势”。

杜书瀛对我本人的学术工作给予充分的关切与支持。早在 1981 年我刚开始进行西方美学研究与备课之时，杜书瀛就给了我有力的鼓励，将我当时所写《试论黑格尔的艺术典型论——兼与薛瑞生同志商榷》一文推荐给《西北大学学报》，并于 1982 年第 2 期发表。这也是我西方古典美学研究的重要成果之一。2007 年，杜书瀛应邀参加我的文集讨论会（“转型期中国美学问题学术研讨会暨《曾繁仁美学文集》出版座谈会”），并在会上发言给予我以鼓励。杜书瀛是文学理论研究人员中特别关注文学创作的学者，他对诗歌、戏剧等均有浓厚的兴趣，并著有重要的研究成果，自己也喜欢写作随笔式文章。衷心祝愿这位颇富文采的老同学学术之树长青！我们山大中文系 59 级学习优秀的同学很多，如李准、张元里、梅立崇、张鸿文、程德剑、张振亭、王蕴明等好多同学。

刘中树（1935—　），原吉林大学校长，著名现代文学研究专家。1958 年毕业于吉林大学，一直在吉林大学从事教学科研与行政工作，对吉林大学作出了杰出贡献，现为吉林大学资深教授。我们两人的经历极其相似，都属于毕业于中文专业并担任重点大学校长的学者。而且我们二人又长期同在教育部中文教学指导委员会、博士学位中文学科评议组、社科委人文学科学部任职，工作中的交往很多，是非常密切的同事与好友。他长我五岁，是我真正的兄长，一直对我关怀备至，对我的工作与学术持极为鼓励的态度。他曾专门在吉大主持过有关我的生态美学的学术报告会，在会上对我正在做的生态美学之价值意义予以充分地阐发与肯定，极为感人。他曾经多次参加山大的“211 工程”项目的验收与评审，均持积极正面的鼓励态度并提出了中肯的改进意见，使得我们山大上下受到了极大的鼓舞与教育，也充分体现了刘中树对于兄弟院校一贯的诚恳支持态度。在评审博士点时，袁行霈、刘中树与我三人是召集人。当时博士点对于各校发展极为重要，我们所持的是能上就上的支持态度。刘中树长期从事现代文学研究，特别是鲁迅研究，成果多次获得教育部奖励，并且培养了数量可观的研究生，成绩斐然。他对于老一代学者极为尊重，20 世纪 90 年代到山大参加评审活动时，专门去看望了我的老师鲁迅研究专家孙昌熙先生，执弟子礼，事后孙先生谈起极为感动。他对我本人而言更是关爱有加。2001 年秋中文教指委在珠海召开教指委会议，会后参加会议的吉林大学的同志到澳门参观，中树听说我没有去过澳门，就在极短的时间内让张福贵与郝长海为我办理了入澳门的手续，让我作为“吉大”成员到澳门参观。2008 年 12 月 29 日，吉林大学举办中树执教 50 年庆祝会议，展涛校长与我专程到长春参加会议，我们两人均在会上作了发言，对中树表达了我们衷心的祝贺与感谢。

叶朗（1938—　），中国著名美学家，曾任北京大学哲学系、艺术系与美学美育研究中心主任，现为北京大学资深教授。叶朗教授在我国美学领域成果突出，特别在中国古代美学研究方面，继承了宗白华先生的优良传统，并将之继续发扬光大，出版了《中国小说美学》《中国美学史大纲》《美在意象》等重要论著，对我国美学事业产生了重要影响。特别是《中国美学史大纲》是现有的、最重要的且具有国际影响的中国美学史论著之一；而《美在意象》则继承了朱光潜与宗白华传统，阐发了一种具有深厚基础并足以推向世界的中国美学话语体系。叶朗在我国美学领域的贡献是非常突出的。他近 20 年与我交往很多，对我关爱支持极多。他曾专门应邀到我们中心作关于“美在意象”的学术报告，以积极肯定的态度支持山大中文学科教学基地，并代表教育部给打了高分，给予了我们的中文学科很大的鼓励。叶朗教授对于我的学术支持很多，他是北大美学研究中心主任，而我是山大文艺美学研究中心主任，教育部仅有这两个美学研究基地，我们之间关系密切、互相支持。不仅叶朗教授，而且北大美学中心的朱良志与北大艺术学院的彭锋也对我们支持很多。我也多次应邀参加叶朗教授组织的学术会议，诸如“艺术学学科内涵研讨会”“美在崇高学术研讨会”等，并听了张世英先生的专题演讲。21 世纪初期，我开始生态美学研究，曾经在昆明开会时征求叶朗教授意见，他肯定地对我说道：“中国传统艺术中描述的动植物都是活生生的，从不描写死物。”由此肯定生态美学是中国传统文化之精髓，这是对我的鼓励，也给予了我启发。2005 年，叶朗教授邀请我参加北京大学主办的北京论坛艺术分组讨论，这让我有机会参加钓鱼台国宾馆的盛大宴请。2010 年 8 月，叶朗教授又邀请我参加北京大学主办的第 18 届世界美学大会，并在生态与环境美学组发言。诸如此类的学术交流还有许多。

陈洪（1948—　），是著名古代文学研究专家，南开大学资深教授，接替刘中树教授担任教育部中文教学指导委员会主任。陈洪教授长期担任南开大学常务副校长与文学院院长，并且业务精深，在中国明清小说研究方面独辟蹊径，自成一家，影响广泛。陈洪教授与我交往密切，我从行政工作中退下后，他邀请我参加了南开文科的一系列评审，包括学科评审、教学质量评审，乃至参加了教育部的学校评审等。所以有一段时间我到南开的机会很多，与陈洪教授接触和交流的机会也很多，由此我们成为挚友。有一次，是一个炎热的夏天，我们共同参加教育部的一个会议。会后的晚上，他约我步行到十多里之遥的一个公园散步，走的浑身是汗，交谈也十分深刻，陈洪教授那富有启发性而诙谐的谈话，深深地刻在我的心中。陈洪教授还带着我拜访叶嘉莹教授，叶教授是南开大学邀请的著名海外学者，陈洪在其中起到巨大作用。叶先生将自己全部的学术与财产都贡献给了南开，而且叶先生的学识与简单到不能再简单的生活让我印象深刻。陈洪教授深具智慧且眼光独到，我非常佩服他，许多事情拿不准就想请教于他，生活中亦是如此。2016 年，我胆囊炎发作，我的学生赵利民与甘丽娟夫妇邀请我到南开医院诊治，医生说要做胆管镜，稍稍有点危险，我真的拿不准，于是请来陈洪教授，他听后说道："不就是个胆管镜嘛，又没有生命危险，即便有什么问题不是还有医院嘛。"一句话将我解脱了出来。其实他自己在这之前摔了一跤，受伤较重，但也能坦然面对，他的淡定处世的态度也给我了信心。如果陈洪教授就住在我的周边，那一定是我的定海神针。

朱立元（1945— ），著名美学家，复旦大学资深教授，蒋孔阳先生的弟子与主要助手。朱立元教授是我国著名的西方美学研究专家，继承蒋先生的学术传统。他与蒋先生联合主编的多卷本《西方美学史》，后期的主要工作都是朱立元完成的。而他本人则在西方美学基础上，继承蒋先生的实践美学，并将其发展为实践存在论美学，实现了由认识论到存在论的重要转型。在美学之哲学立场上，即由认识论到存在论转型方面，我与朱立元教授是同道。有一次到复旦开会，我们都不约而同地谈到这一论题，互相会心地一笑。朱立元教授对我本人也给予了极大支持，他多次参加我们的生态美学学术会议，并表示了认同与肯定。我们之间也建立了深厚的友谊。一次在海南开会的晚上，我们关于学术问题进行了很深的交谈。在复旦大学老一代前辈学者章培恒病重之时，朱立元开车陪我到章先生家探望。章先生此时双脚浮肿，身体乏力，但对于我们的探望非常高兴，谈兴很浓，离开时已经深夜，章先生依依不舍。章先生身体状况实在不佳，我和朱立元教授也都很难过。朱立元教授目前仍然奋战在学术第一线，衷心祝福他取得很好成绩，健康平安。

总之，我有幸生活在改革开放这个新时代，开阔了眼界，拓展了视野，有幸与学界老中青三代精英交往，向他们请教。除了以上记述的学者，还有张岂之、启功、章培恒、阎国忠、程正民、温儒敏、陈平原、陈望衡、刘成纪、朱志荣、郁龙余、杨慧林、陈晓明、王岳川、王一川、彭锋、赵勇、朱国华，等等。书不尽言，挂一漏万。

学术交往与文艺美学研究中心成立

国内将“文艺美学”作为一个独立的学科，是改革开放后由原北京大学教授胡经之提出的。但据胡老师本人在文章中说，他曾受到中国台湾学者王梦鸥 1971 年出版《文艺美学》一书的启发。胡经之教授 1956 年毕业于北京大学中文系，留校从事美学研究工作，当时的工作现实让他深感文艺学太政治化，西方美学又太抽象，只在主观、客观上争来争去。他想寻找一条道路把美学与文艺学贯通融合起来。于是，1980 年春，在昆明召开的中华全国第一届美学会议上，他提出：“高等学校的文学、艺术学科的美学教学，不能只停留在讲授美学原理，而应开拓与发展文艺美学。”中华美学学会的《简报》刊登了胡经之教授有关建设文艺美学学科的建议。从此，由北京大学作为学术引领，文艺美学学科在我国蓬勃发展。它不仅成为美学学术研究的一个重要领域，而且进入了人才培养领域，被确立为研究生培养的方向，还设定了专门的文艺美学课程。此后，文艺美学被教育部人才培养方案确立为中国语言文学下文艺学中的三级学科方向。数十年来，各院校培养了众多该方向的研究生。山大周来祥教授于 1984 年出版了《文学艺术的审美特征和美学规律》一书，这是我国出版的第一部文艺美学专著。他还为本科生开设文艺美学课程，并于1986年5月在泰安举办首届全国文艺美学讨论会。可以说，我们山东大学是继北京大学之后较早进行文艺美学教学与科研的学术单位。

2000年初，教育部决定在人文社科领域建立一百个学术基地，集教学、科研与社会服务于一体，进行重点投入与重点建设。我们山大文艺学当然非常希望进入教育部一百个基地建设行列。当时的形势是北京师范大学文学院文艺学学科已经确定要进入一百个基地建设行列。按照教育部的规定，一个三级学科只能有一个基地。如果我们也申报“文艺学”基地，那无疑会与北师大形成激烈的竞争态势，入选形势不容乐观。为此，我们经过反复考虑，决定申报“文艺美学基地”。这其实切合我们山大文艺学一直重视的美学教学与科研的传统。早在新中国成立后初期，山大还在青岛时，吕荧教授作为我们山大中文系的系主任，就致力于美学研究。新中国成立后，在著名的美学大讨论中，吕荧教授提出了“美在主观”的著名观点，成为我国美学大讨论的代表性观点之一。1950年代初，华岗校长执掌山大业务，在史学、哲学与文学领域均有建树，1959年，华岗校长在“文革”中写作了《美学论要》，坚持美的客观性与社会性，坚持马克思主义观点。1960年代，周来祥与狄其骢教授联合开设了美学课。我于1983年出版了《西方美学简论》，1985年出版了《美育十讲》，周来祥教授于1984年出版了《论美是和谐》与《文艺美学》。因此，长期以来，美学研究是我们山大文艺学学科的学术传统。文艺美学应该成为我们未来的研究方向。于是，我们决定申报具有交叉性的“文艺美学”研究基地。我们将这一设想向教育部社科司司长顾海良汇报后，得到顾海良司长的认可与大力支持。2000 年 10 月 27 日，教育部专家组及教育部社政司领导一行七人对山大文艺美学研究中心进行实地考察，经过无记名投票，山大文艺美学研究中心通过了教育部全国人文社科研究基地检查。2001 年 5 月 10 日，山大文艺美学研究中心举行揭牌仪式，同时召开“文艺美学学科建设与发展”研讨会。在揭牌仪式上，教育部社科司顾海良司长发表讲话指出：“山东大学文艺美学研究的特色是美学与文艺学的结合，依托中国传统文化的探索底蕴，将中国的美学思想与文学艺术创作直接挂钩，建立有中国特色的超出文艺学概论界限的文艺美学。”顾司长的讲话为山大文艺美学的发展指明了方向。同时，文艺美学研究中心学术顾问、中国社会科学院研究员钱中文就文艺美学研究中心的理论问题发表了自己的看法。他认为，文艺美学研究应继承中外美学与文论成果，作为文艺学的一个新的生长点，逐步走向文化美学，以新理性精神为出发点，拯救人文精神的失落，保持人的精神家园，使人成为真正的人、完美的人。我国文艺美学的创立者胡经之教授出席会议并出任山大文艺美学研究中心专家委员会成员。

由此，我们山大文艺美学研究中心在周来祥先生前期研究的基础上，开始了文艺美学研究的历程。在揭牌仪式和发展研讨会之后，首先是我在《文学评论》2001 年第 5 期发表长文《中国文艺美学学科的产生及其发展》，同时还成功申报了教育部教材《文艺美学教程》，这本教材由我主编，中心美学研究者及外校相关领域学者都加入了教材的编写队伍。该教材经多次研讨，最后成稿于2005年，由高等教育出版社出版。

2007年，我还应邀在《华中师范大学学报》上发表长文《回顾与反思：文艺美学30年》一文，另外，2010年，我还出版了《中国文艺美学学术史》一书。

以上学术活动贯穿了本人对文艺美学的崭新思考：首先，关于文艺美学学科的学术定位。历来学界都持如下观点，或认为文艺美学是美学与文艺学的分支学科，或认为文艺美学是两者的中介，或认为文艺美学是艺术哲学，等等，众说纷纭。我则认为，文艺美学是1980年代以来，中国美学领域的一个新兴学科，它有自己的新视角、新的时代精神、新的资源、新的方法，基本具备了华勒斯坦对一个新的学科提出的三个基本要素：相对稳定的学科内涵、相对稳定的方法与相对稳定的研究群体。其次，关于文艺美学学科的研究对象，历来有多种看法，比如文艺美学研究对象是艺术的审美本质、艺术的审美活动等。我则认为，文艺美学的研究对象是艺术的审美经验。这就否定了文艺美学学科研究对象或在客观与或在主观的实体性，而转向主客关系的经验性，是一种此在的、即时的审美经验。再次，关于文艺美学学科的研究方法。由于文艺美学学科的对象是艺术的审美经验，这决定了它必定运用审美经验现象学的方法，从而也使研究对象由传统的理论文本转移到即时性的鉴赏文本。审美过程也由客体转向了主体构成性。这实际上是引用了欧陆审美经验现象学，特别是法国现象学美学家杜夫海纳的审美经验现象学。当然，在我看来，我们在运用审美经验现象学时必须对其进行必要的改造，也就是以马克思主义实践唯物论为指导，将审美经验美学建立在唯物实践论的基础上。最后，关于文艺美学的学术资源。由研究对象即艺术的审美经验决定，文艺美学的主要学术资源从理论文本转移到了艺术作品，包括古今中西的艺术作品，当然也应该包括当代大众文化、影视与网络文化等。

这是一个非常大的转型，是一种由传统认识论到现代存在论的转型，从审美层面来说，这也是一种由传统本质主义到基本人性的转型，审美不是认识领域对本质的把握，而是指向人生领域的“美好的生存”与“诗意地栖居”，回归“审美的人性”这一原始出发点。为此，我专门写作了《试论当代存在论美学观》一文，发表在 2003 年第 3 期《文学评论》上。文章首先论证了这一转型的时代要求，论述了学科发展的必要根据。二战之后，人类社会经历了由工业文明到后工业文明的转型，工业文明在带给人类社会富裕发展的同时，也带来了美与非美的一系列二律背反，改善日益严重的“非美化”人类现实的生存状况，成为非常紧迫的现实需要。艺术领域则由现实主义与浪漫主义这两类主流传统，迅速转向新现实主义、抽象派、象征派与荒诞艺术，从重视对现实的反映转向重视对生存意义的探寻。在美学学科层面，美学也从传统认识论迅速转型到现代存在论，海德格尔的存在论代替了传统的典型论，传统认识论方法也逐步被胡塞尔现象学方法与主体间性理论所替代。审美对象也由传统实体性对象转型为主体感知中的经验性对象。艺术的本质也由传统的摹仿、反映转型为主体构成中的显现，这是一个由遮蔽走向逐步显现的过程。最重要的一点在于，美学的关注视点由“人类中心论”转向“生态整体论”，这促使了生态美学的产生与发展。可以说，如果没有哲学与美学领域内由认识论到存在论的转型，就没有生态哲学、生态美学与生态批评。我们认为，这种转型是现代哲学与美学发展的历史必然。马克思主义的创始人已经将改善生命的、个人的存在纳入其视野与目标。因此，美学研究必须走向以马克思主义实践存在论改造传统认识论的现象学之路。

以上是我们在文艺美学学科的种种探索，这期间，我们也遇到了巨大的阻力——特别是由传统认识论到当代实践存在论的转型过程。我对这种转型体会很深，1959 年，我考入山东大学中文系，入校不久就接触到文学理论与中国古代文学史的研究，当时在学术界非常流行的一本书是茅盾的《夜读偶记》，该书结合当时“以阶级斗争为纲”的形势，借用了苏联联共（布）党史的观点将一切意识形态问题都归结为两个阶级、两种政治倾向的斗争。于是“人民与剥削阶级的斗争”成为文学史发展的历史主线，与之相应，唯物主义与唯心主义的斗争也成为意识形态领域之斗争主线。在此影响下，茅盾在《夜读偶记》中将中国三千多年的文学史归结为“现实主义与反现实主义相斗争的历史”。众所周知，现实主义乃是18、19世纪产生于欧洲的一种文学流派。席勒曾说，素朴的诗人，他就是自然，而感伤的诗人则追寻自然。一般理解前者为现实主义诗人，后者为浪漫主义诗人。而中国古代诗人则一直生活在“究天人之际”的文化氛围之中，他始终是自然的，无须去追寻自然。所以，严格的现实主义与浪漫主义在中国古代文学中是否存在是有疑问的，将几千年的优秀文学简单地归结为唯物主义与唯心主义斗争之上是非常牵强附会的。这样的观点给当时与长久以来的人文学术研究造成极大的负面影响。我们山大中文系的老师们即使是学富五车，在这种氛围中也难有大的作为。所写文章真的是辞难达意，甚至出现了著名学者当时将《文心雕龙》中的“自然”解释为“大自然”这样离谱的事情。以上种种均在我的心中留下深刻的印记！只有改革开放，只有“实事求是，解放思想”的思想路线的实行，才打破了这种“唯心”与“唯物”二元对立的魔咒。而且这种二元对立所导致的人与自然的对立、人与人的斗争，其后果已经非常严重。因此，我个人认为，对这种“二元对立”的突破，由认识论过渡到存在论，由物质与资本过渡到“人的诗意地栖居”是哲学发展的必然，是美学发展的必然，也是历史发展的必然。

马克思、恩格斯作为伟大的无产阶级实践家、理论家，以解放一切被压迫阶级与全人类为目标，以全体劳动人民乃至全人类的美好生存为奋斗方向，马克思对资本主义工具理性的批判其实就是对传统认识论的批判。《资本论》对资产阶级社会资本主义的批判就是求得被压迫工人阶级的解放，走向美好生存！所以说马克思主义哲学是实践存在论的哲学，从理论到现实都是正确的，但这样的理论还是遇到种种阻力。2000年，我主持申报了国家社科重点项目“西方文论影响下的中国新时期文论发展”，其结项成果为《中国新时期文艺学史论》。由于该成果借用“由单纯的认识论文艺观到审美存在论文艺观的转型”这样的观点，因此在评审中遇到较多不同的观点，被认为是违背了唯物论思想，项目的通过出现问题。经过反复沟通，我们又根据评论专家的意见，对项目成果进行了适当修改。当然基本理论观点没有修改，最后获得通过。该项目在北京大学出版社以《中国新时期文艺学史论》的书名出版。此后，有负责同志在与山大分管文科的领导交谈时谈到这个项目存在的观点问题。当然，我只看作是交谈中的反映，不是组织上的正式意见。之后学术界展开了有关“实践存在论”的学术讨论，持续一段时间后结束。这一过程一方面呈现出学术界存在的不同看法，我认为，这是很正常的现象；另一方面，论争也说明改革开放之后的学术包容，容许对理论的看法发表不同意见，容许一些新的看法存在。我们的学术研究毕竟是遇到了一个好的时代。

我的西方美学研究

西方美学研究几乎伴随了我整个学术生涯，从 1981 年到 2021 年。2019 年冬，我最后一次给博士生上西方美学范畴研究课程，结束了 40 年的西方美学教学历程，2020 年底我就按要求办理了退休手续。其间，西方美学的教学始终没有停过。1978 年改革开放后，教研室决定为学生开设西方美学课程。这是我们文艺学教研室第一次开这门课，又是哲学类的，比较繁难，而且全国开这门课的学校也不多。我想，这门课应当由我的老师狄其骢先生来讲授。但狄老师告诉我，他准备开另一门新的比较文学课，他决定这门西方美学课由我来上。本来狄老师打算让我到复旦大学蒋孔阳先生处备课，因为课程名称填写不准确，没有去成，狄老师就让我自己准备。我借来了西方美学的原著，也借来了当时能够找到的参考书，开始了艰苦的备课。当然，首先是准备古希腊美学，主要是柏拉图与亚里士多德。当时的主要参考书是朱光潜先生的《西方美学史》与汝信先生的《西方美学史论丛》，我关于古希腊美学部分的许多基本观点都取自这两本书。这两部书都是 1963 年出版的，尽管这两部书是我国现代西方美学的奠基之作，但由于那个时代还是“以阶级斗争为纲”作为学术研究指导的时代，所以两部书都难免带有历史与时代的局限性。我备课时，是在“解放思想、实事求是”的改革开放背景下，这两部书中的某些观点自然成了我研究的对象。汝信先生早就意识到这一点，在一次访谈中说道：

《西方美学史论丛》与《西方美学史论丛续编》这两个文集的文章，大部分写于“文革”前的20世纪五六十年代，这些文章不可避免地带有那个时代的烙印，当时各种政治运动不断，只是在运动间隙能挤出一点时间从事学术研究，有的美学观点未经深思熟虑，不免持有“政治上的反动与哲学上的唯心，美学与艺术必然是反动落后与消极”的结论。

《西方美学史论丛》认为，柏拉图“不仅具有深厚的宗教神秘主义色彩，还暴露出柏拉图蔑视人民群众的奴隶主贵族观点”，“柏拉图的艺术理论在历史上起的不是进步作用而是反动作用，它不能促进文学艺术的发展，却反而成为文学艺术前进道路上的障碍”。这就提出了一个美学观同政治观、哲学观的关系问题，是否政治上反动、哲学上持唯心主义观点的理论家，其美学观与艺术观就一定消极与落后的问题。如果这样的话，那么中西历史上的美学家与文学家则绝大部分都在政治上从属于封建的或资本主义的统治阶级，哲学上则绝大部分持有的是唯心主义的观点。因此，按上述逻辑，中西历史上的美学家及其成果大部分都是消极的。

这就导致了在“左”的思潮影响下，曾经在学术上出现的历史虚无主义。这一理论观察的反思成为我的柏拉图美学研究乃至西方美学研究的出发点，也就是从马克思主义历史唯物主义的实事求是原则出发，承认美学观与艺术观对于政治观、哲学观的相对独立性问题。由此肯定了立足于奴隶主贵族阶级，并秉持唯心主义哲学的柏拉图之世界观与美学观的相对独立性及其重要价值与奠基性的历史地位。这成为我西方美学研究的理论出发点，并且在1982年第2期《山大文科论文集刊》发表了《试论柏拉图美学思想的历史地位——兼与汝信、夏森同志商榷》一文，这篇论文成为我发表的第一篇西方美学论文，也是我1983年7月出版的《西方美学简论》的十篇文章中的首篇。

我的西方美学研究还有一个重要目的，就是借助西方美学研究更加深入地学习和理解马克思主义美学。因为，马克思主义美学产生于西方，在一定程度上是总结和发展西方美学的成果。正如我在《西方美学简论》“后记”中所言：

马克思主义的美学思想是总结人类几千年来文艺与美学成果的科学结晶。它产生于欧洲，因而同西方文艺、西方美学，特别是德国古典美学更有着直接的渊源关系。因此，不了解西方美学就不会很好地了解马克思主义的美学思想。

《西方美学简论》的最后一篇文章《漫议人类对美的哲学思

考》，该文以感性与理性的关系作为西方美学发展的中心线索，在古希腊、古罗马表现为诗与哲之争，以亚里士多德与柏拉图为其代表；文艺复兴以后则以英国经验论与欧陆理念论之争加以呈现；到德国古典哲学则将二者在唯心主义基础上加以统一，表现为康德之“二律背反”与黑格尔之“理念的感性呈现”。只有到马克思时才真正地在辩证唯物主义基础上将二者加以统一。书中涉及马克思唯一论述美学的论著《1844年经济学哲学手稿》，使用了两个理论判断：一是马克思“唯一的直接涉及美的本质的专著”，同时“这部专著主要是一部经济学、哲学论著，而后才是美学论著，它只在对于人类解放之‘历史之谜’的总的探讨中才稍稍涉及‘美学之谜’”；二是该文是早期手稿。“不免有杂乱和不成熟之处”，“但另外一方面也不能否定其基本上属于马克思主义理论体系的范围”。这实际上正是针对学术界关于《1844年经济学哲学手稿》是否是成熟的马克思主义之争，基本上我承认其马克思主义属性。

《西方美学简论》选择的是“人化自然”的实践论美学立场，这在1980年代初期是必然的选择。从1980年给中文系77级开设西方美学课始，这门课就成为我一生都在坚持上的课。一开始是给本科生上，后来因为担任教务长与常务副校长，实在是太忙，只好放下本科生课程，但硕士和博士研究生课程却一直坚持，直到我临近退休。这门西方美学课让我始终坚持在业务第一线，不断在教学相长中拓展与深化自己的专业知识，同时也使我不断地从这门课吸取营养。

在西方美学课程的教学过程中，我不断拓展这门课的内容，逐步由西方古典美学拓展到西方现代美学。1992 年 7 月，在《西方美学简论》的基础上出版了《西方美学论纲》，增加了新的第六编“西方现代美学”，包括里普斯、克罗齐、弗洛伊德、荣格与完形心理学美学等五章。特别是克罗齐与完形心理学美学已完全突破了西方古典美学之感性与理性的“实体论”美学层面，进入了生命的、情感的层面。该书认为，克罗齐的“美即表现说”——“这样明确地将美与表现直接联系起来的美学理论在西方美学史上是第一次”，它一经诞生就成为目前盛行西方的现代派美学的代表性论点，“表现说”也几乎成为纷纭复杂的各类西方现代派美学的代表。这些美学理论尽管千差万别，但几乎都将“表现”作为自己的旗帜。正是从这个意义上我指出，克罗齐的“表现说”——“开了西方现代派美学的先河”。该书认为，克罗齐的“美是非理性的情感之感性显现”代替了黑格尔的“美是理念的感性显现”。对于以阿恩海姆为代表的“完形心理学美学”，该书认为，它以其特有的知觉结构说、大脑力场说与同形同构说建构了一种以审美体验为出发点的自下而上的美学，代替了西方以古代传统的审美认知为出发点的自上而下的美学。本人在其后的博士生教学过程中逐步将“西方美学”转向审美范畴，以其为主要方向，认为“范畴”是对美学史的一种“思想的总结”，正如列宁所说的“范畴”是思想之网上的“纽结”，黑格尔所说的“范畴”是一种精神的“纯化”。

在长期教学工作的基础上，2018 年 10 月，我出版了《西方美学范畴研究》一书，共分八讲，涉及西方美学的八个基本范畴：和谐、神性、自由、生命、经验、间性、解构与分析。前三个是西方古典美学范畴，后五个是西方现代美学范畴。这里需要说明的是，该书没有用“美是和谐”这样的结构，因为是从古至今，西方美学史上并非都使用这样的表达方式，例如从未有过“美是间性”“美是分析”等这样的表达，所以用“美与间性”“美与分析”来表述比较恰当。再就是八个范畴并未完全覆盖西方美学史，例如“美与符号”“美与批判”等就没有包括进去。同时，我又主编了一本《西方美学范畴讨论文集》，收集了博士生上课发言整理的文稿，并附上了我对每一讲写的“内容提要”与“推荐书目”。其中“内容提要”是我对每一讲精华的提炼，是我研究与思考的结晶与心血所在。通过两本书的配合，学习者应该能够对西方美学从古至今的基本理论要点有一个更精到的把握。

两部书的创新之处在于从更高的“美学范畴”的独特视角审视整个西方美学史，有利于对其进行更加宏阔的理论把握，并且在西方美学转型问题上有明晰的区分。从19世纪下半期即1831年黑格尔逝世后到叔本华、尼采，西方美学即发生了由传统认识论美学到现代生命论（存在论）美学的转型，这是一种对传统工业革命工具理性的反思。20世纪中期以后，由于信息技术与知识经济等后现代文化状貌的出现，人类逐步进入后现代社会，此时的美学领域中，欧陆现象学美学盛行，英美分析美学出现。该书对现象学美学之“意向性”“主体间性”，解构论美学之“解构”“延异”，分析美学之“语言分析”“模式分析”均作了重点的学术解读。特别针对20世纪后期英美出现的“环境美学”，该书从分析美学之“环境模式分析”出发，对其进行了理论剖析，探寻其理论源头，揭示“科学认知主义”的理论旨归与局限性。该书还深入阐释了古希腊“诗”与“哲”之争，及其对整个西方美学科学分析与现象学悬搁之区分的重要影响，还重新认识了中世纪“神性美学”内涵与重要影响，以及对欧陆现象学之地位及其与东方美学之关系等问题。在对这些问题的理论解析中，该书均有自己的理解。

该书基本建立在历年讲稿的基础之上，经过我本人的统稿，以及祁海文老师的整合，还是具有一定的可读性，但难免粗疏，毕竟成稿时我已接近80岁了。高龄让人精力与体力均有限，这不禁让我产生了写书要趁早的感慨。

2008年北京大学出版社出版了《中国新时期文艺学史论》一书，该书由我主编，整合了新时期以来，我对中西交往背景下形成的马列文论、古代文论、西方文论、文艺美学、审美教育、文化研究、网络文艺学、文艺美学与西方马克思主义文论等九个方面的基本看法。其一，关于性质问题，即西方文论之姓资还是姓社的问题。这一看法“将政治、哲学立场与美学、文学理论价值加以必要的区分，得出政治哲学立场唯心，而其美学理论仍有其价值的看法”，而对西方现代文论之评价则为“先进性与没落性、创新性与荒谬性共在的基本特征，而从总体上适当肯定其当代价值”；其二，关于西方现代文论与我国现代社会的“时空错位”问题，这主要是如何面对西方后现代文论的问题。本人认为西方后现代有“解构”与“建构”之分，解构与摧毁的“后现代”显然对中国现实社会是不妥的，但对于西方建构的、反思的“后现代”，“这其实就是对于资本主义弊端的一种反思，是通过张扬一种新的人文精神，克服这种弊端的探索，具有‘建构’内涵的后现代对于我国具有借鉴的价值的”；其三，关于对新时期以来西方文论引进的评价。该书认为，“我们总的认为发展是比较健康的，效果也是比较好的”，从积极的方面来说西方文论的引进与研究推动了中国文论的现代转型，从主客二分对立思维朝共生、共荣间性思维的转型，从人类中心到生态整体的转型，以及向“日常生活审美化”的转型等，也促使我国文化领域由单一的局面走向马克思主义指导下多样共存的新局面。并为我国当代文论的发展找到一条“古今中外综合比较的发展道路”；其四，关于差距与问题。该书认为，“新时期对西方文论吸收较多，消化不够，因而导致在国际上中国民族特色的当代文论至今尚未完成建构的任务”，这进一步导致在国际文论讲坛上很少听到中国当代文论独特声音的局面。而我国当代文论对现实的指导作用也有所不足，理论不能适应现实需要的情况没有得到根本的改变。

近三年来，美国华裔学者刘康教授组织了多场次“西方理论的中国问题”学术研讨，我参加了上海、武汉与济南的三次会议，涉及诸多西方美学与中国文论走向世界的基本问题。在视野上，我们充分肯定了刘康教授采取的“把中国视为‘世界的中国’，而非‘世界与中国’的二元对立”立场，从中国与世界的紧密联系出发，来研究西方美学在中国的传播以及中国美学走向世界的问题。在研究模式上，研讨会提出“莫斯科模式”与“北京模式”的关系问题。所谓“莫斯科模式”即以斯大林主持的“联共（布）党史”与日丹诺夫的“唯物与唯心二元对立”模式。这一模式曾于20世纪50年代至70年代影响到中国，文学领域以《夜读偶记》为其代表；而“北京模式”则以“延安文艺座谈会”及毛泽东“文艺为人民”的讲话为其代表，这当然受到“莫斯科模式”的某些影响，但主要还是从中国工农兵文艺出发并一直影响至今，成为我国基本的文艺政策与方针，但两者也不尽相同。研讨会提出了中国话语在国际美学与文论讲坛上的“缺席”问题，这是不争的事实，国际上具有重要影响的《斯坦福哲学百科全书》中收有“日本美学”却没有“中国美学”，而文论领域也鲜有中国学术话语。对于“缺席”问题的解决，首先要从理论上解决“西方中心论”问题。早在19世纪，黑格尔及其弟子们就从西方标准出发，认为中国没有哲学，乃至没有历史，当然也没有美学，甚至认为中国传统美学是所谓“象征型艺术”，处于“前现代”阶段。这就是所谓的“黑格尔之问”，实在是荒唐得很！对于这一理论的荒唐性，中国学术界应更加积极深入地加以批驳，并形成一定的学术舆论氛围。当然，中国美学家与文学理论家更要抓紧自己对于中国美学与中国文论的学术创造，以更好的理论与话语形态使之走向世界。

审美教育研究

审美教育（美育）研究是我新时期以来另一个研究重点，从1981年开始直至2021年，我从未中断过美育研究。我是从1981年开始美育研究工作的，当时山东省教育厅在山东大学举办山东省高教干部培训班，主办方让我给学院开设美学课，当时我就给他们开设了美育专题课，并于1982年5月在《山东高等教育》上发表了自己第一篇美育论文《美育初探》。同时在讲课的基础上于1985年12月在山东教育出版社出版了自己的第一部美育专著《美育十讲》，初步构建了自己研究美育的体系。之所以在改革开放初期倾心于美育研究，主要是因为经历了十年“文革”，我对当时颠倒美丑的行为产生了强烈痛感，我在《美育十讲》“绪论”中写道：

美育，是一个非常重要但又长期被忽视的课题。在许多人的眼里，“德智体”三育不可须臾离开，但美育却似乎可有可无。黑白颠倒的十年动乱，更是以美为耻的愚昧时代。党的十一届三中全会以来，随着对极“左”思潮的批判的深入和两个文明建设的不断发展，广大人民长期被压抑的审美天性得到解放，对美的追求成为广大人民特别是青年一代的强烈要求。在这种情况下，通过加强审美教育，对广大人民的审美活动进行科学的引导，使之沿着健康的轨道发展，已成为关系到国家前途和民族素质的大事。

该书十讲分别是“美育的本质”“审美力的特点”“美育在历史上的地位”“美育是培养全面发展的社会主义新人的重要手段”“美育的现实作用”“美育与‘德、智、体’三育的关系”“美育的实施”“正确的审美观的确立”“艺术教育是实施美育的最重要途径”“审美力的培养”。该书首先是给“美育”之内涵做了一个定位：

所谓美育，即是审美教育，任务是培养广大人民，特别是青年一代的审美能力，其内容在于运用自然美、社会美与艺术美的手段给人们以情感的熏陶，根本目的是按照美的规律塑造广大人民特别是青年一代的美好心灵，培养社会主义新人。

对于“美育的本质”，该书采取“情感教育论”立场，认为“美育就是借助美的形象的手段（包括自然美、社会美与艺术美）达到培养人的崇高情感的目的”。这一观点形成论文《试论美育的本质》发表于1985年第1期《文史哲》，引起较大反响。首先，该书专门论述了美育的目的在于“培养人们的审美力”，并依照康德美学将“审美力”阐释为“情感判断能力”的观点，我在书中还论述了美育在中西方历史中的重要地位。其次，关于美育的作用，该书从美育的基本作用与现实作用两个方面论述。在美育的基本作用方面，我认为“美育是培养全面发展社会主义新人的重要手段”；在美育的现实作用方面，该书则从“扭转十年动乱中形成的美丑颠倒”“抵制剥削阶级思想腐蚀”“社会主义精神文明建设”“贯彻党的教育方针”“迎接新的技术革命挑战”等方面加以阐释。再次，该书还论述了美育与“德、智、体”三育的关系，另外说明了美育具有不可取代的地位与作用。在美育实施问题上，要求扭转将美育仅仅看作几门课程、就事论事的现状，希望能够从科学的有机整体角度看待和实施美育。从次，关于“正确的审美观的确立”问题，认为审美观是世界观的有机组成部分，认为凡是凝聚着某种理性精神和客观真理可以引起人们高级情感愉悦的形象就是美的。由此审美观包括“高级的情感愉悦”“鲜明生动的形象”“理性因素”“某种客观的真理观”等。我在书中指出，“艺术教育是实施美育的最重要的途径”，该书具体从艺术教育的地位、内容、所凭借的艺术美手段、特殊的潜移默化的作用等方面进行理论阐释。最后一部分，我集中深入地论述了美育的“审美力的培养”的作用。

21 世纪伊始，我们山东大学文艺美学研究中心与我一直将美育作为科研的重要方向。2002 年 8 月 22 日至 25 日，我们中心在青岛召开了“审美与艺术教育国际学术研讨会”。这是 21 世纪以来我国第一次召开高层次的有关审美与艺术教育的国际学术研讨会，围绕“面向新世纪人类应该审美的生存”这一重要议题，会议展开了热烈的学术讨论与交流。众多学者在会上提出，21世纪教育的主要任务是培养“审美的生存的一代人”，认为应该将“审美的生存”作为21世纪的世界观，提到本体的高度。如果说原始时代是一种巫术世界观，农业文明时代占统治地位的是宗教世界观，工业文明时代占统治地位的是工具理性世界观，那么今天这个生态文明时代占据主流地位的世界观应该是审美的世界观。当代最重要的是确立广大人民，特别是青年一代培养“审美世界观”，即以审美的态度对待自然、他人与自身。因为，由于长期以来主客二分思维模式、人类中心主义理论与工具理性思想的泛滥，致使人类社会出现严重的美与非美二律背反的情况，表现为自然生态的严重恶化，由此导致比如“非典”与新型冠状病毒感染疫情的先后蔓延，社会矛盾的加剧，这其中包括局部战争与冲突不断，人的精神疾病泛滥、身心创伤频发等。因此，以培养“审美世界观”为其主旨的美育在当代显得尤为重要。最后，会议取得圆满成功，会议文集于2003年由山东大学出版社出版。

2001年山大文艺美学研究中心成立之时，通过招标等途径共确定了五项教育部基地重大项目，有关美育研究的有两项，其中包括“审美教育的理论与实践”。该项目由我领衔完成，经过三年的努力，于2003年完成，其中一项重要成果就是出版了《现代美育理论》，该书于2006年由河南人民出版社出版。这本书从现代社会文化与哲学转型的高度探索了现代美育的产生、发展与基本内涵。全书共分为三编，第一编为现代美育原理，汲取了席勒美育思想的理论资源，在传统“情感教育论”基础上，突出了席勒对“自由”的强调；强调了马克思主义人学理论对美育建设的指导地位；在美育的地位与作用上强调了其特殊的“综合中介”作用。第二编探讨西方美育的现代演进，将西方美育放到西方现代文化与哲学转型的广阔背景中，着重探讨西方现代美学的“美育转向”，从而得出整个西方现代美学成为广义美育的“人生美学”这一结论。第三编论述中国美育的发展，回顾中国传统美学与美育的“中和论”思想，并对比了中国传统“中和论”美育思想与西方古代“和谐论”美学思想的区别。同时论述了我国新时期美育的建设与发展状况，特别论及 1999 年第三次全国教育工作会议提出的“素质教育”这一重要思想，及其对美育发展的重要作用。

2004 年 12 月，山大文艺美学研究中心由我领衔申报了教育部社科重大攻关项目“现代中西高校公共艺术教育比较研究”，并于 2009 年 9 月结项并出版成果。该研究在我国是一种全新的尝试，虽然有过传统意义上的中西艺术教育比较研究，但作为高校公共艺术教育的中西比较研究却是首次，而非专业的高校公共艺术教育的比较研究更能审视中西教育理念的差异和效果，探究通识性的人文教育在中西方高校的实施情况。该项目还具有较强的实证性特点：美国哈佛大学、英国伯明翰大学、日本东京大学、中国清华大学等学校的艺术教育的研究结果，均出自各校相关学者的亲自考察，研究成果基本上都是出自第一手材料。全书最后一部分内容，在上述研究的基础上总结出“比较研究的启示”，一共分为三个层次：第一，艺术教育的发展从根本上应借助“国家意识”与“全民意识”的统一；第二，普通高校公共艺术教育的发展是在人文与科技、智性与非智性以及功利与非功利的内在张力与平衡中取得的。第三，现代艺术教育的发展要有能力应对正在蓬勃兴起的消费文化、大众文化、视觉文化与网络文化的新形势。以上启示均以论文形式发表在《文艺研究》上。

2006年，温儒敏教授主编并约我参与北京大学出版社的“十五讲”系列丛书，写一本《美育十五讲》。由于当时琐事较多，加之《现代美育理论》刚刚出版，我感觉要马上写一本有差异的同类书籍还是有些困难的，所以没有马上动笔。直到2010年暑假才正式动手写作《美育十五讲》，因为当时正在给研究生上课，只有利用课间来写，前后共写了将近一年的时间，由于知识本身具有承续性，所以我改写了以前的一部分书稿，以前的内容大约占全书的三分之一，其余三分之二则是新写于次年暑假，并在2011年7月20日完稿。

该书共十五讲，大体分为两个部分，第一部分为美育的基本理论，第二部分为美育的历史及其现代发展。基本理论包括美育的性质、美育的学科特性、美育的特殊作用、美育“不可替代”的特殊地位、美育所凭借的特殊手段、美育与大脑开发与生态审美教育等七个部分。第一讲尽管列出了鲍姆嘉通、席勒与马克思三位理论家，但实际上是以马克思唯物史观中“人的教育”理论作为全书的指导原则。第二讲从学科的边缘交叉入手，从美学、教育学、文学等多个学科视野阐释了美育的学科特点。第三讲则探讨了美育的特殊作用。该讲承继了以往论著有关美育具有“审美力培养”的重要作用这一观点，重点阐发了美育中“生活的艺术家的造就”的关键作用。美育培养“生活的艺术家”在1985年出版的《美育十讲》中就已提及，但这部分内容没有重点论述，《美育十五讲》中则有专门章节对这一问题加以探讨，明确所谓“生活的艺术家”是相对于专业艺术家而言，不是以艺术作为自己的职业，但却能以审美的态度对待生活、社会、人生与自然，具有健康的审美观、较强的审美力与创造美的能力。第四讲论述了美育“不可代替”的特殊地位，这针对的是学术界之美育“末位论”与“首位论”之争的问题，这部分内容论述了美育作为人的情感教育所特有的“综合中介”作用：美育是“德、智、体”三育都不能离开的较为重要的“中介性”教育形式与教育元素，从而具有“不可替代”的地位。第五讲“美育所凭借的特殊手段”，论述了艺术教育的特殊地位与魅力。第六讲“美育与大脑开发”，主要从当代脑科学的角度论述了美育所特有的开发右脑、调节大脑边缘系统与调节脑内啡肽的作用。为了写作该章，我不仅认真阅读了所能搜集到的脑科学最新进展的有关文献，而且专门拜访请教了《神经科学纲要》一书的主编，著名神经生理学家、北京大学教授、中国科学院韩济生院士，得到了韩院士的热情鼓励。第七讲“生态审美教育”，是根据人类社会由工业文明到生态文明转型的背景所新增加的内容，吸收了1972年联合国人类环境会议通过的《斯德哥尔摩宣言》中有关“环境教育”的内容，同时吸收了本人生态美学研究的新成果，将整体论生态观、人与自然共生论、家园意识、“诗意地栖居”与参与美学吸收到生态审美教育之中。同时，还请留学日本的于天祎博士提供了日本广岛大学生态教育的译稿，作为生态审美教育的个案研究。第八讲到第十讲主要论述西方美育思想，包括西方古代的“和谐论”美育、西方现代美学的“美育转向”。第十一讲至第十三讲主要论述中国古代的“中和论”美育思想及现代美育思想。第十四讲则探讨了美育的当代发展新进展，主要是当代文化的“后现代转向”与视觉文化、网络文化对美育的影响。最后一讲即第十五讲论述了中国新时期美育的发展历程与成果共识：在新时期，美育正式被写入教育方针，美育对于促进学生全面发展具有不可代替的作用，没有美育的教育是不完整的教育。钱学森之问的一个解答路径就是把科学与文艺结合起来。而艺术课程的开设是艺术教育工作的中心环节，美育承担着传承、创新我国优秀传统文化的重要任务，但目前艺术教育仍是高等教育中最薄弱的环节。以上成果与共识并非是我个人的成绩，而是新时期以来国家和诸多学校、专家学者共同调查、研究之后的见解，我只作为新时期美育建设的积极参与者对其加以总结，但其中也存在某些遗漏。从 1981 年到 2010 年，我的美育研究走过了近 30 年的历程，《美育十五讲》就是这 30 年历程的总结，因此具有全面性与一定的理论深度，出版后受到普遍欢迎，并经过专家评审确定为“‘十二五’普通高教本科国家级规划教材”。

从 2010 年开始，我的学生祁海文与刘彦顺就计划组织编写一套《中国美育思想通史》，这个计划得到山东人民出版社胡长青社长的支持。这套通史由我的学生祁海文、刘彦顺、卢政、李飞、杨宝春以及上海师范大学潘黎勇等人执笔，从 2011 年开始，历时六年，终于在 2017 年正式出版，于当年 9 月在北京召开出版座谈会，得到美学界与与会专家的充分肯定。中国社会科学院学部委员、中华美学学会会长汝信认为该书为深入整理传统思想资源、大力弘扬中华优秀传统文化、积极提升人的情感品格，提供了丰富而全面的材料。著名美学家张法认为，《中国美育思想通史》是一种“迎难而上”的学术行为，也是一种“以升级的方式呈现出来的总结”。该书以“礼乐教化与中和之美”作为贯穿全书的中心线索与理论主干，力求走出“以西释中”的传统研究之路，写出了相异于“美育即情感教育”“美是理念的感性显现”等西方美育观点，充分体现了中华美育精神，充分体现了具有中国民族特色的美学精神之核心。该书的中心线索“礼乐教化与中和之美”，着重探讨了与美育相关的礼乐教化、风骨与境界等概念，阐述了立足于“以美育人”的中华美育建设的基本特点，勾勒出中华美育思想五千年以来的发生发展史。同时，力图揭示促进中国五千年美育思想发展的诸多关键性因素，如儒道互补、阴阳相生、中外对话融通以及艺术与审美统一的内涵与意蕴。该丛书因其创新性特色，获得第八届“高等学校科学研究优秀成果奖（人文社会科学）一等奖”。

新型冠状病毒感染疫情蔓延期间，我结合这样的时代背景进行思考并写作了《关于当代美育的生态转型》一文，在“新境况下中国高校美育工作的现状和对策高端研讨会”上发言，并以此为题为南京大学艺术系同学作了学术报告。该文针对我国美育研究中的西方范式问题：从民国以来，我国美育研究均以德国古典美学之康德与席勒的美育理论为指导，而康德主张“人为自然立法”，席勒则将美育的目的仅仅归结为“人的自由”，这其实都是工业革命时期的“人类中心论”。因此，本人在文中力主将“人类中心论”转为新的“生态整体论”，实现当代美育的生态转型。该文全面论述了当代美育“生态转型”的必要性与具体内涵。“生态转型”的必要性包括：首先，“生态转型”是出于时代的需要，目前我们的时代已由“工业革命”时代转型为“生态文明”新时代；其次，“生态转型”是出于学术发展的需要，我国人文学科的哲学基础必须由“人类中心论”转向“生态整体论”；再次，“生态转型”是出于美育学科自身建设的需要，必须由单纯的人性解放转向兼顾自然万物的权利与保护；最后，这也是出于中国当代美学由“人化自然”的实践美学转向重视生态伦理的新美学形态的需要。当代美育的“生态转型”的内涵在于：其一，从美育的作用来看，美育必须由传统的“个体的情感教育”转向“人类终极关怀”；其二，从哲学基础看，美育理念应该由人类中心论转向生态平等观；其三，从审美对象来看，生态型美育中的审美对象要由传统艺术审美拓展至具有新人文精神的“自然审美”；其四，从审美类型来看，生态型美育的审美活动要由共通性审美拓展至地方性审美；其五，从生活方式来看，生态型美育号召人们的生活方式由消费主义转向简约生活；其六，从美育资源上来看，生态型美育研究由传统单方面重视西方资源转向中西兼顾，更注重本土资源。

新时期以来，除了积极参与美育的科研工作外，我还参加了美育的实践工作。2005 年到 2010 年，本人被教育部第四届艺术教育委员会聘任为常委和全国普通高校公共艺术教育教学指导小组组长，与郑小筠、沈致隆等同仁参与了《全国普通高等学校公共艺术课程指导方案》的起草、修改与意见征求等工作。该方案于 2006 年 3 月由教育部办公厅印发。从 1991 年开始，本人即参与中国高等教育学会美育专业委员会并担任副会长，2008 年至 2013 年，我担任该学会会长，积极参与并筹备了每年的年会以及各项学术活动。

生态美学研究

我国生态美学研究真正的开端是曲阜师范大学李欣复教授在 1994 年第 12 期《南京社会科学》发表的《论生态美学》一文，该文较为详尽地论述了生态美学的产生背景、基本原则、发展前景及中国资源，标志着我国生态美学萌芽的发端。李欣复是我们山大中文系 1959 年毕业的学者，比我早毕业五年，我们同为南方人，而且相识，他应是我的师辈。李欣复教授治学的勤奋与敏锐是我的榜样。其后，徐恒醇出版专著《生态美学》，鲁枢元出版专著《生态文艺学》，鲁枢元还于 1999 年创办了《精神生态通讯》，并一直邮寄样刊给我，该刊物也给予我良多启发。

我真正介入生态美学研究是在 2001 年 11 月，当时，中华美学学会、全国青年美学研究会与陕西师范大学文学院在西安合作召开了首届全国生态美学研讨会，该会由全国青年美学研究会负责人王德胜教授与陕西师大文学院刘恒健教授主持，这两位是我交往甚为密切的师友，他们邀请我在会上进行主题发言，于是我在会上作了题为《生态美学：后现代语境下崭新的生态存在论美学观》的发言，该文基本上奠定了我从 2001 年至今研究的生态美学基本理论框架，该文于第二年在《陕西师范大学学报》发表，引起较大反响。著名环境美学家艾伦·卡尔森在 2016 年发表的《东方生态美学与西方环境美学之间的关系》将该文作为参考文献，2019 年《斯坦福哲学百科全书》“环境美学”词条中提及该文及另一篇论文。该文被众多期刊转载，成为我国生态美学代表性的论文之一。此后，生态美学成为我长期主攻的学术方向。

说起我何以要将 2001 年以来 20 多年的主要生命岁月投入生态美学研究，这还真有一段缘由。首先，我有感于我国新时期以来由乡镇企业发展所引起的环境污染。大约是在 1987 年的深秋，那时我正担任山大教务长，而主持全校科研工作的王忠烈副校长要到北京开会，于是就委托我替他与学校电子系的老师一同去开封参加电子系与中原油田联合开发的中型发电网项目。电子系的老师开了一辆简易的小面包车乘载我们一行七八个人，跨越黄河大桥，穿越鲁中、鲁西南、河南兰考，直达开封市。一路上，我目睹了乡镇企业所造成的严重污染。一座座小型化工厂冒着一柱柱黑黑的浓烟，一个个小型造纸厂流出乌黑的水，流经十几公里的一方方良田沃土，车窗外映衬着的是显得有些荒凉的村庄，看着实在是触目惊心。有关权威人士的一句话跳入我的脑海：西方发达国家分散在数百年间的污染，中国集中到几十年间释放。当时我想，也许我们国家经济现代化的成败在一定程度上就取决于如此严重的环境污染是否能够得到解决。

与此同时，我正给博士生上西方美学课程，在西方现代美学体系中，海德格尔在1950年所写的《林中路》中提到天、地、神、人四方游戏："天空、大地、人、神，在四种声音中，命运把整个无限的关系聚集起来。"我当时就受到启发，认为海德格尔这里就是在讲"生态美学"，而这"四方游戏"与老子《道德经》"故道大，天大，地大，人亦大。域中有四大，而人居其一焉"的提法何其相似，有史料证明海德格尔十分重视老子《道德经》，并与中国台湾学者萧师毅共同合作试图翻译《道德经》。因此，有学者认为海德格尔的"四方游戏说"是老子《道德经》"域中有四大"之说的异乡解释。这样的论断应该不是妄言。由此，我由海德格尔“四方游戏说”联系到老子《道德经》“域中有四大”之说，进一步发展到与之有关的天人合一说，于是整个中国传统文化都与“生态美学”发生了关联，这就是我写作的首篇生态美学论文《生态美学：后现代语境下崭新的生态存在论美学观》的来龙去脉。

2003年，我在吉林人民出版社出版了自己的首部生态美学论著《生态存在论美学论稿》。由于那时距离我参加2001年11月的会议仅仅过去两年时间，该书仅收录了我的14篇文章，并附有编辑者刘彦顺博士的一篇综述，全书大约20万字。后于2007年，在吉林大学李志宏教授夫妇的支持下，该书增加到39篇文章，大约25万字，由吉林人民出版社修订再版，初具规模。需要说明的是，上述成果初步奠定了本人生态美学研究的理论框架。关于“生态存在论”美学观的提出，在2001年的首届全国生态美学学术研讨会文章《生态美学：后现代语境下崭新的生态存在论美学观》与2003年出版的首部生态美学专著《生态存在论美学论稿》中，本人即明确提出“生态存在论美学”的理论，并在2009年版《生态存在论美学论稿》的封面专门印了这样一段文字：

生态美学问题归根结底是人类存在问题，因为，人类首先并且必须在自然环境中生存，自然环境是人类生命之源，也是人类健康并愉快生活之源，同时也是人类经济生活和社会生活之源。而由“人类中心主义”所导致的日渐严重的资源缺乏和环境污染直接威胁到的就是人类的生存，这是使人类生存状态出现非美化的重要原因之一。而从环境恶化的遏制与自然环境的改善来说，最重要的并不是技术问题与物质条件问题，而是文化态度问题。人类应该以一种“非人类中心”的普遍共生的态度对待自然环境，与自然环境处于一种中和协调、共同促进的关系。这其实就是一种对自然环境的审美的态度。

这里强调了生态问题归根结底是人的存在问题；批判了“人类中心主义”，提出环境问题不是技术与物质问题，而是文化态度问题；倡导人与自然“普遍共生”审美态度的确立等，这基本上概括了生态存在论美学观的要旨。而关于“生态存在论美学观”的具体出处，我引证了海德格尔所借用的荷尔德林的诗句：“充满才德的人类，诗意地栖居于这片大地。”而所谓“诗意地栖居”就是“审美的生存”，至于直接的“生态存在论美学观”的提出则使用了大卫·雷·格里芬在《后现代精神》一书中《和平与后现代范式》一文所提出的“生态论的存在观”。总之，“生态存在论美学观”的提出，充分体现了当代哲学与美学由传统认识论到现代存在论的转型。

生态美学的“生态存在论美学观”内涵决定了它一定要采取现象学的方法。海德格尔认为，存在论只有作为现象学才有可能。所谓“现象学”是德国哲学家胡塞尔于 1900 年提出，通过对“实体”“悬搁”的途径，“走向事情本身”，对事物采取“本质直观”。

这其实是面对传统工具理性及认识论之主客二分对立、人与自然、身与心分离等诸多弊端和矛盾所采取的解决之道。最后是走向人与自然平等相待，成为“主体间性”。德国哲学家 U. 梅勒曾提出“生态现象学”来进一步阐释生态哲学，但内容有所局限。我则从更加广阔的视野对生态现象学作了如下阐释：生态现象学摒弃工具理性主客二分、人与自然对立，将人类中心论与人对自然过分掠夺的“物欲”加以“悬搁”；回归人的精神的自然基础，探寻人的精神与存在的自然本性；扭转人与自然纯粹理性的、计算性的相处方式，走向平等对话的“主体间性”；适度承认自然的“内在价值”，尊重并敬畏自然；对自然的适度“复魅”；对当代“深层生态学”“生态自我”理论的适度吸收。

有学者认为，胡塞尔现象学是一种主观唯心主义理论，会与马克思主义哲学相悖。我们为什么要吸收它呢？

在我看来，第一，我们要清楚马克思主义是一种十分开放的理论，列宁认为只有吸收全人类创造的一切文明成果才能建成共产主义。现象学是人类思想的新成果，是对传统工具理性与二分对立思维模式反思的积极成果，我们为什么不能学习与吸收呢？

第二，马克思主义本身也是一种反思与超越的理论，以其伟大的共产主义信念与理想反思了腐朽的资本主义制度，超越了一己私利与小团体利益，甚至不惜抛头颅洒热血，这难道不是一种伟大的“悬搁”吗？中国传统文化中道家的“心斋”“坐忘”也是一种“悬搁”。问题在于，我们应该以马克思主义唯物实践观对现象学加以改造，使其奠定于正确的哲学基础之上。

第三，关于生态存在论美学产生的后现代语境。马克思曾说，哲学是时代精神的精华。这就告诉我们，从宏观上来说，任何学术特别是哲学与美学等理论形态，都具有强烈的时代性，是一定时代经济、社会状态之要求的反映。美学作为哲学的分支形态当然也是如此。而人类社会从二战之后，逐渐暴露出资本主义现代化的诸多弊端，白领人数逐步超过蓝领，人类社会进入知识经济时代。于是，从经济与社会形态来说，人类社会逐渐走向“后现代”，这里的“后”，即是指“现代社会”之“后期”。20 世纪 50 年代至 60 年代，又是在经济发展“之后”，标志着机械经济之后的知识经济与信息经济的到来，这一阶段更呈现出哲学理论“之后”的面貌，包含着对资本主义“现代性”的反思与超越，也包含着“解构性后现代”与“建构性后现代”两种意涵。我们更愿意使用“建构（设）性后现代”来表述我们对后现代的界定。当然，我所说的“反思”与“超越”产生于时代背景的变迁——由人与自然对立的工业文明时代，走向人与自然共生的生态文明时代。

1972 年在斯德哥尔摩召开了联合国人类环境会议，会议明确提出了人与自然的“共生”，发展与环保的“共赢”，这标志着人类社会进入生态文明新时代。中国作为发展中国家尽管也是大会签字国之一，但那时国内工业化还没有大规模展开，直到 1978 年改革开放之后，中国的工业化进程才真正开始。2007 年，中国政府正式提出生态文明建设，2012 年，党的十八大首次把“美丽中国”作为生态文明建设的宏伟目标。“生态文明新时代”包含十分丰富的内涵，它首先指向经济与社会的新发展，以及哲学与理论的新发展，包含着具有重大意义的诸多转型：由工业文明到生态文明的转型；由人与自然的对立到人与自然共生的转型；由传统认识论到唯物实践存在论的转型。“实践美学”产生于 1950 年代美学大讨论之时，以“美是人化的自然”为其理论标志，“实践美学”的创建者李泽厚先生更是明确地提出“人本体”“工具本体”“情本体”等一系列概念。这是一种十分明显的“人类中心论”的美学观点，在那个倡导赶超资本主义工业国家的工业化时代，在那种“大干快上”的“大跃进”氛围之中，“美是人化的自然”适应了那个时代的需要。但是它却与新的“生态文明时代”以及“人与自然共生”的时代要求相背离。人与自然共生的生态美学代替人要“战胜”自然的实践美学，是时代的需要，是历史必然的趋势。李泽厚先生于 2019 年在山东文艺出版社出版的文集《从美感两重性到情本体：李泽厚美学文录》中，批评我国当代生态美学“以生物本身为立场”，是“无人美学”。显然，李先生未读过我们关于“生态存在论美学”的论著与文章，而是以当年蔡仪的“客观论美学”为依据所下的判断。因为李先生在美学方面的广泛影响以及这一批评被广泛传播，所以有必要给予回应。本人于《文学评论》2020 年第 3 期发文《我国自然生态美学的发展及其重要意义——兼答李泽厚有关生态美学是“无人美学”的批评》。

首先，该文先就50年前美学大讨论中李泽厚与蔡仪的争论谈起，认为李泽厚的“实践美学”自然是美学大讨论最具代表性的成果，“美是人化的自然”适应了那个时代的需要。但李泽厚“美是人化的自然”的观点在当时就具有过分强调“人本体”作用的“人类中心论”弊端，在当今生态文明新时代，在生态灾难频发的新形势下，更加显现出其忽视自然的理论局限性；而蔡仪的“客观论美学”当然有其“无人”的弊端，但其对于自然作用的强调则具有立场的坚定性与时代的超前性。

其次，该文论述了改革开放以来自然生态美学的引进与生态存在论美学的提出，立足于现代哲学由“人类中心”到“生态整体”的转型，这其中包含着强烈的“改善人的生存”状况的人文立场。另外，新时代以来，在突出中华文化自信的背景下，立足于中华传统文化的“生生美学”应运而生。由此充分说明当代自然生态美学在美丽中国建设、应对生态危机与中国传统美学重放光彩等方面具有重要价值意义，生态美学不是“无人美学”，而是使人在与自然和谐共生中诗意栖居的美学。

再次，生态存在论美学倡导“人类中心主义”过渡到“生态整体论”。生态美学的提出必然伴随着人类中心论的退场，传统美学，无论是西方的艺术美学还是中国的实践美学都是持“人类中心论”立场的。“人类中心论”具有广泛的市场与巨大的影响力，它很难退出学术阵地，但“人类中心论”立场如果不退出，生态美学就不可能在学术领域立足。我们刚刚提出“生态美学”即遇到如何批判“人类中心论”的问题。我曾专门撰写《人类中心主义的退场与生态美学的兴起》一文，发表在《文学评论》2012 年第 2 期，并以此文观点为出发点在多个会议发言，指出“人类中心主义”的错误及其危害。所谓“人类中心论”即力主“人是宇宙的中心”“人是一切事物的尺度”“根据人类价值和经验解释或认知世界”“人类是一切的出发点和归宿”“人为自然立法”等观点。著名人文地理学家段义孚将“人类中心论”痛斥为对自然的“审美剥夺”，认为通过“幻想”对自然的剥夺是无止境的、随意的，这种剥夺的危害远远超过了“经济剥削”。

其实，按照马克思主义唯物辩证法，一切理论形态都不是永恒的、绝对的，而是在历史过程中形成和发展的。“人类中心论”同样是一种在历史中形成并逐步发展的理论形态，在东西方的农耕社会中，人与自然关系的理论表达也是一种“万物有灵”的自然神论。只有到了工业革命之后，人类具有了较强的改造自然的能力，“人类中心论”才随之兴起。人类才有了“为自然立法”的勇气与豪气。但随着“人化自然”的盛行，环境的破坏与污染日益严重，“人类中心论”的恶果日益严重，随即遭到理论界与有识之士的批判与逐步抛弃。恩格斯于 1873 年至 1882 年写作了著名的《自然辩证法》，对“人类中心论”进行了有力的批判。他认为：“我们不要过分陶醉于我们人类对自然界的胜利。对于每一次这样的胜利，自然界都对我们进行了报复。”又说：“人们愈是不仅再次地感觉到，而且也认识到自身和自然界的一体性，那种把精神和物质、人类和自然、灵魂和肉体对立的荒谬的、反自然的观点，也就愈不可能存在了。”法国哲学家福柯于1966年在《词与物——人文科学考古学》一书中提出了“人的终结”的著名观点。他说：“在我们今天，并且尼采仍然从远处标明了转折点，已经被断言的，并不是上帝的不在场和死亡，而是人的终结。”这里所谓的“人的终结”就是“人类中心论”的终结。他说，“自从人发现自己并不处于创造的中心，并不处于空间的中间，甚至也许并非生命顶端和最后阶段以来，人已从自身之中解放出来了；当然人不再是世界王国的主人，人不再在存在的中心处进行统治”。“人类中心论”的终结标志着理性主义工业文明时代的结束，一个新的生态文明时代的到来，这是一场“哥白尼式的革命”。对于这场“革命”，人们的思想准备远远不足。许多著名人士对新的“生态文明”理论以及对于“生态平等”的倡导持有不同的看法。美国前副总统戈尔曾是著名的环保主义者，曾获得诺贝尔和平奖，但他却认为“生态平等观”有一种“反人类”的倾向。著名美学家李泽厚则认为生态美学是“无人美学”。当然，生态中心论所强调的“自然万物之绝对平等观”的确有问题，但这种“绝对平等观”属于一种乌托邦，是难以实施的，这是一条行不通的路。

我们所倡导的是一种人与自然万物的“相对平等”，这种“相对平等”是一种“生物环链”中的平等。阿伦·奈斯在其“深层生态学思想”中认为生态平等是原则上的“生态圈平等主义”，德维尔和塞欣斯主张“生物圈中所有事物都拥有生存和繁荣的平等权利”。也就是说，人与其他物种一样都享有生物圈中生存发展与维护生物圈良性循环的平等权利。但人类不能超过这种权利，从而破坏生物圈的良性循环，破坏这种良性循环必将导致自然环境的进一步破坏以及人同自然的对立，人类的美好生存也将不复存在。生态美学有自己特殊的、不同于艺术美学的美学范畴。生态美学是一种融入性的介入美学，而艺术美学则是静观的形式美学。1966年，英国美学家罗纳德·赫伯恩在其发表的《当代美学与自然美的忽视》一文中，提出传统艺术美学是一种对于静观的艺术形式的欣赏，而环境美学则是一种身体各种感官介入的融入式审美。这种融入式审美符合中国传统美学的天人合一、情景交融的基本特征。

所以，从一定意义上讲，中国传统美学就是生态美学。如果说，艺术审美是一种对象的形式的审美的话，那么自然生态审美则是人与自然融为一体的“家园式”的审美，这恰恰是海德格尔所强调的自然生态审美的“家园意识”。这从生态美学特有的“空间观念”“时间观念”来说，生态美学乃是一种身体五官参与其间的“参与美学”，是一种“此在”逐步澄明被遮蔽“存在”的生命进程与生存过程。由于“环境”这一概念具有“环境围绕着人，而人在其中”的“人类中心论”的内涵，所以我们中国学者更愿意将研究自然生态之美的理论称作“生态美学”而不称作“环境美学”。

生态美学研究不可避免地会遇到生态美学与马克思主义经典

作家的关系问题。我们这里必须将马克思主义经典作家的理论与当下流行的生态学马克思主义理论相区别。因为，后者是一种资产阶级左翼形态的西方马克思主义理论，而马克思主义经典作家的理论则是无产阶级革命的武器。另外，马克思是于 1883 年逝世的，而恩格斯是于 1895 年辞世的，因此，说他们提出了产生于 20 世纪 70 年代的包括生态美学在内的生态理论肯定是不符合事实的。但是，我们认为马克思主义经典作家具有深邃的洞察力而对生态文明理论有所预见，这是具有充分根据的。因为当代生态文明理论首先是一种对资本主义现代性进行批判的理论，马克思主义对资本主义腐朽制度的批判已经包含了丰富的生态文明理论内涵，这也是马克思主义理论在历史长河中存在的必然内涵。同时，生态文明理论既包含对传统理性主义工具论哲学的有力批判，又包含了对新的有机论哲学的预见与发展。作为当代哲学大师的马克思主义经典作家，他们对传统的批判与对未来的预见是独具慧眼的，生态文明当然也是其理论的题中应有之义。

首先，从批判的角度来说，马克思早在《1844 年经济学哲学手稿》中就提出了著名的“异化的扬弃”，并批判了“自然的异化”，即人与自然之间对立状况。他提出：“异化劳动使人自己的身体，以及他之外的自然界，他的精神本质，他的人的本质同人相异化。”马克思在《资本论》中有力批判了资产阶级对工人与自然的双重剥削。他认为，资本把感性自然界仅仅看作是追求剩余价值的工具，自然界成为资本剥削的对象，资本本身对于剩余价值的无情压榨就违背了自然的生态规律，造成严重的生态环境危机。事实上，马克思在1863年之后出版的《资本论》是其成熟时期的经典论著，有力地批判了资本主义生产对人与自然的双重掠夺，提出了“新陈代谢”（metabolism）及其断裂的崭新理论；揭示了资本主义基本矛盾必然导致的经济与生态双重危机。

其次，在生态文明理论的建构上，马克思主义经典作家也起到了极为重要的奠基作用。其一，关于马克思创立的具有浓厚生态审美意识的唯物实践观，这促使包括生态美学在内的当代生态文明理论有可能奠定在正确世界观的基础上。众所周知，19世纪中期以来，以过分推崇理性的黑格尔哲学为标志的德国古典哲学走向了终结，这开启了哲学界对绝对理性的认识论的反思和超越。

再次，资本主义制度内在固有的私有制与生产社会化矛盾空前激化，资本主义的剥削程度进一步加剧，阶级矛盾也进一步激化，这导致无产阶级和劳动人民的自由解放被提上议事日程。由此，马克思、恩格斯在此前写作了《1844年经济学哲学手稿》《关于费尔巴哈的提纲》《共产党宣言》等理论论著。在这些论著中提出了诸多重要观点：如把一切事物“当作人的感性活动，当作实践去理解”；“理论的对立本身的解决，只有通过实践方式，只有借鉴人的实践力量，才是可能的”；“彻底的自然主义或人道主义”二者的结合；“人应按照美的规律建造”；“无产阶级的运动是绝大多数人的、为绝大多数人谋利益的运动”；等等。以上观点包含了极为丰富的理论内涵：唯物实践论、生态人文主义，包含自然尺度的美学实践，以及当代最重大的课题——为无产阶级与绝大多数劳动人民美好生存谋福利。

上述内容都充分证明了马克思主义经典作家早期的实践存在论，及其所具有的宝贵生态内涵，这一思想资源为我们生态美学的建设指明了方向。在这之后，马克思主义经典作家的另一生态理论的重大建树是恩格斯的《自然辩证法》，这部论著写作于1873年至1886年。《自然辩证法》是一部旨在创立辩证唯物主义自然观的伟大论著，包含了十分丰富的内涵：其一，恩格斯重点论述了人与自然的关系，强调人与自然的统一，批判“人类高于其他动物的唯心主义”的观点；其二，这部论著从人类进化的角度进一步论证了人与自然的同源性；其三，恩格斯批判了资本主义为了直接利润对自然环境造成的严重破坏及其恶劣后果；其四，这部论著严肃指出，人类对于自身征服自然能力的过分乐观与过分陶醉必将受到自然的报复。恩格斯为我们提出警醒：“不要过分陶醉于我们对于自然界的胜利。对于每一次这样的胜利，自然界都报复了我们。每一次胜利，在第一步都确实取得了我们预期的结果，但在第二步和第三步都有了完全不同的、出乎意料的影响，常常把第一个结果又取消了。”

最后，恩格斯指出，人与自然根本对立问题的解决途径是通过社会主义革命，从而建立一种“能够有计划地生产和分配的社会生产组织”，只有这样的社会生产组织才能将人从动物中提升出来，人的生态审美本性才能得以复归，而这正是一种社会主义生态文明时代的开始。

本人于 2001 年积极参与我国的生态美学研究，当时即遇到中西生态美学研究之关系的问题。我国生态美学在其最初的发展阶段中，多为介绍和引进西方理论，如我国第一篇涉及自然生态美学的学术文章就是苏联学者所写的《国外生态美学》一文，该译文于 1992 年在《国外社会科学》杂志上发表。而在西方理论的引进过程中，美国的环境美学理论则最受关注，由于我个人当时对国外环境美学理论知之不多，便不敢妄言。我国生态美学的起步阶段困难与阻力甚大。在我看来，“生态”与“环境”两个概念本来就有必然的内在联系，它们本应成为学术研究领域内的同盟军。2006 年，我到成都参加由中华美学学会举办的国际美学协会执委会，并在会议上作了有关“生态美学”的发言，发言之后即被与会的国际学者提问：如何理解“生态美学”与国际上流行的“环境美学”之关系？我此前也曾关注到这一问题，对“环境”一词持保留意见。2005 年，在我们中心召开的“当代生态文明视野中的美学与文学”国际学术研讨会上，我在发言中提出：“生态美学是 20 世纪 90 年代中期，世界范围内由于工业文明转型和各种生态理论不断发展的情况下，由中国学者提出的一种崭新的美学理论。它以人与自然的生态审美关系为出发点，包含人与自然、社会以及人本身的生态审美关系，是一种包含生态维度的当代存在论美学观。实际上，它是美学学科在当代的新发展、新延伸和新超越。”在发言中，“生态美学由中国学者提出”这一表述包含生态美学与传统实践美学的区别，也包含它特有的中国现实和传统智慧，更包含“生态存在论美学观”的首次提出等内容。但这一提法引起众多不同的看法。

首先，“生态美学”一词不是我们最先提出的，而是由美国学者约瑟夫·米克于1972年首次提出的，他才是“生态美学之父”。这当然没有问题，从“生态美学”一词的首次提出来说，米克当之无愧。但我所指述的生态美学并非是米克的“认知论”生态美学，而是指包含中国现实与中国智慧，而区别于西方“环境美学”的生态存在论美学。从我们目前看到的文献来说，西方的环境美学，包括西方学者提出的“生态美学”大体都是以科学的“认知论”为主导。米克在其文章中指出：“人们对生态本位之美的感知，就等同于对生物完整性的认知。”而另一位美国学者戈比斯特于1995年发表的最早使用“生态美学”一词的论文中提出：“以适当性作为解决风景价值与生物多样性冲突的短期策略。”① 这与卡尔森环境美学中审视环境审美的“适当与不适当”的论题是相同的。所以，具体而言，西方学术界无论是环境美学还是生态美学大体都以科学认知为其主旨，而这是英美分析哲学与分析美学所使然，诚如著名的环境美学家卡尔森所言：“知识促成了欣赏的恰当典型。”这就是卡尔森所认为的环境美学的主流认知模式。当

① Gobster, Paul. “Aldo Leopold's Ecological Esthetic: Integrating Esthetic and Biodiversity Values”, *Journal of Forestry*, Volume 93, Number 2: February 1995.

然，卡尔森也接受了另一位环境美学家伯林特的“参与模式”。“参与模式”有主体参与之义，吸收了欧陆现象学哲学之“主体构成”理论。后来我读到刘蓓博士翻译的美国著名生态批评家劳伦斯·布伊尔的《环境批评的未来：环境危机与文学想象》一书，才进一步了解到分析哲学之科学认知主义影响之深远。布伊尔坚持使用“环境批评”而拒绝“生态批评”。他说，“environment”可以指某一个人、某一物种、某一社会或者普遍生命形成的周边。另一位环境美学家瑟帕玛则对“环境”作了更加明确的解释：“环境围绕我们（我们作为观察者位于它的中心），我们在其中用各种感官进行感知，在其中活动和存在。”很显然，包括布伊尔在内的理论家所说的“环境”概念是模糊的，既有卡尔森的倾向于“生态”之内涵的居所，也有其他理论家所言的与人分离的、带有“人类中心论”色彩的“周边”和“围绕”之意涵。但布伊尔则出于“知识肤浅”“不再适用”“不够准确”三个原因选择“环境批评”，“特意避免在书中使用生态批评”。

由此可见，“生态”与“环境”之辩并非无意义，这一学术辨析表明了作为中国学者的一种自有的学术立场。围绕“生态”与“环境”之辩，我于2008年在《探索与争鸣》第9期发表《论生态美学与环境美学的关系》一文，以此作为对2006年成都国际美学会议中海外学者疑问的一种回应。2015年，《求是学刊》杂志又在当年的第1期组织了生态美学与环境美学关系的笔谈，伯林特、程相占与我分别发表文章，我发表的文章题为《关于“生态”与

"环境"之辩——对于生态美学建设的一种回顾》。现在回顾，有关"生态"与"环境"之辩并不是一般的字辞之辩，更不是所谓的意气之辩，而是关系到探索生态美学的哲学本体论之辩，以及中国文化是否能够自然融入生态美学话语的原则之辩。

首先，这是一种探索生态美学哲学本体论之辩。因为"环境"一词，其英文为"environment"这一概念有"包围、围绕、围绕物"之义，"环境"明显是外在于人的环绕物，它与人是二元对立的。环境美学家约·瑟帕玛也认为，"环境"一词暗示了人类中心的观点，人类在中心，其他所有事物都围绕着人类。而"生态"（ecological）则有"生态学的、生态的、生态保护的"之义，而其词头"eco"则有"生态的、家庭的、经济的"之意。这就已经具有了"居住""逗留""在家"之意，而海克尔于1866年提出的"生态学"更明显已包含"有机"与"家园"之意。很明显，"环境"一词有十分明显的"人类中心"色彩，而"生态"则指向人与自然有机联系的"整体论"。看似简单的两个词汇关系到"人类中心"与"有机整体"之哲学本体论的区别，这难道不是原则性问题吗？

论辩涉及的另一个重要原则性问题——中国传统文化如何更好地进入生态美学话语的问题。众所周知，中国传统文化是以"天人合一"为其文化模式的，这一文化模式与"生态"之"家园性、有机性"恰恰相融合，可以自然而然地成为"生态美学"的有机组成部分；而这一"天人合一"文化模式却与分离性的"环境”一词不相兼容。因此，“生态”与“环境”之辩涉及的“关键问题”——中国传统文化能否顺利融入当代生态美学建设，而这就不容轻易妥协了。

生态美学与中国传统文化的有机结合还与中国传统文化的根本特点有关，即中国传统文化是一种原生性的生态文化。我曾于2012年底在《河北学刊》第6期发表文章《生态美学的东方色彩及其与西方环境美学的区别》，该文集中探讨了中国传统文化作为原生性生态文化的基本特点，文章的主要根据是现代文化人类学的“原生性文化”理论。现代文化人类学提出“族群原初性文化”的概念，认为一个民族由于其特定的地理区域与经济生活模式，经过长期的“调适”，从而形成一种特定的文化形态，这种“文化形态”就是“族群的原生性文化形态”。以此理论考察中国传统文化，并将其与西方古代希腊文化相比较。钱穆认为：“中国文化自始至终建筑在农业上面的，西方则自希腊、罗马以来，大体上可以说是建筑在工商业上面。一个是彻头彻尾的农业文化，一个是彻头彻尾的商业文化。这是双方很显著的不同点。”农业文化必然造就重视天人相合的“生态文化”，而商业文化特别是古希腊“航海文化”则必然形成相应的“科技文化”，因此，“生态文化”对于中国传统文化来说是一种“族群的原生性文化”。西方古代的主流文化则都是科技文化，生态文化在西方的产生是英国工业革命之后的事情，其在一定意义上也受到了中国生态文化的影响。生态文化在中国是原生性的，在西方则是后生性的、外引性的。无论是海德格尔的“天、地、神、人四方游戏”，怀特海的“有机哲学”，还是阿伦·奈斯的“深层生态学”都有东方文化因子，特别是中国生态文化的元素。由此证明，渗透于儒释道思想之中的中国传统文化，特别是中国道家的“生态文化”思想，以其深刻丰富且具有超前性的生态文化因子而彪炳于世，道家思想中有“道法自然”“道为天下母”“天均”“守中、心斋、坐忘”“至德之世”等生态观念；儒家思想则有“天人合一”“敬畏自然”“和而不同”“不违农时”“节俭素朴”“智者乐水，仁者乐山”“仁者爱人”“民胞物与”“生生之谓易”“阴阳相生”等生态观念；佛家思想也有“佛性缘起，依正不二”“众生平等”“善恶业报，善根果报”等生态观念，可见，儒释道生态思想均无比丰富。

另外，我还思考了如何在国际生态美学领域内推介中国传统生态文化的问题。在国际生态美学领域，以海德格尔为代表的欧陆现象学依靠其“天、地、神、人四方游戏”来诠释生态美学，而英美则以卡尔森为代表，其“环境模式”呈现为分析哲学领域内的环境美学。那么，以“天人合一”为文化模式的中国传统文化，要如何将自身呈现给国际学术界呢?

2017 年 5 月 27 日，美国著名环境伦理学家杜赞奇在昆山召开“环境公平与可持续发展公民”国际学术研讨会，会议语言为英语，但杜赞奇教授特邀鲁枢元教授和我在会上以中文发言，特请美国纽约市立大学华裔学者张嘉如教授为我们两人翻译。长期以来，西方学者黑格尔等认为中国没有现代意义上的哲学和美学。

这种观念认为“哲学”“美学”乃至“生态”等概念均由西方创造并引进中国。所以，中国学术界很谨慎地谈中国哲学、中国美学、中国生态美学，而多谈中国哲学智慧、美学智慧与生态美学智慧。党的十八大以来，党和国家领导人强调“文化自信”与“坚守中华立场”，这给我们以信心与鼓舞。同时，新时期以来，我国比较文学研究也给我以重要启发。据我国比较文学学会会长乐黛云教授所言，国际比较文学研究呈现为三个发展阶段；第一阶段为法国学派的“影响研究”，第二阶段为美国学派的“平行研究”，第三个阶段是1978年改革开放以来，中国学者逐渐加入国际比较文学行列，提出了相异于两派的“跨文化研究”之中国学派，以“跨文化”与“中国话语创造”为其特点。

今天，在中国文化走向世界之际，中国生态美学研究者应在欧陆现象学之生态美学与英美分析哲学之环境美学之外，努力呈现具有中国文化血脉与文化特点的生态美学。为此，我专门请教了深谙于中国古代美学的华东师范大学朱志荣教授，决定采用新儒学代表人物方东美的“生生之德”与“生生之美”的提法，正式在昆山会议上提出“生生美学”，以与国际学者交流。2017年5月27日，我正式以“中国传统生生美学”为题，在杜克大学昆山分校“环境公平与可持续发展公民”国际学术研讨会上作了大会发言。会后，据张教授转告，杜赞奇教授对发言作了充分肯定，认为这是一种非常有价值的探讨。2017年7月6日，我又以“我国传统文化的生生美学”为题在青海师范大学首届鲁青论坛上作了发言，在这场论坛中也听取了各方意见。2018 年 1 月，应《光明日报》之约，我在山东大学文学院作了“解读中国传统‘生生美学’”的学术报告，这篇报告于 2018 年 1 月 7 日在《光明日报》上正式发表。在此之前，2017 年 10 月 20 日，我在《人民日报》理论版发表《生生美学具有无穷的生命力》一文，文章产生较大影响。此后，我连续发表一系列有关“生生美学”的文章。

2021 年 5 月，人民出版社出版 14 卷《曾繁仁学术文集》，其中第 10 卷即为《生生美学》，这是《生生美学》一书的首次出版。2023 年，《生生美学》单行本由山东文艺出版社出版。《生生美学》包括“基本理论”与“生生美学的艺术呈现”上下两编。上编“基本理论”较全面地记述了“生生美学”的提出和内涵。“生生美学”的提出，包含了梁漱溟、宗白华、方东美、刘纲纪与蒙培元等前辈学者的耕耘与贡献，而其内涵则直接来源于《周易》之《易传》中“天地之大德曰生”“生生之谓易”等命题。“生生”为动名词结构，为“生命的创生”，“生生”不是一个实体，而是一种生命的创造过程，这实际上是东方古典形态的价值论与存在论结合的哲学、美学，与海德格尔“此在与存在”结构中“此在”对“存在”的阐释有接近之处。“生生美学”包含了强大而丰厚的中国传统文化资源，包括“天人合一”的文化传统、“阴阳相生”的生命美学、“太极图式”的文化模式、“线性艺术”的艺术特征与“意在言外”的意境审美模式等。下编为“生生美学的艺术呈现”，本人认为，中国传统美学相异于西方美学之处，在于西方美学基本上体现在各类哲学与艺术美学论著之中，而中国传统美学不仅体现在各种艺术理论论著中，而且大量呈现于各种艺术形式及其研究之中。因此，本人在“生生美学”研究中，特别将“生生美学”的研究对象从理论论著拓展至实践文本，包含音乐、诗经、唐诗、宋词、书法、国画、戏曲、园林、古琴、汉画像、敦煌壁画、《聊斋》与《护生画集》等。结合具体艺术形式，《生生美学》一书更加深入地探讨了丰富的“生生美学”内涵。2020 年下半年，我将《生生美学》一书的有关内容在博士生课上进行讲解，组织博士生对“生生美学”进行研讨和具体化，并进行必要的推敲。

生态美学若要形成相对独立的学科，就必须符合现代学科形成的条件：相对稳定的学术范畴、相对稳定的研究方法与相对稳定的学者群体。从相对稳定的学术范畴来说，中国生态美学的学术范畴即可确定为“生生之美”。这一看法要成为共识还需要一个过程，在这一过程中，我们的阐释研究要逐步取得一致意见。因为《易传》之言乃“生生之德”，并没有说“生生之美”。那么，“生生之德”何以转化为“生生之美”呢？这是许多朋友都要询问的问题。2021 年，在我们中心与美国中美后现代发展研究院联合召开的“后疫情时代的生态美学发展”国际学术研讨会上，本人作了“《黄帝内经》的生生之道及其当代价值”的发言。樊美筠教授在讨论中提出“生生之道与美学的关系”问题，说明“生生之德”如何转换成“生生之美”这一问题具有普遍性。对于这个问题，方东美先生早有预料，他在1937年所写的《哲学三慧》中论述了“生化之无已”的六个过程，其中包含由“生之理”经“爱之理”到“化育之理”的转化等，所谓“生之理，原本于爱，爱之情取象乎易。故易以道阴阳，建天地人物之情，以成其爱。爱者阴阳和会、继善成性之谓，所以合天地、摩刚柔、定人道、类物情、会典礼。”这就说明“生生无已”之道必须由“生之理”，经过“爱之理”，才能发展到“化育之理”“原始统会之理”“中和之理”“旁通之理”。而所谓“爱之理”则由“情”所决定，天地以其对宇宙万物无限的深广之情，道阴阳、合天地、定人道、类物情、会典礼，以成万物。万物之生命乃来自天地之大德。天地给万物所倾注的无限深广之情与爱使之闪耀着美的光辉。由此“生生之德”转换为“生生之美”。方东美基于此，引用庄子所言“天地有大美而不言”。而且，《易传》之中已经对“生生”与“美”的关系进行了阐释。《易传·文言传》曰：“乾始能以美利利天下。”那么，“乾”如何做到“以美利利天下”呢？《易传》回答道：“保合太和乃利贞。”也就是说只有做到“阴阳乾坤各在其位，天地相和，风调雨顺，万物繁茂，农业丰收，才能达到占卜之贞”。这里的“贞”就包含着美，所谓“君子黄中通理，正位居体，美在其中，而畅于四肢，发于事业，美之至也”。由此说明，在中国传统文化中天人相和、农业丰收就是一种美的景象。“生生”在这里，在中国传统文化中包含着一种区别于西方形式之美的特有的“天人合一”的东方美学内涵。由此“生生之德”转换为“生生之美”。这就是美与善交融，万物所具无言之美的缘由。该书下编结合中国传统艺术论述了13种传统艺术形式，各有其特定的艺术范畴，但择其具有共通性者，应是“中和之美”“意境之美”“气韵生动”“筋血骨肉”等。中国传统艺术仍然留存至今，这些艺术都显现出活泼的生命样态。“生生之美”与上述艺术范畴包含着浓郁的生态存在论美学思想，它们应该作为当代中国美学范畴走进生态美学话语的建设之中，中国“生生美学”应该与欧陆之生态美学、英美之环境美学并肩而立。

“生生美学”的提出还有回答著名的“黑格尔之问”的意义。众所周知，德国著名哲学家、美学家黑格尔对于中国传统文化、历史、艺术与美学有一个判断：中国没有自己的历史、艺术与美学。他在《历史哲学》“中国篇”与《美学》中认为，“在美的艺术方面，理想的艺术在中国是不可能昌盛的”；中国等东方艺术是“象征型艺术”“艺术前的艺术”“艺术的准备阶段”等。而我们的“生生美学”就是对于“黑格尔之问”的一种回答。审美作为人类的一种艺术的生存方式，各个民族都具有，只是类型不同而已，中国的传统美学就以“生生美学”的类型而存在于世。它以“正位居体，美在其中”之“天地交而万物生”的“泰象”以及“生生之谓易”的“生命的创生”而呈现出一种东方特有的生命之美；并以“天地之大德曰生”与“元亨利贞四德”而包含中国古代特有的“道德理性”；同时以其特有的“一阴一阳之谓道”，通过阴阳相生呈现一种东方特有的更加深邃的“意境逻辑”。而中国生生之美的表现形态相异于西方的论著与理论形态，而主要呈现于诗经、唐诗宋词与国画书法等划时代的各种艺术门类之中。“生生美学”就是中国传统形态的美学，也是中国传统形态的生态美学，进一步研究与发掘生生美学的深刻内涵与丰富意蕴就是我们新时代的重任。本人以此为题先后在《文艺研究》创刊 40 周年纪念会上与中国高等教育学会电影研究会上作了发言，并发表于《中国社会科学报》。

从 21 世纪初期开始至今，我们山东大学文艺美学研究中心先后召开了六次国际生态美学研讨会，这些会议分别包括：2005 年 8 月 19 日至 22 日在青岛召开的“人与自然：当代生态文明视野中的美学与文学”国际学术研讨会；2009 年 10 月 24 日至 26 日在济南锦绣山庄召开的“全球视野中的生态美学与环境美学”国际学术研讨会；2012 年 6 月 13 日至 14 日在济南召开的“建设性后现代思想与生态美学”国际学术研讨会；2015 年 10 月 25 日至 26 日在济南召开的“生态美学与生态批评的空间”国际学术研讨会；2019 年 10 月 18 日至 21 日在济南召开的“对话与理解：生态美学话语研究”国际学术研讨会；2021 年 8 月 28 日至 29 日以线上形式召开的“后疫情时代的生态美学发展”国际学术研讨会。另外，我们还召开了海峡两岸暨香港、澳门以及与韩国成均馆大学、日本广岛大学联合主办的“生态美学与生态批评的空间”国际研讨会。国际著名美学与生态美学专家卡尔森、伯林特、瑟帕玛、卡特、格里芬、罗尔斯顿、青木孝夫，与国内著名美学家与文艺批评家鲁枢元、陈望衡、蒙培元、高建平、彭锋、杨慧林、朱志荣、刘悦笛、王诺等学者都参加过上述会议，这些会议在对推动国际与国内生态美学的发展工作中起到了积极作用。特别是2009年在济南锦绣山庄召开的“全球视野中的生态美学与环境美学”国际学术研讨会，由于论题针对性强，准备充分，当时卡尔森、伯林特与瑟帕玛等国际环境美学代表学者全部到会，产生了沟通中西的良好效果。伯林特教授在听完我们的发言后评价道，想不到中国学者对于西方这么了解，也想不到中国学者对于生态美学有这么全面的研究。而卡尔森则认为他的环境美学是“生态学的美学”，而中国学者的生态美学则是“生态的美学”。由此出现国际学者认为中国生态美学是“生态美学的加强版”的说法，均给予中国学者的生态美学以充分的理解。

我国20世纪90年代中期兴起的生态美学，特别是21世纪初期“存在论生态美学研究”主要是在中西对话的语境中展开的。中西对话可以说是当代，也可以说是未来中国生态美学建设的主题。由此，我于2012年10月根据自己十多年来的生态美学研究，编选了一本文集《中西对话中的生态美学》，这本文集分为美学基本理论、生态美学、中国传统生态审美智慧三部分，共计40余万字，由人民出版社出版。该书“导论”中将对话中的中国生态美学分为七个问题：一、中西对话的动因——共性与差异；二、中西对话的文化根基——原生性与后生性；三、中西对话的主题——生态与环境之辩；四、中西对话的哲学内涵——主客二分与生态整体；五、中西对话的美学话语建设——中和论生生之美与生态存在之美的会通；六、中西生态美学对话的艺术建设——“理性呈现的艺术”与“自然生态的艺术”；七、中西对话的实践维度——对于城市美学的拓展。该书得到当时山大校长张荣教授与山大社科研究院院长刑占军教授的肯定，他们认为这部论著具有某种创新性。

在2017年4月21日，国务院总理考察山大《文史哲》编辑部并接见部分山大学者之时，张校长将我介绍给总理并赠送《中西对话中的生态美学》一书，我也简要地向总理汇报了生态美学的研究现状。自2012年，国家逐步倡导生态文明建设以来，生态美学研究的形势逐步趋好，生态美学也逐步成为一种主流的学术话语。2019年，由吴丽云教授翻译的本人的《生态美学导论》通过评审，并经商务印书馆推荐，在世界上最大的科技出版社之一——德国Springer（斯普林格）出版社出版。《生态美学基本问题研究》也于2019年获得山东省社会科学优秀成果二等奖。

说起我的生态美学研究，需要介绍厦门大学文学院的王诺教授，王诺是著名的生态文学批评理论家，他以研究比较文学而闻名于学术界，并曾到哈佛大学访学，是我国最早的生态文学理论家之一，后来到我们山大文艺美学研究中心攻读博士学位，以优异的成绩完成博士课程与论文答辩，拿到博士学位，是我的学生。但王诺对于我的学术影响是非常大的，我的《生态美学导论》初稿就曾请他与刘悦笛博士帮助我审稿。因此，与其说王诺是我的学生，不如说王诺是我的战友，从2002年在苏州召开的中国首届生态文艺学学科建设研讨会开始，我们就一起奋战在推介生态美学与生态文学的第一线，他给予我的支持与帮助令我难以忘怀。王诺让我坚定了生态美学的研究之路，他给予我以莫大鼓励。也是王诺让我坚守生态整体论的理论立场，王诺对“人类中心”与“生态中心”从不妥协，对其坚持批评的立场与态度，毫不留情。

王诺于1998年就开始关注生态问题，2000年，他到哈佛燕京学社访学，直接接触美国当代生态批评领军人物布伊尔。学习结束回国后，王诺就投身生态文学研究，在厦大组建了具有重大影响力的生态文学学术团队。2003年，他的专著《欧美生态文学》出版，这是我国第一部全面准确介绍与论述欧美生态文学的理论专著。该书被广泛引用，在国内生态文学研究领域具有奠基性作用。该书具有关怀现实人类的强烈人文情怀，充满亲近自然的饱满感情。他以高度负责的学术精神，经过深入探讨，给生态文学下了一个至今仍然有其不可取代的价值意义的界定：“生态文学是以生态整体主义为思想基础、以生态系统整体利益为最高价值的考察和表现自然与人之关系和探寻生态危机之社会根源的文学。生态责任、文明批判、生态理想和生态预警是其突出特点。”王诺这个定义之要点是：第一，该界定明确使用“生态文学”而不是“环境文学”，因为王诺认为“环境”带有明显的“人类中心主义”特点；第二，王诺将生态文学之思想基础确定为“生态整体主义”，他认为这是生态文学的“核心”所在；第三，该界定特别强调生态文学的着力点——人与自然的关系，所以王诺并不同意西方生态批评曾经运用的“自然书写”的提法。总之，王诺关于生态文学的论述是一种具有学术锋芒的理论呈现。王诺始终坚持自己的学术立场，我与他一起参加多次学术会议，他都毫不留情地与违背生态整体论的学术观点展开论辩。2008 年，王诺将其博士论文出版，书名为《欧美生态批评：生态学研究概论》，该书进一步展开论述了生态整体主义，并将之提升到哲学高度进行阐发，并对于正在不断发生的生态灾难，王诺也发表了自己的见解。另外，王诺还有多种成果与论文发表，是我国生态美学与文学研究领域重要领军人物之一。王诺作为我国生态整体主义的主要倡导者，同时也是欧美生态批评研究的首创者，具有不可代替的重要学术地位与作用。

如果说王诺是我国生态整体论的主要倡导者，那么赵奎英则是当代中国生态语言学的主要倡导者。赵奎英是我带的硕士生与博士生，赵奎英对于我的生态美学研究非常支持与关注，后期她为我的许多成果都提出了宝贵意见，她也是我国有影响力的语言学诗学的倡导者。赵奎英的硕士与博士论文都是做的语言学诗学，而 21 世纪以来，赵奎英则一直非常关注从语言学的角度进行生态美学研究。2011 年，赵奎英得到英国伯明翰大学访学的机会，恰好伯明翰大学有生态语言的研究传统，赵奎英在访学期间受益良多，回国后更加自觉地进入生态语言学研究领域，成果丰硕，并承担了教育部人文社科研究项目“生态语言学研究”，于 2017 年出版论著《生态语言观与生态诗学、美学的语言哲学基础建构》。该书是我国第一部全面将生态语言学与生态诗学、生态美学相结合的论著，涉及中西生态语言学及其未来发展等一系列重大理论问题。她在书中将建立生态语言学的宗旨表述为：“要想建立人与自然之间的交流、对话与联系，我们必须首先相信自然也是拥有自己的语言的，自然也是以不同的方式言说着的，这样我们才肯去倾听并应答自然的声音，最终建立起人与自然平等的对话与交流。”赵奎英首次从语言学的特殊角度论述了人与自然的平等交流与对话，强调了自然拥有自己的语言，人类应该学会对自然语言的倾听与表达。这恰是道家的“大音希声，大象无形”，也是梭罗在《瓦尔登湖》中与自然的亲切对话。赵奎英从语言学的特殊领域论述了人与自然的平等，开辟了生态美学研究的新视野。

生态美学研究目前已经成为我们中心的主要学术研究方向，众多同仁参与到生态美学的研究与学术活动之中。谭好哲教授是中心的现任主任，中心会议与活动的主要组织者，为中心所有的生态美学学术活动贡献了重要力量。王祖哲、李鲁宁、赵秀福等老师在生态美学会议的翻译上作出重要贡献。陈炎教授先前以儒释道生态美学思想作为自己的研究方向，申报了国家社科基金项目并以其成果《儒、释、道的生态观与审美观》进入国家社科基金成果文库。程相占教授是参加 2001 年陕西师大“美学视野中的人与环境——首届全国生态美学学术研讨会”的重要学者，当时他就提交了《生生之谓美》的会议论文并在会议上发言，后又出版专著《生生美学论集》。程相占教授在生态美学研究方面成果丰硕，成为具有国内外影响的生态美学学者。后来胡友峰教授与张红军教授又进入文艺美学研究中心生态美学研究行列，成为主力军。近年来，我们中心连续成功申报了生态美学方面三项国家社科重大攻关项目："生态美学文献整理与研究""生态美学的中国话语形态研究""西方自然美学通史"，成为当代中国生态美学研究的重镇。

我们山大文艺美学研究中心的生态美学研究得到了学校的大力支持，山东大学 120 周年校庆大会上樊丽明校长在大会致辞中专门对于生态美学研究给予了高度肯定的评价。她说："这种独特的山大基因，饱含着敢为人先的创新素养"，"从开创生态美学研究到入选世界十大考古新发现，一项又一项山大首创、中国之最，积淀形成了历久弥坚的创新标识"。从生态存在论美学的提出，到生态与环境之辩，到中国传统生态文化原生性特点的论证，到生生美学的阐发，到六次生态美学国际会议的召开，到三大国家社科攻关项目的承接，山大生态美学研究团队的确具有自己的创新精神，我们将不负期望继续前行。

生态美学是正在进行式，还在不断地发展当中，我也将为建设中国特色的生态美学，并使之逐步走向世界而继续努力！

01

01　成都国际美学会上与汝信教授合影（2006 年）

02　与钱中文老师在北京合影（2018 年）

02

03

04　从左到右：孙郁、韩经太、曾繁仁、崔希亮、乐黛云、王宁、高旭东

05

06

03 与胡经之夫妇在深圳合影（2020 年）

04 跨文化视野中的生态批评研讨会(2010 年)

05 在“美学、艺术与素质教育”学术研讨会暨教师培训班上发言(2001 年)

06 最后一次为博士生教授生生美学课合影（2020 年）

07　从左到右：刘彦顺、王德胜、曾繁仁、史进、卢政

08　从右到左：鲁枢元、林耀福、曾繁仁、王诺

09

07　与学生们合影（2004 年）

08　海峡两岸首届生态文学会议期间于厦门合影（2011 年）

09　在广西与陈洪老师（右）等合影（2009 年）

10

11 从左往右：程相占、仪平策、马龙潜、曾繁仁、陈炎、谭好哲、王汶成

12　第一排从左到右：凌晨光、程相占、曾繁仁、谭好哲、李桂奎、胡友峰；
第二排从左到右：韩清玉、尤战生、杨建刚、曹成竹、李飞、贾伟、王祖哲、陈硕、伏煦

10　与朱立元老师合影（2013 年）

11　与山东大学文艺美学中心同仁们讨论问题（2007 年）

12　与山东大学文艺美学中心同仁们的合影（2021 年）

13

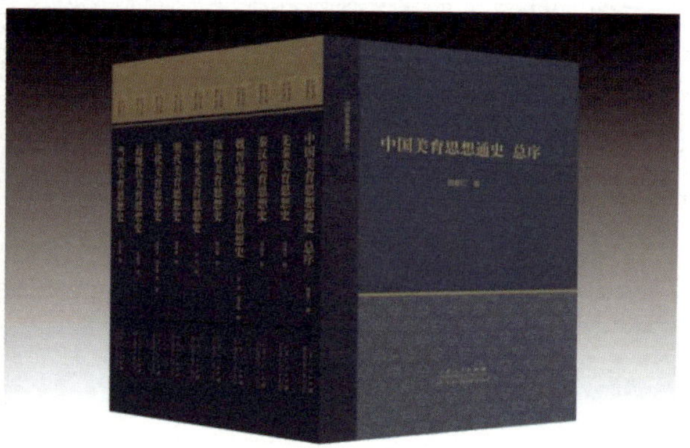

14

13 《西方美学简论》《西方美学论纲》《西方美学范畴研究》书影

14 《美育十五讲》《中国美育思想通史》书影

15 学术研讨会上与鲁枢元、伯林特、程相占教授合影（2003 年）

16 学术研讨会上与卡尔森、伯林特教授合影(2019 年)

15

16

17

17 “全球视野中的生态美学与环境美学”国际学术研讨会上与卡尔森、瑟帕玛、青木孝夫等学者在一起开会（2009年）
18 在中国美术学院举办的“弘扬中华美育精神高端论坛”上合影（2019年）

18 从左到右：王德胜、张政文、曾繁仁、高建平、刘成纪

19 “生态美学：文献基础与理论拓展”学术研讨会暨 2016 年国家社科基金重大项目“生态美学文献整理与研究”开题报告会（2017 年）

学术研讨会暨2016年国家社科

整理与研究” 开题报告会 山东·济南 2017年3月

20 "建设性后现代思想与生态美学"国际学术研讨会合影 (2012 年)

态美学”国际学术研讨会的专家学者
nstrutive Postmodernism and Ecoaesthetics”

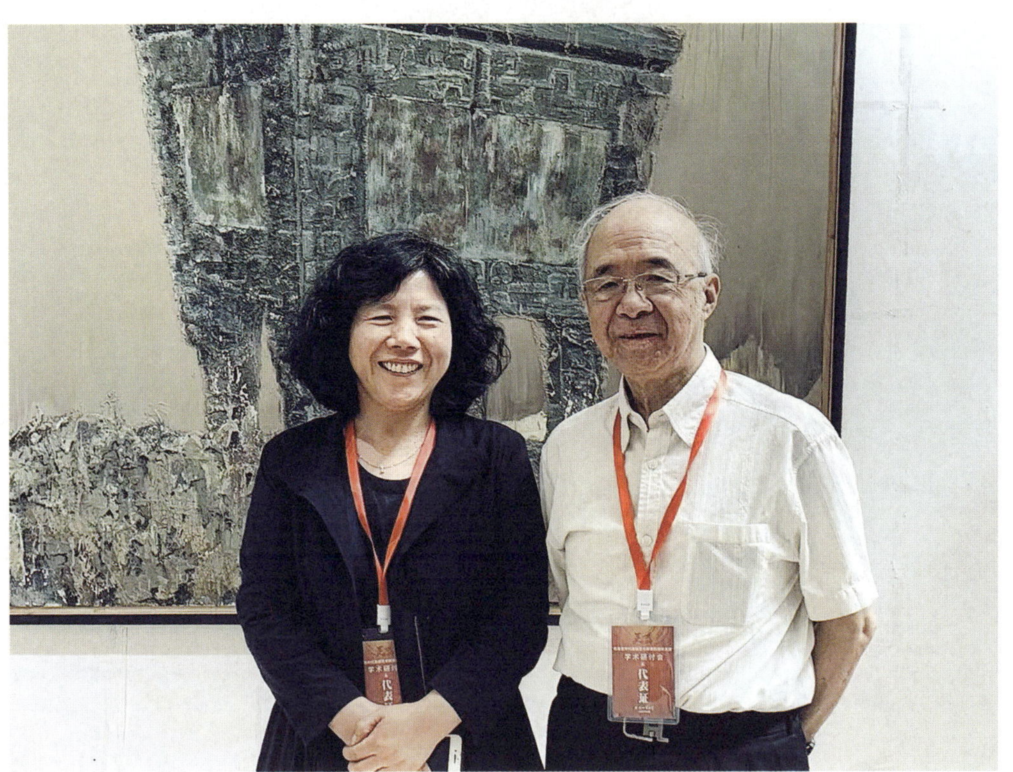

22

21 与刘悦笛教授在山大合影（2020 年）
22 和赵奎英教授合影（2021 年）

第四章　访学记

第一次出国

我第一次出国是在 1987 年 9 月，当时学校组织访问团到北美的兄弟院校访问，访问团由杨孔章副校长带队，参加者有物理系的何瑁教授，何教授当时在美国的费米实验室工作，等待我们与他会合，还有一位是外事处的魏礼庆，而另外一个访问团成员就是我了。我们第一站是美国的旧金山，飞机落地后，我们由曾在山大工作过的一位朋友接待。当时我是第一次出国，对一切都感觉很新奇。

首先，当时美国发达繁荣的社会景观是我没有想到的，摩天大厦、高速公路、电脑、超市都是我当时未见过的。而且，在我的传统观念中，富人应该都是“大腹便便，脑满肠肥”，但在美国，真正“大腹便便，脑满肠肥”的反倒是穷人。我在芝加哥五大湖畔看到了一些胖得走路都困难的人，据说他们都是钢铁厂的工人，因为收入低，没有钱买低脂与低糖的食品吃，更没有钱进健身俱乐部，因此得了肥胖症。

当时改革开放刚刚 9 年，我对三年自然灾害和十年“文革”的饥饿感受还记忆犹新。现在看来，美国社会的一些人群当时正在发生一种新的现代病。现在我国不是也逐步进入“高血脂时代”

了吗？大家在为如何减肥、降脂发愁，但当时我在美国看到这一切还是感觉很奇怪的。

另外，一般在中国人看来，城市外面就应该是农村。但美国城市外面却是湖泊、森林、高速公路，接着又是城市。那他们在哪里种地呢？我真的疑惑了，当然后来我也知道了，美国是个高度城市化的国家，其百分之九十以上的人口住在城市，只有百分之几的人口住在大农场，比如我后来见到的俄亥俄州农场。而且，美国的电力特别足，每到夜晚，城市亮如白昼，高速公路犹如一条光带。这个国家通常在国外获取资源，例如去中东获取石油，在自己国家比如得克萨斯州开采的油田却开一个封闭一个。

在日常交际活动上，我们对西方人吃饭的 AA 制也不理解，以为西方人小气。其实，这恰恰说明他们早就已经解决温饱问题，吃饭由谁付费这个问题已经不太重要，因为，一般的自助餐也只有 10 美元左右，这对于年薪 3 万至 8 万的工薪阶层也不是太大的负担。而且，美国工薪阶层尽管富足，生活却很节俭，吃饭比较简单，没有大量剩菜剩饭，而是吃多少要多少。美国的大学条件是一流的，设备先进，图书丰富，经费充裕，其校园建设讲究文化积淀，没有多少新的楼房，特别注意保护校园文化和历史，哈佛就有建成 200 多年的旧校舍，并以此为荣。美国的许多旅馆也是旧的房舍，并注明历史。其学校接待工作总体以私人接待为主，大都是教授或接待单位负责人自己开着私家车去接我们。而且他们特别重视休息日，一般不会在这一天安排工作，大都安排我们浏览市容等活动。我们在美国发生了一件非常有意思的事情，那就是我们到费米实验室参观访问，等我们离开的时候正好是星期天，我们多方找接待人员结算住宿账目。但怎么也找不到人，他们都去休息度假了，最后只好请何瑁老师代交。

旧金山是个美丽的城市，我们浏览了市容，特别是著名的九曲花街和金门大桥。但最使我难忘的，是美国的自然环境，旧金山市郊保留了大片的原始森林。另外，旧金山的众多华人也给我留下深刻印象，据说，在旧金山 70 万人口中，华人就占了 27 万，华人在旧金山的开发中付出了自己的血泪与汗水。旧金山的唐人街也使我们印象深刻，许多老一代华人讲着熟悉的广东话和福建话，甚至上海话，一听乡音，我就仿佛回到了祖国。

离开旧金山，我们来到休斯敦，这是一个与广东纬度相同的热带城市。我们参观了美国的宇航中心，当时世界上只有美、苏有载人航天器，我们在宇航中心穿着模拟的宇航服照了相，当时我们就想，我国何时也能成为宇航大国呢？现在经过多年的奋斗，我国的神舟十六都已经圆满升空，我国同样成了宇航大国。

接着我们访问了路易斯安那州的格兰布林州立大学，这是美国南部的一个以黑人为主的大学。使我们印象最深的是，这所学校的黑人副校长以他那特有的浑厚低音向我们陈述黑人的悲痛历史。他说，为什么黑人学者多数都在从事人文学科呢？这尽管与黑人受教育较少的情况有关，但主要还是由于黑人遭受了太多的苦难，黑人学者必然地关心黑人族群的前途和命运。这就是黑人学者大多从事人文学科的原因。他的介绍将我们拉到200年前殖民主义者从非洲贩卖黑奴的黑暗与苦难的岁月。我听着这位老人低沉的申诉，耳边好像回响着著名黑人歌手罗伯逊悲伤浑厚的歌声，声声叩击着我的心扉。

离开格兰布林州立大学后，我们来到芝加哥与何瑁教授会合。当时费米实验室是世界上最大的高能物理实验室之一，另一个就在欧洲由华裔物理学家、诺贝尔奖获得者丁肇中主持，山大当时是费米质子研究所七家单位之一，我校长年有学者在那里工作，当然这都与我校著名老专家王承瑞的开创工作有直接关系。我们在费米实验室进行了参观学习，真的开了眼界，感受到了什么叫国际学术合作。费米实验室是真正的各国学者进行科研、协力攻关的学术场所。

接着我们又来到了纽约，前往我们的合作院校——纽约市立学院进行交流，以进一步加强联系。我们在该校百人规模的学者会议上介绍了中国的高等教育和山东大学的情况，在基础层次上加强相互的了解，使得两校合作更为坚实。

之后，我们又访问了另一个友好学校——威斯康星大学密尔沃基分校。在密尔沃基分校，我们主要通过与研究“义和团”的历史系鲍大维教授商讨进一步合作事宜，商定了双方学者交流、美方暑期团、双方学生交流等事宜。晚上，校长在湖畔的家中设宴招待我们，许多学者都来了，我记得非常清楚的是，席间即有学者向我问起对于“后现代”的理解。这是我第一次听到“后现代”这个概念，但因为我当时承担着繁重的行政工作，无法对这一重要问题进行深入探讨。

在波士顿，我们参观访问了著名的哈佛大学，领略了哈佛严谨、博雅的治学风格。让我印象深刻的是那个广为传播的还书故事：哈佛图书馆曾经被烧毁，图书所剩无几，但有一位学生曾经借了书没有还，这时出于对学校的热爱，他主动将这本书交给学校作为纪念。结果校长表扬了他热爱学校的行为，但同时又履行纪律将他开除学籍。这个故事体现出哈佛严谨与博雅并存的独特风格。

哈佛大学的学生志愿组织带领我们参观了学校，承担讲解工作的是一位华裔女孩，她已经是移民美国后的第三代人了，没有在中国生活过，甚至都没有来过中国，但她认同自己的中华民族之根，因此主动学习汉语并承担起为华人参观者讲解的任务。哈佛大学给我们印象较深的另一处是它对中国研究之深广程度，哈佛大学教授费正清的中国研究是举世有名的，哈佛燕京学社也是闻名世界的汉学研究机构。我们在哈佛燕京学社参观访问时看到，它的图书馆收藏的中国县志和“文革”大字报都是全世界最多的，据说哈佛燕京学社所收藏的中国古代小说也是全世界最多的。改革开放后，北京大学的吴组缃先生就曾经在哈佛图书馆专门看了一个月的小说。在哈佛，我们会见了山大校友，交谈甚欢，一直到深夜，校友们开车送我们回住所。因为路途较远，又是雨天，我们的车违反了交通规则，被警察追上了。车停后，校友向警察解释，警察倒能理解，不仅没有处罚我们，还为我们画了一张路线图，让我们快行。到达住处后，发现房东夫妇还在等我们，当时已经是深夜，又在下雨，他们不放心，见此情境，我们真的很感动。这对吴姓夫妇是广东人，丈夫在麻省理工学院做技术工作，太太则在一家餐馆打工。他们是虔诚的基督教信徒，更为重要的是同为中国人的同胞亲情很使我们感动。第二天，我们要离开美国飞加拿大了，他们依依不舍，太太专门从餐馆买了大包子让我们路上食用。

到达加拿大后，转机到我们的友好学校里贾纳大学，受到谢培志教授的接待。谢教授是山东临清人，父亲曾是县长，对祖国的情结很深，在台读大学期间，他就是“保钓运动”的积极分子，之后远赴加拿大，在里贾纳大学任历史学教授，讲授中国史。在 20 世纪 70 年代后期“文革”还没有结束时，他就率先回到中国，此后他又为中加文化交流努力，谢培志教授也是里贾纳大学与山东大学交流的促进者。里贾纳大学的巴博尔校长 20 世纪 80 年代初就曾访问山东大学，巴博尔校长和布莱切夫特副校长同我们山东大学的许多人都建立了极为友好的关系，是我们的老朋友。因此，可以说，谢教授在促进中加文化教育交流方面作出了不可磨灭的贡献。

那次我们还在谢教授的安排下到里贾纳北边的萨斯喀彻温大学参观访问。当时是谢教授开的车，大约 300 公里，路上基本没有人，我们只在中间休息时看到在咖啡馆闲坐的印第安人。萨斯卡通市远比里贾纳大，萨大在水平和规模上也超过了里大，但里贾纳是萨斯喀彻温省的省会。我们在里大会见了巴博尔校长，并到他的森林别墅做客。我们还听了布莱切夫特副校长为我们所做的学校介绍，那时他就用电脑给我们介绍情况。我们还会见了里大所有主要的教授，参观了学校。因为我是做美学的，所以学校安排我到艺术学院参观，陪同我的是艺术学院院长。给我留下深刻印象的有两件事：一件是艺术学院外面墙上有一张描绘妇女产子的大幅壁画，西方人认为妇女生产是非常神圣的。另一件是国外学生们在静物写生时，画得各不相同。这真有点出乎我的意料，因为即便是现代派画家，他们在练习基本功时也是有着严格的正规训练的，只有在自己创作时才按照现代派的原则发挥。但里大的美术生则在基本功训练时就自由发挥，真是不可理解。我问艺术学院院长是怎么回事。他表示答不上来，这也使我奇怪。可能这位院长看到我的疑惑，于是他自己向我解释，他原是外语学院教授，今年艺术学院招聘院长，他应聘上了。让一个完全外行的人在学院当院长，这也是我难以想象的。

美加之行在巴博尔校长的告别宴会中结束。宴会非常隆重，学校的主要干部和教授都出席了，上了一道道菜，但最让我印象深刻的是西方人吃牛肉。那天，在一张特有的餐桌上放着一个如杨树粗细的牛腿，西方人都是每人一大块，那就是满满一盘。这真的吓坏我了，轮到我时我只能说“a little”。但这个一点点也够多了，吃完后觉得胃部不适。第二天，我们告别了里贾纳大学的朋友们，转机温哥华，直飞祖国北京，历经 20 多天的出访终于画上了句号。

重访美国

1991 年 9 月，教育部决定组织一个高教代表团访美，看能否在高教对外开放的工作上作出一点行动，以打破当时西方某些别有用心的人散布的有关中国收回改革开放政策的谣言。我们这个团一共九人，教育部职教司刘司长带队，包括办公厅的领导，法规司、人事司和直属办各一人，广东高教局的欧局长，黑龙江省教委的刘处长，再就是清华的杨家庆副校长和我。我们先在清华集合学习。在清华集合时，我晚上洗澡着了凉，腰部疼痛，直不起来。这可吓坏了大家，大家对我说："你千万要好起来，否则别人拿你的行李不要紧，但你整个人谁能背得动呢。"因此，大家给我的"要求"是治好病、养好病。杨家庆介绍我到清华门诊看病，是一位姓胡的大夫给我看的，连着理疗了两天。第三天就要出发了，这位胡大夫专门到宿舍看我，给我贴了膏药，并关照我到飞机上拿一本硬书垫在腰下，到纽约就会好转。我照着胡大夫的办法，果然见效，到纽约后，不仅腰不疼了，而且还能自己拿行李。

我们这次访美调研的主题是"美国高教的师资建设"，在纽约主要调研全美教育基金会如何灵活运用教师的养老保险基金，以保障教师福利的情况。同时，我们参观了巍峨的摩天大厦——世贸大厦。登上世贸大厦，我感到有一种乘飞机上升和下降时的晃动感和眩晕感。据说，这么高的摩天楼，其建造本身就允许有一定的摆动幅度。这个楼是美国人的骄傲，但就在2001年的9月11日被撞成废墟，这当然是人类的灾难。在华盛顿，我们参观了美国教育部，这是一个权力不大的管理机构，因为，美国不仅每个州都有自己特有的教育体制，而且高校自身也都有自己的办学自主权。在波士顿，我们重访了著名的哈佛大学。此行的收获在于，我们对哈佛有了进一步的了解：据介绍，在哈佛大学，只有百分之三十的副教授能够在本校升职，其余则要到外校去，而在本校升职的副教授以及其他到哈佛来应聘教授的学者，均要通过国际同行的评价，并获得肯定。另外，与全世界高校一样，哈佛也面临着教学与科研的关系问题。哈佛是世界上名列前茅的研究型高校，科研工作当然占据着十分重要的地位，但一个不重视教学的高校难道会有真正高质量的学术水平吗？因此，在哈佛，同样有“不科研就死亡”与“不教学就死亡”之争。哈佛自始至终当然都是强调科研的，但它作为名校，必然也重视教学，因此博克校长任职时，他就提出“不科研与不教学，就死亡”的口号。而且成立了著名的“博克教学研究中心”，简称“博克中心”。我们专门去参观了这个中心，这个中心运用一种背靠背的方式直接研究课堂教学。主要流程是，在一个特定的教室里，暗藏在墙内的摄像机将教师讲课的整个过程都录下来。然后，有专门的教学专家对讲课的全过程进行研究，并提出改进的报告，这一研究效果非常明显，许多诺贝尔奖获得者都主动要求成为被研究的对象。该举措对于提高教学质量起着极为重要的作用，这也给予了我们很大启发。

但此次访问过程中，也发生了一件很不愉快的事情。在招待我们的午宴上，有一位哈佛政治学教授口出狂言，攻击中国学生是差等学生，并举了一些例子。对于他的胡说八道，我们感到极为气愤，我当场与他辩论起来，我说："我们只知道中国绝大多数学生都是非常勤奋和出色的，也得到了包括美国在内的许多国家高校教授的称赞。当然，并不排除有个别极差的学生，但美国高校的情况也与我们一样，其中也有个别极差的学生，我们也可以举出许多这样的例子。"争辩的结果当然是这位哈佛政治学教授理屈词穷，最后没有吃完饭就拂袖而去。其实我也没有吃好饭，邀请单位即美中关系全国委员会的两位翻译，特别是那位替我翻译的男士更是没有吃好。

离开波士顿后，我们来到美国中部的农业省俄亥俄州，访问了俄亥俄大学和一所教会学院。令我印象最深的一处建筑是俄亥俄大学那个能容纳五万学生的室内体育馆，我不仅对如此宏大的体育馆叹为观止，而且对俄亥俄大学能招这么多学生而感到惊讶。但只过去短短十多年，想不到我所在的大学在校生也已经达到五万人以上，而有一些国内高校的在校生数量则更多。在俄亥俄州，我们专门去参观了一个牧场，这个牧场其实是一个家庭牧场，由父亲及其两个儿子共同经营。这个牧场已经完全实现机械化和科学化，我们进入栏圈都要穿专门的消毒衣服，而且他们一家也通过商业渠道经营农场，还能生产部分粮食。这些粮食一方面供他们自己牧场的牛吃，另一方面也可出售。他们所有的经营活动都在网上进行，我们去参观时，正看到他们家的老二在网上浏览芝加哥的粮食和肉类行情。当时正好是圣诞节，我们还在牧场主家里吃了一顿纯美国式的圣诞餐，其中有特别香嫩的火鸡肉。

最后一站是旧金山，我们住在唐人街的一家宾馆内，每天早晨看到一些中老年人聚到一起，我和杨家庆不知道他们干什么，于是走到楼下去看看怎么回事，一看才知道，原来这些人都是新移民，语言不通，难以交流，内心苦闷，就每天到这里找人说话。由此可见，文化才是人的精神家园，是人的灵魂所在。一个人难道能够离开自己的精神家园吗？那真是一种灵魂出窍的苦难生活啊，真的比物质缺乏的生活还要苦难得多。

在旧金山，发生了一件让我终生难忘的事情。我们在旧金山市立学院参观结束后，学院招待我们午餐，吃饭时，有一位山东籍的教授拉着我找到几位华裔教授，在一个离大家比较远的地方聊天。正在聊天的时候，突然有一位女士问我能否坐在我们旁边一起聊天，我说当然可以。但在聊天的过程中，我发现这位女士不断地提问题，要我谈这次来美考察的真正感受。我这才警觉到，原来这位女士是记者。我就说："女士你原来是记者，是在进行采访，你应该讲清自己的真实身份，这才符合职业道德。”这位女士这才承认她是《世界日报》的记者。于是，围绕美国高等教育能够为中国高校发展提供怎样的借鉴与启发这一中心，我回应了记者的采访，主要内容涉及中西不同的教育体制、美国高等教育的长处与短处、我本人的感想体会等。讲完后，老杨过来和我说，刚刚访问团决定不接受采访，而我因走远了没有接到通知，便不知道这件事。现在团里领导非常着急，担心我对采访的回应会不会使这次访问出什么问题，也害怕已采访内容被《世界日报》造谣。我则更是急得要命，晚上躺在床上反复与老杨分析可能会出现的问题，那晚不仅我没有睡好，连老杨也跟着我没有睡好。第二天，先是使馆教育参赞告诉我，昨天接受采访的做法与内容都没有问题，而且当时美国的媒体不愿意报道官方的信息，这次的采访回应实际起到了为我们宣传的作用。接着，《世界日报》在头版重点报道了此次采访，强调中国坚持改革开放等内容，使馆因此很高兴。到了晚上，旧金山市华裔市长请我们代表团吃饭，也对我们的讲话表示赞许。

当我们迎着凛冽的寒风从旧金山踏上回国的航班时，我坐在中国国际航班的飞机上真是感慨万千。我想，祖国就是我们的根，我们只不过是一片绿叶，难道绿叶离开根还能够存活吗？这其实是每一个炎黄子孙的共同情愫。在这次重访美国的过程中，我有了许多新认识。1987 年那次是我第一次出国，当时我看到的一切与想象中的景象相差甚大，因而我的感受以惊讶为主。但这次是在冷静之后的访问，我看得更为客观。美国作为世界头等强国，其经济的繁荣发达，走在世界的前列，我们与之的差距的确很大。但美国不是真正的理想国，而是有着明显资本主义缺陷的国家。从经济角度来看，美国仍然避免不了经济危机。我们访问时美国正面临 1991 年的经济危机，当时美国什么都卖不出去，经济一片萧条，各个工厂和商家都指望圣诞节能起到促进销售的作用，因此各地都在进行大减价的促销活动。当时，一辆新自行车只要 5 美元就能买到，其他商品同样便宜。这就说明，在美国，马克思讲的资本主义制度内在的生产资料私有制与社会化大生产之间的根本矛盾还是存在的，只是表现形态不同罢了。而且，美国还有诸多社会问题，这次，我们目睹了贫富悬殊的社会结构和现实中的许多阴暗面。我们在许多城市都看到众多流浪者，他们露宿在街头和马路边的水泥管道里，而社会的不安定因素则到处都是。

我们到波士顿参观马萨诸塞州议会大厦时，广东高教局的欧局长将自己新买的一件羊毛背心与手包一起寄托在管理处，但我们参观结束后拿包时，却没有了毛背心，我们询问管理处的人，他表示管理处概不负责。一次，我们走在华盛顿的大街上，老欧自己走在后面，突然他叫起来，我们发现两个美国人抱住老欧图谋抢劫，我们八位大汉一起回头跑去，这几个美国人看寡不敌众才放手跑掉。当然，这只是一些社会现象，哪个社会都难避免，但那位哈佛政治学教授所表现出来的傲慢却是美国社会的通病。这就是所谓的“美国最优秀，美国利益高于一切，别国都要服从美国”，这也就是后来愈来愈加严重的单边主义，将自己国家的利益与意志强加于别国。事实证明，这是一条走不通的路，而只有平等的交流对话，才是国际社会共荣、共生的坦途。

亲历日本

日本是我国一衣带水的邻邦，对于日本，我们中国人有着太多的复杂记忆。就我这一代人来说，我们生于国难当头的抗战之时，我就出生于1941年1月，正值震惊中外的“皖南事变”发生，万千抗日将士惨遭国民党镇压和屠杀。“皖南事变”之所以发生就是因为日本入侵，中国人民要奋起抗日，而皖南有黄山山脉的掩护，便于屯兵抗敌，这才有新四军建军皖南之事。我的父亲大学毕业后本来在安徽芜湖广益中学教书，但日本帝国主义的侵略魔爪伸到长江，我的父母只能随广益中学一起逃到安徽泾县，这就是我诞生在泾县的原因。还是迫于时局的原因，我的父亲又到大后方的湖南谋生，而皖南事变则使我母亲这个进步学生也很难在家中停留，于是在我半岁多时，母亲就将我留在外祖母家，直到13岁时，我才真正回到父母身边。而我的二弟则因为随父母辗转在南方躲避日本人，年小体弱，抗战胜利回到家乡不久就得病死亡。我们这一家还不是典型的，还有更多的家庭在日本侵华战争中家破人亡，南京大屠杀使 30 多万同胞死于日寇屠刀下，而整个侵华战争造成了数千万中国人民的死亡。

但日本又是我们的邻邦，中国与日本有着割不断的联系，古代有秦始皇派徐福东渡日本的故事、鉴真和尚远渡日本的佳话，而且在改革开放后几乎人人都买过日本产品。因此，中国人对日本有着一种十分复杂的感情。就是在这样的复杂感情中，改革开放后，我们开始了与日本的交往。1987 年，我走上学校领导岗位时，我一开始就分管师资培养的工作，后来又协助校长分管外事工作，要不断地同日本有关高校打交道。我们的感受是，日本人办事认真，但比较琐细，而我们交往过的日本朋友则都较友好，还没有发现特别不友好的日本学者。有的日本高校学者明确承认日本发动侵华战争的反动性并表示歉意，有些日本学者的反思还是十分感人的，因此，我对于日本人的看法有所改变。其实，还是那句老话，发动侵华战争的只是少数日本军阀，绝大多数日本人民在某种程度上也是受害者，这就是我在改革开放后逐步形成的看法。

但我真正亲历日本则是在 2000 年。2000 年 5 月，在我担任校长一职期间，山大的友好学校日本山口大学要举行 50 周年校庆，他们只邀请了我们山大这一所国外大学参加。这样，我们就组织了学校代表团出访，包括外事处的佟光武处长、化学院院长姜建壮、经济学院副院长于良春、翻译小刑以及我本人，一行共五人。我们从青岛起飞，3 个多小时后到达日本福冈。但在入境时，我们被海关拦住了，据翻译小刑说，前几天有几个福建人偷渡日本，今天日本海关也怀疑我们是偷渡客了。想想真的很滑稽，因为护照上明明写着我们是高校教授，而且我的年龄也快 60 岁了，无论如何也不能怀疑我们这些人偷渡呀。但我们这次还真被当作了偷渡嫌疑人。很快，我们就与山口大学来接机的外事办主任取得了联系，他向海关说明了情况，我们很快得以通关。入境后，我们乘车行驶在由福冈到山口的公路上，青山绿水，空气清新，这种良好的环境给我们留下很深的印象。到了山口大学，我们受到了校长广中平祐的热烈欢迎。

广中平祐是日本著名的数学家，曾经长期担任美国哈佛大学数学系主任，并获相当于“数学界的诺贝尔奖”的菲尔兹奖。他曾多次来中国交流，也多次到山大访问。记得 1999 年秋，广中平祐校长到山大访问并作学术报告，我们邀请他去登泰山，他提出要爬泰山。我们当时考虑，他已经 65 岁，怕他身体吃不消。但他一再对我们说，他在日本经常爬山，有登山的基础。这样，我们才同意带他去爬泰山，但考虑到年龄的原因，我们决定只爬前半段，因为前半段的路途比较平坦。于是从下午 1 时多开始，我们从泰山红门开始爬起。一开始，大家还有说有笑，但爬了一个小时后，广中平祐开始气喘吁吁，他带的所有东西，包括他的外衣都由我们同去的年轻同志代他拿了。就是这样，他还是不胜体力，我们又给他找了一个拐棍。这样走走停停，大约 10 公里路程，一直走到下午 4 时才走到中天门缆车处，我们坐上了上山的缆车。

为了表示对老先生的尊重，我们告诉他，我们这次已经爬了泰山的一半，这就很不容易了，另外一半，等以后有机会再爬。总之，这次爬山给广中平祐校长留下极深的印象。这次，我到达日本山口，看到山口那一座座小山包，才明白广中平祐校长原来每天爬这样的山，那当然与“一览众山小”的泰山无法相比。后来他一见我就提爬泰山的事，看来老先生很重视这段经历。

山口大学的校庆活动安排得非常紧凑。校长讲话 15 分钟，文部省部长讲话 20 分钟，来宾讲话 5 分钟。但对于我这个友好院校代表则放宽了要求，我们可以超过 5 分钟，我与翻译小刑商量，我们讲话也不要超过 5 分钟。这样，我们就将讲话写成电报式，加上翻译也只有 5 分钟，效果同样很好，正因为我们讲得短，反而引起大家注意，重视我们讲的每一个字。山口大学的机构设置比较简单，只设置一个校长，然后是秘书长、庶务长等处理日常事务的职务。校庆会议由各个学部主任轮流主持，作为仪式性活动，校庆会一会儿就结束了。

第二天下午，山口大学举办了一个与山大有关系的友人聚会。这个聚会颇为感人，主要是去过山大的朋友回忆自己与山大的友情，历数一件件友好交往的往事，让人深为感动。更有人阐述自己对中国的感情，有一位老人说，为了中日友好关系，他和儿子都与中国进行贸易往来，现在他要求他的孙子也继承他们的事业从事与中国的贸易工作。听了这些普通民众的心声，我真的清楚了无论什么民族，普通民众之间的心总是相连的。这次校庆有一个重要内容，就是广中平祐邀请了美国哈佛大学著名东方问题研究专家傅高义教授，请他作了关于“美日中三国关系”的报告。傅高义是国际著名的东方问题研究专家，他曾经写了著名的《日本第一》一书，论证了20世纪后期日本经济不可扼制的崛起，由此闻名世界。傅高义精通多种东方语言，他是日本问题专家，自然也精通日语，他的报告就是用日语讲的，应该说非常流利。他也精通汉语，中午，广中平祐校长请我们一起吃饭，席间介绍我是山东大学校长，傅高义马上用比较纯正的普通话与我交谈。他告诉我说，他曾在香港生活过，因此也会说广东话。他对语言的驾驭能力真的令人叹为观止。这也说明美国学者对于学问的执着，在他们看来，要研究某一国家的文化和社会，如果不精通这个国家的民族语言，就不能直接接触第一手材料，那是不可想象的。

第二天傅高义的报告会在山口市内的科学报告厅举行，这也反映了日本大学作为社会公共文化事业的定位。傅高义演讲的中心观点是：在新的世纪，亚洲乃至世界的发展有赖于处理好美日中三边关系，三者和睦相处则利于亚洲与世界发展，而敌对斗争则不利于亚洲与世界发展。应该说傅高义的观点是有积极意义的，也是符合事实的。主要是能不能真正做到这一点，却不是由知识分子的研究成果和良知所能决定的，也不是由中国一方的良好愿望所能决定的，这其中还有着极为复杂的国际背景和利益关系。校庆活动结束后，广中平祐校长请我们在日本参观，先是在山口本地，然后到奈良、神户、东京等地参观。

我感觉日本的文化实际是中国中古时期文化的保留与缩影，日本的建筑是典型的仿唐建筑，只是相应的比中国唐代建筑要小得多，但日本的建筑保留要比中国好。日本的服饰，也是对唐装的保留与改造；日本的语言尽管是一种不同于中国“汉藏语系”的“黏着语系”，但也的确受到中国语言的影响。日语不仅有借用汉语的片假名，而且日语中也有许多语言元素与汉语接近。我觉得，早期日语应该受到山东语言影响，因为山东离日本最近，交流较多。而中期，应该受到陕西话的影响，因为唐代以来日本许多人生活在长安。而明清以来，日本航海能力发展，经常到中国东南沿海犯境，因而受吴语影响较大。这是我根据两个民族接触的历史所作的推测，但也不是完全没有佐证。比如日本语“六个人”与吴语几乎一样，我们那次到东京等地参观，要乘新干线，在乘车买票时，带领我们参观的山口大学的职员将票交给验票员时会说“六个人”，其发音与吴语几乎一样。我认为这种相同性绝对不是偶然的，而是两个民族语言相互影响的结果。

再就是日本的艺术，如浮世绘、歌舞伎、书法等，无不与中国有着密切的关系。但日本在明治维新之后，受到西方文化影响，加上日本经济科技的高度发展，因而其文化中有着许多现代的积极元素。例如，日本人工作中的勤奋敬业精神，这真的是达到令人感动的地步。我们在东京成田国际机场，看到的日本工作人员都是在跑步，一点不敢怠慢。而看到马路上行走的脚步频率，我敢说，在全世界，日本人尤其是东京日本人的脚步频率是最高的。

站在东京某个地铁出口，你可以看到各色男女走出地铁的高速而整齐的步伐，这也真是一道风景线。而日本人做事的认真，几乎达到忘我的地步。我们在山口参观时，山口大学有一个女职员为我们照相，为了抓取好的镜头，她穿着裙子不惜光着双腿跪在石子地上为我们照相。当然，某些日本人的岛国意识，以及这些人莫名的自负，特别是某些日本当权者对历史的抹杀，都是令人失望，甚至是令人痛恨的。但我们还是对绝大多数普通的、朴素的日本民众怀抱期望。

我的第二次访日经历是在2004年8月，这次是由陈炎同志介绍我参加日本广岛召开的“日韩比较美学学术研讨会”。我作为会议的特邀代表，于8月中旬从北京起飞经过大连直飞广岛。这是我第一次到广岛，这座在二战后期于1945年8月6日遭受原子弹轰炸的城市。关于广岛给予我的印象，在表面上看来，广岛也没有什么特别之处，它没有高楼大厦与车水马龙，不是特别繁华，只是一座普普通通的城市，连高速公路都修建得那么一般。但如果深入广岛，你就会对这座城市刮目相看。我这次由广岛大学美学家青木孝夫的博士生、著名华裔画家臧新明先生陪同，他也承担了为我翻译的工作。臧新明开了一辆自己的车，领着我到处跑，车上装着一个卫星导航器，指引我们走没有堵车的畅通道路，我们常常在广岛的各种街道中穿行，甚至走上了靠近农村的道路。当然，日本与美国一样，也没有严格意义上的农村，农业人口占的比例也很小，但城市的周边毕竟也有农田，在此行中，我已经深入到日本的腹地。而这次访问给我的感觉是，日本是一个走向均富的国家，放眼望去，几乎看不到特别贫穷和落后的景象。另外，在我的感觉中，日本是一个十分认真细致的民族，我在广岛就没有看到一处被人遗忘的地方，没有堆满垃圾的场所，也没有特别荒凉的地方，一切都经过人的精心打理，田里的稻秧每一棵都是绿油油的，也似乎不缺少人们的关心。

日本还是一个十分精致的民族，所有的日本建筑都小巧玲珑，室内小而实用。一间小小的学者工作室里面还有做饭的地方，其实就是在过道上放了小小的炊具，而电话挂在墙上，一点也不占地方。学者工作室也有盥洗室，盥洗室更是小巧实用，全部是一体的，既干净整洁又节约空间。

我们这次的研讨会也开得别开生面，首先，一次会议换了三个地方，会议先是在濑户内海的一个海滨宾馆召开，然后在一个古代朝鲜遣日使所到达的一个岛上继续召开，再又回到了广岛大学进行主题报告和闭幕式。会议先由研究生作会议报告，让学者们推敲，接着是专题讨论“朝鲜遣日使”的问题，主要由韩国学者分享自己的研究成果。最后才是主题报告，由老一辈的学者作主题演讲，主要由五个学者进行演讲，包括日本的两位学者、韩国的两位学者和我。我准备的演讲主题是“东方道家生态存在论美学思想与西方古代基督教神学存在论美学思想之比较”。演讲围绕“生态”这一当今社会紧迫课题，以及哲学美学由认识论到生态存在论转型之必要进行汇报，我一开始用英文简要讲了我的发言主旨，接着用中文讲了论文的最精华部分，由新明翻译。其他几位先生按照会议要求，作了自己的演讲。

其实，我的论文全文已经由新明翻译成日文，也翻译了韩文摘要，这次因为考虑到发言时间限制，我又写了一个更简短的发言稿，新明中午没有休息给翻译了出来，因此我的发言效果很好，受到普遍的重视和肯定。这天下午，会议讨论的主要议题就是我发言中涉及的美学与生态的关系问题。日本学者研究的课题都比较具体，诸如乡愁问题、古代文物“锈”的问题等，他们主要致力于对具体作家作品进行细致研究。

会议后，青木老师安排臧新明陪我到宫岛去玩，并去参观了广岛市的原子弹爆炸纪念馆。纪念馆经过精心设计，保留并再现了当年的现实状况，真的够凄惨，人类的确不应再使用原子弹这种带有毁灭性的武器，人类的良知告诉我们，在世界上只有人的生命是最为宝贵的，我们应该珍惜每个人的生命。但在任何有正义感的人们看来，日本侵略者到 1945 年 8 月 6 日还在负隅顽抗，如果不丢这颗原子弹，那岂不是也有更多的中国人和其他国家的人民牺牲吗？我们在参观原子弹爆炸纪念馆时也顺便看了广岛历史博物馆，我们了解到，从中日甲午海战到太平洋战争，广岛都是日本的军事大本营。这恰恰说明，人类应该消灭和谴责一切侵略战争，特别是使用原子武器的侵略战争。这次会议举办时正值亚洲杯足球赛，中日争夺冠亚军。比赛结果为日本胜出，有少数中国球迷在现场大喊“打倒小日本”。这本来是局限于球赛的一件事情，但日本媒体每隔几分钟放一次，其内容除了以上中国球迷的失态行为外，还有朝鲜绑架日本人的事件，反复播放。这时大家都围坐在宾馆大堂中看这个电视画面，正好我从外面散步回来，大家就问“曾老师有什么看法”。我说，我们绝大多数中国人都不会同意这些球迷的行为，我们认为球赛就是竞技，不应与国家关系联系在一起，但你们日本媒体这样反复播放也是不正常的、是错误的。

广岛会议结束了，我终于又回到了祖国。但这次亲历日本，使我对这个国家和人民有了更深的了解。各个民族间应该多多交往，加强理解对话，走向多元共生的新时代。

魏玛：德国古典美学的故乡

德国的魏玛是我们从事美学研究的学者所向往的地方，因为它是德国古典美学的故乡，是德国著名的古典主义文化重镇，1999 年，魏玛成为德国第一个欧洲文化之城。2010 年阳春三月，我应邀到德国访学，顺便访问了心中向往的魏玛。我们由奥地利入境，先行去了著名的国际化都会慕尼黑，参观了 1972 年奥运会场馆以及宝马汽车总部。德国的历史性与现代性、理性与感性、物质与精神相统一的文化特征给我们留下深刻印象。那奥运场馆现代化的建筑外形与极为粗壮的钢筋水泥材料形成鲜明的对比。我心中暗想，也许德国美学中理性与感性的二律背反就是一种自古形成的民族精神。第二天，我们驱车直奔魏玛，下午到达。暖暖的阳光映照着小城，一派春意盎然。我们仿佛进入了一个硕大的公园，诚如丹麦童话作家安徒生所说，魏玛不是一座有公园的城市而是一座有城市的公园。魏玛其实只有区区 6 万人口，但古迹遍地，保留着 22 所历史建筑与文化场馆。我们办理好住宿手续后立即前往著名的剧院广场，那里有着歌德与席勒的纪念像，两位文化巨人手持书卷并排而立，目光远视，给人们留下了珍贵的历史记录，也留下了充分的想象空间。魏玛之所以著名，与这两位文化巨人长达十年的友谊与文化对话密切相关，这也成为学术史与文化史上的佳话。1794 年至 1805 年，歌德与席勒共住魏玛，结成极为可贵的友谊，也为德国古典美学的诞生与发展作出了巨大贡献。

众所周知，德国古典美学的开山祖师是居住在当时的东普鲁士科尼斯堡的康德，康德于 1790 年在其著名的《判断力批判》中提出极具德国特色并影响深远的美学命题——美是无目的的合目的性的形式，并将其总结为一种特有的美学与艺术思维模式，即二律背反。黑格尔曾说，康德讲出了关于美的第一句合理的话。因为只有二律背反才会有张力、魅力与感染力，成为美的必要前提。但德国古典美学的进一步发展是在魏玛，歌德与席勒两位文化巨人继承并发展了康德的思想，同时以其美学智慧滋养了黑格尔。他们深受康德影响，歌德曾说，他一生中最愉快的时刻都应该归功于阅读康德的《判断力批判》；而席勒更是明确地在自己的《美育书简》中声明自己是康德哲学与美学的继承人。但他们是从不同的侧面继承康德的，歌德侧重继承了康德的无目的的形式（自然），而席勒则侧重继承了康德的合目的性的愿望（自由）。歌德更多倾向于现实主义与古代传统，而席勒则更多倾向于浪漫主义与未来期望。两人在魏玛特有的文化氛围中展开了自由的对话与讨论，事实上，当时也只有魏玛具有这种自由讨论的条件。因为德国那时还没有统一，各个诸侯小国林立，而1547年建立的萨克森-魏玛公国是一个国力薄弱的小国，无力争雄，于是其历代邦君都将注意力集中于发展文化艺术，并特意邀请文坛初露才华的歌德为其枢密大臣，执掌文坛。正是基于这样的政治背景与文化氛围才具有包容性，促成了当时德国学术界与文坛争论不休的现实主义与浪漫主义、古代传统与现代文化、理性精神与感性精神的共存共生，这当然也创造了歌德与席勒的学术论争与友谊交流的佳话。歌德与席勒共住魏玛的十年，是两位大师互相吸取营养的十年，也是理性与感性、现实与浪漫的德国古典美学精神丰富发展的十年。歌德对于这可贵的十年总结道：

古典诗和浪漫诗的概念现已传遍全世界，引起许多争执与分歧。这个概念起源于席勒和我两人。我主张诗应采取从客观世界出发的原则，认为只有这种创作方法才可取。但是席勒却用完全主观的方法去写作，认为只有他那种创作方法才是正确的。为了针对我来为他自己辩护，席勒写了一篇论文，题为《论素朴的诗和感伤的诗》。……史雷格尔弟兄抓住这个看法把它加以发挥，因此它就在世界传遍了，目前人人都在谈古典主义和浪漫主义，这是五十年前没有人想得到的区别。①

歌德在争论中提出著名的“美在特征说”，而席勒的“素朴的诗与感伤的诗的统一”就是这一论争的成果，是魏玛时代美学成果的见证，也是德国美学走向成熟的前兆。著名的美学史家鲍桑葵指出：

正是靠了歌德和席勒以及他们的朋友和同代人毕生的努力——靠了把受到抽象性和主观性限制的康德的审美判断发展为一种随着人类的生活和意识而发展的客观的具体内容——才最后把近代美学的资料准备就绪，可以合并到近代美学问题的答案中去。②

这里所谓的“近代美学”，就是指黑格尔以“美是理念的感性显现”为标志的德国古典美学，由此可见，主要因魏玛时期歌德与席勒十年的争论与合作，才产生了真正的近代的黑格尔美学，

---

① 爱克曼：《歌德谈话录》，朱光潜译，长江文艺出版社 2020 年版，第 205 页。
② 鲍桑葵：《美学史》，张今译，商务印书馆 1986 年版，第 408 页。

魏玛因而成为名副其实的德国古典美学的故乡，黑格尔本人也曾对歌德与席勒对自己美学思想的影响作了充分的说明。而魏玛那覆盖在浓浓树荫中引人哲思的乡间小道，那既古朴又现代的特殊氛围，也正包含了德国古典美学理性与感性相统一的二律背反，这正是德国民族既传统又现代但更倾向传统的民族精神的体现。美学是民族精神与生活方式的表征在魏玛找到了答案。

在魏玛的深入访问使我们又一次有所确证。我们参观了魏玛的又一个文化遗址——包豪斯博物馆。包豪斯博物馆坐落于“Geschwister-Scholl-Strasse”街，博物馆展出了包豪斯大学师生250多件作品以及有关学校情况的文献资料与照片。包豪斯大学是1919年4月成立的一所艺术学校，其特点是将工艺与美学加以统一，打破了创作室与车间、工匠与艺术家之间的界线，包豪斯大学的宣言就是“取消工匠与艺术家之间的等级差异，再也不要用它树起妄自尊大的藩篱”。这其实是德国古典美学精神在新时代的延伸，其核心还是二律背反，不过是一种新的“工艺与美学”的二律背反，是德国古典美学在新的工业经济与市场经济时代的新发展，也是其新贡献。工艺与美学相统一的规律不断被实践所证明，但也正是其中的二律背反导致了学校发展的曲折与矛盾。后来，工艺与美学相统一的艺术思潮在美国生根发芽，并在世界各地发展壮大，成为国际潮流。

翌日早晨，在薄薄的雾霭中，我们离开安静的魏玛前往柏林，但我们的脑海里不断萦绕着这美丽的小城所给予我们的特殊感受。

我想，美学真是一种民族精神的表征，魏玛的历史与氛围已经向我们倾诉了德国古典美学所赖以生长的文化空间与生活土壤。如果说二律背反具有普遍适用性的话，那么植根于中国古代民族文化空间与生活土壤中的美学理论，应该建立在“天人之际”的二律背反之上，生成一种相异于德国古典美学的“元亨利贞”之吉祥安康四德之美。正是这种特殊的美及其艺术呈现，在数千年历史长河中养育了中华儿女的精神气质，而这是需要我们在中西比较视野中好好研究的珍贵遗产。

法兰西学术之旅：访学雷恩二大

法国是文学与美学的重镇，涌现了伏尔泰、卢梭、雨果、萨特与杜夫海纳等具有重要文化影响力的大家。我对于法国一直非常向往，特别是读了卢梭歌颂自然的作品与杜夫海纳的现象学美学作品后，我的憧憬更为强烈了。2011 年 3 月 5 日至 8 日，我终于有机会实现这一心愿。法国雷恩二大（雷恩第二大学）哲学院副院长米罗夫·波雷教授邀请我与王汶成教授前去访学。雷恩是法国西部的重要古城，是布列塔尼大区的首府，在中世纪时期，雷恩就是繁华都市，1720 年的城市火灾对雷恩的建筑有破坏，但经过维修，城市建筑仍然保留了古代风貌。现在的雷恩主要保持了文艺复兴时期的风貌，也有少量中世纪的建筑。而雷恩一大与雷恩二大均是有名的高校，波雷教授邀请我们前去进行学术交流并安排我们讲学。雷恩的孔子学院法方院长白思杰也是一位非常喜爱中国传统文化并有中国留学经历的学者，白思杰也是邀请与接待我们的主人之一。我们的活动包括在雷恩孔子学院的讲学。

当飞机到达巴黎后，我的第一印象是巴黎被薄雾笼罩，有轻微的污染。下飞机后，我们就直达高铁车站，而这个车站就在市中心，与商业区紧密相连，可以自由搭乘，没有任何手续，高铁也不拥挤，给人感觉很空旷。车行一会儿，来了一位检票员，身形矮胖，戴着一顶特有的制服帽，与法国二战电影中乘务员的形象一模一样，非常有意思。同行者中有一位法国小伙，矮壮结实，手里拿着一根长长的、法国特有的法棍面包，面包中间切开，塞满了蔬菜、红肠与鸡蛋等，但面包居然不散。这个小伙居然一边在手提电脑上看电影，一边将这根塞满多种食物的法棍吃掉了，很令人惊讶。车行一个多小时到达雷恩，我们见到了波雷教授。波雷瘦高颀长，身着短款呢子大衣，风度翩翩，典型的法国知识分子形象。波雷还是保罗研究会的秘书长，也是法国著名哲学家，他的儿子则是中国传统艺术绘画的爱好者，同时还是画家，这可能也是波雷如此愿意接触中国传统文化的原因之一。我们访问时，他的儿子正在中国。波雷特别热情，不仅为我们的访问做了精心的安排，而且陪同我们到雷恩周边的景点参观，到他家品酒，给我们看他收藏的莱布尼茨手稿。他与绝大多数法国人一样，酷爱藏酒，家里有一个地窖，藏有多年的好酒，可惜我没有喝酒的习惯，可以说对酒一窍不通。王汶成教授会饮酒，据他说，这些酒都很有讲究，足见波雷对于我们的热情真挚。波雷的夫人是一位窈窕活泼的法国女性，因为语言不通，她经常借助肢体语言，通过双手的表演表达自己感情，十分热情奔放。特别是为我们送行时，波雷夫人站在门口边挥手边舞动的形象特别感人，令人印象深刻。

波雷将我们安排在雷恩二大招待所居住，这个招待所所在地就是雷恩的古代街道，街道上的建筑是文艺复兴时期的，几乎每一座建筑物门上都有一个族徽，而且所有著名人物的旧居都有明显标记。雷恩二大招待所是一所古代建筑，没有大的改修，保持原貌，只是在房内改装了卫生间。招待所依山而建，三楼即是后山坡，建了一个平台，栽上花木，成为一个花园，可以在那里吃饭。住在里面，我仿佛回到了文艺复兴那个时代。波雷与白思杰院长几乎每天晚上都特别招待我们，吃法国大餐。法国大餐有牡蛎、牛排与鹅肝，数量之大有些惊人，我们作为老人享受不了，只能吃其中少部分食品。早餐则要自己解决，招待所提供面包与牛奶，其他的菜与水果需要自己购买，而法国的周末几乎完全处于放假状态，只有少数几家面包店开门。雷恩是一个中等城市，但已经非常繁华，它有公交与地铁，非常方便，晚上的沿街酒吧让人印象深刻，许多年轻人集聚在那里交谈并饮用啤酒。

周日，波雷带领我们到雷恩市区参观，经过一个公园，其中有一个阅览室，围绕阅览室停放着几十把椅子，每把椅子都坐了人，闭目养神晒太阳，居然没有任何人说话，静悄悄的，这在我们的公园是不可能的，真是一种奇观，给人留下了深刻印象。波雷还开车带领我们到雷恩附近的古堡旅游，这种古堡建筑是法国古典文化的代表之一。

3 月 8 日，我们在雷恩开始了讲学。法方为讲学做了精心的准备工作，将我们的讲稿翻译成法文，并请了一位在雷恩工作多年的武汉籍女专家为我们翻译，这位专家法语水平很高。王汶成老师给二大同行讲了《论中国古代语言美学观》。我一共讲了两次，一次是在雷恩市区孔子学院，当时的演讲是对外开放的，大约有 80 多人前来听讲。我讲的题目是《中国古代绘画中的生态审美智慧》，内容从中西古代绘画之比较入手，就中西绘画的属性来说，西方古代绘画是偏向于科学的艺术，而中国古代绘画则是自然生态艺术；从透视角度来说，西方古代绘画是一种科学的焦点透视，而中国古代绘画则是特有的自然审美的多点透视；从美学原则来说，西方古代绘画追求具体形象与坚实结构，而中国古代绘画则追求形象之外的气韵生动；从创作原则来说，西方古代绘画遵循一种“镜子说”的摹仿原则，而中国古代绘画则遵循一种“外师造化，中得心源”的原则；从艺术目标来说，西方古代绘画着力于表现自然本身的美丽，而中国古代绘画则着力于呈现天人关系中的“可行、可望、可游、可居”，并进一步发展为“意在笔先，寄兴于景”的艺术风貌。报告引起参会者的强烈兴趣，参与讨论者甚多，发言热烈，气氛非常好。波雷教授与参会者认为非常成功，受到大家欢迎。

第二天，我在雷恩二大哲学院举办讲座，题目为《中西比较视野中的中国古代“中和论”美学思想》，讲座主要探讨了两个大的问题，第一是中国传统美学与艺术的特点；第二是中西美学与艺术的差异。在我看来，二者差异主要表现在：其一，不同的哲学前提，即古代中国的“天人合一”与西方古代的实体性哲学；其二，不同的民族情怀，中国古代是“以人文合天文”的东方古典主义，而西方则是“和谐论”的科学精神；其三，对于自然的不同态度，中国古代的“万物齐一”与西方的“逻各斯中心主义”；其四，不同的内涵，中国古代追求一种宏阔的人与自然之“中和”，而西方则是追求具体物质的“和谐”；其五，不同的侧重点，中国古代追求一种美与善的统一，期盼一种吉祥安康的生存状态，而西方则是强调美与真的统一；其六，不同的艺术范本，中国古代的艺术范本是诗与乐，而西方古代的艺术范本是古希腊的雕塑。

在我看来，造成上述差异的原因主要是地理环境、经济社会形态的不同，而这又导致中西方哲学诉求的差异，即中国古代的气本论生命哲学与西方实体性哲学诉求的不同。报告主要讲了中国古代的《周易》特别是《易传》与儒家代表性论著《中庸》，特别是《中庸》对“含而不露”之“中和”的论述：“喜怒哀乐之未发，谓之中；发而皆中节，谓之和。中也者，天下之大本也；和也者，天下之达道也。致中和，天地位焉，万物育焉。”这个报告引起雷恩二大师生广泛的兴趣，但也引起了在座听众的不解与讨论。有一位外国同学发问道："为什么'中和'是一种美呢？特别是'喜怒哀乐之未发''发而皆中节'，再就是老师举的中国古典美女图，含而不露，笑不露齿，微微含笑，既然想笑就应该大声笑出来，为什么不露齿呢，太压抑了。"如此等等。翻译认为，此次演讲的效果没有前一天讲中西绘画的效果好，而波雷教授则认为，西方人理解中国古代哲学与美学需要一个过程，相较而言，对中国艺术的介绍比较容易让西方人接受，我们以后不妨对西方人先讲中国古代艺术，然后再慢慢对其介绍中国古代哲学与美学。后来，我遇到一位在雷恩的中国学者，他也有类似的经历，他认为，可以找到与西方类似的理论讲，比如，中国古典哲学、美学与西方现象学有非常接近之处，可以通过比较二者来介绍中国古典哲学、美学。

这次法国的学术之旅，我受到了很大启发，特别是在关于中国文化在世界范围内的传播问题上。中国哲学与美学走出国门的道路可能会很长，但通过对话，中西之间肯定能够达到"同情的理解与逐步的接受"。离开雷恩，到达巴黎，我们参观了令人震撼的卢浮宫，并参观了埃菲尔铁塔，还逛了购物街。巴黎的城市道路相对较窄，街道的停车间距小得让人难以想象。特别令我惊讶的是，在传统文化与建筑的保护工作上，巴黎坚持严格保护、不做改变的原则，并几近达到了严苛的地步。离开法国，关于法国人所特有的文化与生活记忆长久地留在我的脑海中，难以忘怀。

加拿大之行

这部分回忆文章是我在遥远的加拿大所写的。当时，我正住在加拿大维多利亚市的 San Lorenzo 路的 1806 号的一层，这间房子其实有点像半地下室，但卧室、卫生间、工作室和客厅都齐全，条件不错。我的房东叫琳，是一位白人女性，在当地省环境局工作，她有两个孩子，有点混血的样子，很活泼，看见我们两个来自异国的老人很好奇。琳非常友好，尽量帮助我们解决生活上遇到的一切麻烦，但因为语言存在障碍，有时我们只能通过微笑来交流。周围的加拿大朋友看见我们头发白了还来留学，感到有点好奇，不免多看几眼。当时我马上就要 65 周岁了，我的生日就是在这异乡度过的。

即将要到 65 岁的我还来加拿大“留学”，这背后还真有点故事。2000 年 7 月，在全国的合校热潮中，山东大学也与省里的另外两所学校合并。按照省里的有关规定，我卸任了校长职务，回到教师岗位。当年，原国家教委主任朱开轩曾经有一个不成文的意见，就是多年从事教育行政的人员退下来后可以享受一年的学术假。在原教委吕福源、韦钰、王湛和外事司、基金委等多位领导和部门的关心下，我被批准到国外享受学术假一年，即 2001 年到美国的俄亥俄大学艺术教育中心去做一段时间的研究。正好我教过的77级学生王汉川在俄亥俄大学获得博士学位，又在那里安家工作。我曾经也与俄亥俄大学的格里顿校长见过两次面，格里顿校长亲自给我发了邀请函，他还为了我的研究工作，将一位退休的华裔图书馆长留用一年，以便于为我准备有关艺术教育的材料。当时，我也觉得一年似乎太长，但既然已经批准，那就试试看吧。

出国的手续非常繁杂，我与老伴每人交了好多手续费给美国使馆，填了许多表格，还要两位学校的朋友做担保，当时忙碌得好像真的能马上成行一样。我清楚记得，那是2002年的10月18日上午8时30分，我与老伴从北京大学出发到美国使馆门外。使馆规定门口不准停车，于是北大的车只好停在远处等我。因为是在外地预约的签证谈话，因此我们被排在300多号，而且使馆规定，排队的人不准拿包，我们只好将所有的材料拿在手中，站在凛冽的秋风中等待。我看到有许多年纪比我们还要大的等待探亲的老人，也有像巴特尔这样的文化和体育名人，都在排队。一直到11时，才轮到我们进入使馆内。我们开始以为马上就能谈话，但到里面拿到各种颜色的牌子，又到了各种指定的窗口再排队。而且窗口不大，里面传出的声音很小，一旦漏过恐怕又要等很长时间。因此，大家都不敢走远，甚至上厕所都得抓紧时间。一直到下午1时左右，终于轮到我们两人。与我们谈话的恰好是位华人模样的女签证官。她翻了一下我们的护照和材料，其实并没有认真看过，就问我们：“美国的生活费很高，你们的经费够吗?”我想，基金委给我出具的是一年 2.1 万美元的资助，学校怕有问题又给我出具了 9000 美元资助的证明，我是教育部文科重点研究基地主任，课题费也有 30 万左右。因此，我回答经费没有问题。但那位女士仍然误以为我们有移民倾向，而给以拒签。其实，像我们这样的情况，美国即使让我们移民，我们也不会移的，因为我们在国内有自己熟悉稳定的生活，而且移民后语言和文化的障碍多多，我们是绝不会到美国“找罪”受的。但美国人使用一种假想型推理，认为美国是世界上最好的国家，别人巴不得都要去。因此，美国人先推断你要移民，如果他们认为这其中还没有合适的排除理由，那便断定你就是要移民，就这样，我们被拒签了。

离开使馆已经是下午 1 点半，回到北京大学是下午 2 点。本来，北京大学主管外事工作的郝平副校长要陪我们吃午饭，但因回来得太晚，郝校长下午又有会，只好作罢。到了晚上，郝校长来电话说，北京大学外事部门可以专门为我的签证再和使馆沟通一下。我当时想，这种排队等签证的经历不仅身体上吃不消，精神上的屈辱也难以忍受，因此我便谢绝了。在行政工作期间，我主管过外事工作，同美国使馆打过多次交道，我也是接待过许多美国学者和外交官的。我想，拒签一个拿着国家和学校资助的、曾经任过大学校长并且两次到过美国的教授，美国可能是第一个这样做的国家，包括俄亥俄大学格里顿校长在内的许多美国朋友也都不能理解。

其实，从个人经历来说，在主管外事工作期间，我与美国各种官员和使馆人员都多次打过交道，而且曾经被美国美中关系全国委员会接受为中国教育部代表团之成员之一，也正式受到过邀请。我也曾经接待过美国驻华大使馆一秘，并直接处理过美国国家富布赖特项目所派教授的有关事宜。1991 年，当时按照中美两国协议，我校接待一位美国富布赖特项目所派的经济学方面的教授。这位教授在学生考试时有意地出了一道攻击我国出口劳改产品的题目。关于这个问题，面对西方某些人别有用心的攻击，我国政府曾经在有关白皮书中专门作了驳斥，因此，这位教授的教学工作是违反有关协议的。我了解到这个情况后立即与这位教授谈了话，批评他的做法，要求他改正，但他没有接受我们的意见，因此，我们就要求美国使馆将这位教授召回。但美国使馆表示，因为他的任职时间没有到，召回会产生负面影响，希望我们留下他，可以不给他安排任务。我们考虑到美方的实际情况，同意了这个要求，为此，美国使馆一秘专程来校表示感谢。我想，美国人可能是非常健忘的，那就让他们忘记算了。因此，我决定以后绝对不再到使馆门口排队，特别不再到美国使馆门口排队。这样，所谓到国外度学术假的事情就被搁置起来。

2004 年下半年，山大外事办公室主任刘永波同志觉得我不应放弃教育部给的这次机会，因此他主动询问部里我的出国学术假是否还保留着。部里回答，保留到 2005 年年底。之后，刘永波就主动帮助我联系了加拿大维多利亚大学，因为维大是我们学校的友好学校，他们的原任校长我见过两次，一次是在 1998 年 5 月 4 日北京大学百年校庆会上，我与维大的原任校长在校庆会后曾一起吃过饭，席间，校长问我江泽民主席在北大校庆会上讲话的意义，我当时答道，江泽民主席提出建设世界一流大学，表明国家在高等教育发展上将有新的重大举措。果然，其后，国家提出和实施了著名的发展重点高校的“985 工程”，使包括山大在内的一批高校受惠，在这一计划中，各个高校得到了新中国成立后从未有过的大量经费。北大与清华在连续两个四年内共获得 18 亿，教育部为山大先后投入了 6 亿，山东省为山大投入了 8 亿，这真是过去想都不敢想的数字。当然，更重要的是，这笔投入极大地提高了我国高校的地位与水平。另外，维多利亚大学语言系的林华教授是山东人，与我们都很熟悉，刘永波他们当时还接待过她。在环境与气候上，维多利亚可以说是全世界最宜居的地区之一，尽管其纬度较高，但处于西太平洋环流区，气候宜人。加政府对维市环境保护又非常重视，为了维护原生态环境，加政府拒绝了修建海底隧道以增加收入的意见，坚持使用轮渡与小型飞机运输，这样，来维市的人数得到控制，生态环境得以保护。因此，我决定到维多利亚大学访学。

访学的时间由原来的 1 年改为 3 个月，这样也适合我当时的情况。因为，当时我作为教育部人文社科重点研究基地主任，只允许在外活动 3 个月，而作为老人，长期在国外也真的很难适应。这样，我就将访学时间确定为 3 个月，并得到林华教授的邀请。

签证也不需要我们自己再到使馆去办，留学生服务中心即可代办。原来我们以为会很复杂，包括要查体等，因为我女儿当年到加拿大留学时就曾被要求查体，拍的肺片还曾送回加拿大检查核准。但这次却很快通过，使馆告诉我们8月底即可入境。8月底当然是加拿大最好的季节，但我当时的课还没有上完，而且有一个比较重要的业务会议要参加。这样，一直拖到10月下旬，我终于能够成行。时间就确定在10月28日，我们飞往温哥华再转维多利亚。10月26日，我与我的儿子曾巍坐火车去北京，老伴纪温玉则由我的学生张华专程到济南接至北京。第二天，10月27日，我们到留学生服务中心办理了出国的所有手续。但就在临走之前，因天气突变和饮食不当，我的胆囊炎犯了，肠胃不适，很不舒服。我真的担心此次难以成行，因此越发注意饮食。10月28日，一直起雾、下雨的天气反而转晴。中午12时30分，我们乘车直奔机场，到机场说明情况后，机场人员同意张华进去帮助我们托运行李。直到下午2时30分将一切手续办完，进入候机室，才知道飞机延误3小时。我们在候机的过程中还遇到了山大晶体所的祝老师，他是到温哥华探亲的，大家感到分外亲热并互相照顾。下午5时30分，我们开始登机，登机后，我们坐在第35排，是全机的倒数第4排。在飞机上不断地睡觉并适当地吃东西，以积蓄精力。因为飞机是逆着地球自转的方向飞行，因此我们到温哥华后“丢”了一天，仍是28日的下午2时。山大在中国驻温哥华使馆工作的小夏和小周两口子进入海关去接我们，还带着鲜花，又过来一位能说中国话的海关官员问了我几句例行的话，很顺利地就让我们入关了。小夏和小周很快又帮我们办理了下午 3 时 30 分飞维多利亚的航班，还帮忙托运了行李，我们乘加航的小飞机飞往维市，30 分钟后，我们到达了维市，并将行李提取出来，等待着来接我们的林华，但没有见到。我们其实在温哥华已经给她打了电话，但不知她当时走到了哪里。天色渐暗，细雨霏霏，这里将会成为我们未来要生活 3 个月的地方，是我们的“家”。

但“家”在何方呢？我不免有些焦急，我用自己的手机打了几次电话，都未打通。后来我拿出小夏给我的硬币，请一个当地人帮助我打投币电话，才知道林华正在路上。过了一会，一个穿着短裤、短衣的女孩，突然走过来问我：“你是曾教授吗？”我问她是谁，她说她妈妈是林华，在外面等我们。我们真的非常高兴，因为在某种特殊情况下，一切的希望就集中在一点上，这一点一旦呈现，你似乎就看到了所有的希望。在那一刻，找到林华就是我的希望。我们将行李推到车旁，车上全是女性，只有我一个男子汉，尽管年纪大了，但我仍然勉力将行李一件件搁到车上。开车后才知道，原来机场离我们住地有近 50 公里，车行大约一个多小时。下午 6 时左右，我们到了住地，将行李搬到家中。再乘车到林华家，吃了我们来加拿大的第一顿饭。

林华在加拿大已经 20 多年，她妈妈也来了 14 年，老太太是一个典型的胶东老太太，79 岁了，身体健朗。而那个穿短衣的女孩则是出生在加拿大，叫安基若，已经 10 岁，上 5 年级。饭后我们回到自己家，我在考虑第二天的生活，尽管我带了 6 包方便面，但也不能老吃那东西，于是我给山大化学系在这里读博士的小孙发了邮件，也请林华给他打电话，让他与我联系。果然，小孙来电话了，说第二天上午 9 时来我这里。第二天，小孙帮我们到超市买了够我们吃一段时间的食品。

来加拿大的前几天，我们时差似乎还没有倒过来，常常是半夜里醒来，白天则犯困。有一天，我们想出去走走，谁知又淅沥沥下起小雨。我们已经远离祖国 8000 多公里，时差 15 个小时，我们生活在地球的那一边，就像小品里说的，从祖国那里来看，我们现在是头朝下的。但我们的心与祖国是连在一起的。西谚说，一件事情顺利地开头就意味着成功了一半。我们的顺利开始，可能就意味着我们的“留学”生涯会十分顺利。

转眼间，在维多利亚市已经生活了两个多月了，这里是我在国外生活时间最长的地方。还有 3 个星期，我们就要离开这里了，充满依依惜别之情。可以说，到维多利亚市是我自己的选择。本来，像我们这种年纪的人外出，应该找一个有自己亲人或特别熟的人的地方，但在维多利亚，我既无亲人也无熟人，只是久闻其风光秀丽之大名。我们到该市，是通过山东老乡、维多利亚大学林教授介绍而来的，可以说举目无亲，除了靠自己，就是靠新结交的朋友。当然，我们非常幸运的是，有我们山大外办的小夏与小周夫妇作为后盾，因为他们在温哥华使馆工作。但毕竟隔了一个海峡，具体生活问题的处理还得靠我们自己。这一切好像有点历险的味道，我们对周围的一切都有一种陌生感和轻微的恐惧感。对此，一开始真有点担心。但两个多月的时间过去了，维多利亚以及我们在维多利亚的生活却给我们留下了难忘的印象。

维多利亚是一座美丽的花园城市，从城市的概念角度来看，它与中国是完全不一样的。我们中国城市主要就是街道和商场，高楼大厦，城市外面则是田园。维多利亚作为典型的西方城市，则是围绕着市中心，周边还有若干小的居住区。我们就住在离市中心还有十多公里的叫“高登哈德”的居住区。一座座独立的小房，星罗棋布，每座房都环绕着一座小的花园。没有一座房子是重样的，各有特色。维市是世界著名的花园城市，是公认的“最适合人类居住的地方”。当然，它也是著名的旅游胜地。它的纬度大约与我国的哈尔滨相同，却因特殊的太平洋环流，使其具有四季常青的气候。冬季的平均气温在 4 至 5 摄氏度。因此，即使是冬季，也还有常青的针叶林与青青的草地，红红的“圣诞果”挂满枝头，月季、桃花与一些不知名的小花也相间开放，不时还点缀着一蓬蓬白色的芦苇，真的一点也没有冬季肃杀的感觉，仍然是一片生机。

维多利亚市位于加拿大西南的维多利亚岛最南端，人口约 32 万。它与温哥华隔着乔治亚海峡，两处大约需要一个半小时的航程，这也成为维市的旅游项目之一。据友人相告，这是加拿大有意不修跨海大桥和隧道而保留的项目。因为这样，不仅提高了就业率，而且保证了维市的治安。据说，整个维市，大的治安案件一年也可能就一起。由于交通的原因，犯罪分子到岛上不便利，即使作了案，也基本逃不出去。所以，整个维市可以说是“夜不闭户，路不拾遗”。我们没有看见一家安装防盗门，我们的房东有时晚上大门都没有关好。有一天，我们从外面回来，因为忘了带钥匙，便将背包放在门口，出去溜达，以便等房东回来。40 多分钟后回来，东西仍然放在门口，安然无恙。

维市只有旱季与雨季两个季节，每年的 4 月至 10 月为旱季，10 月至第二年的 4 月为雨季。我们来此，正值雨季，几乎每天晚上下雨，第二天却又天晴。这里人口稀少，整个维多利亚岛与我国台湾地区一样大，但人口只有 70 万，仅维市就占了 32 万，因此到处保留着自然的原生态，大片大片的森林，河流湖泊，天是湛蓝湛蓝的，特别的洁净，几乎每一处地方都如油画般动人。人与动物自由和谐地相处，不仅到处都有维市特有的红嘴白色海鸥，还有各种其他鸟类，松鼠、野兔与野鸭也到处可见。有时，野鹿还会走进人们的院子，或在路上出没。这里的空气特别清新，水也洁净，自来水即可饮用，而且特别甘洌。

维市始建于 1862 年，迄今也就 100 多年历史，却给人一种古朴的感觉。街道基本保持原样，没有大的改变，市中心几乎每处都保留着历史的痕迹。主要景点大都围绕内港展开，在政府大道四周。一走进市中心，首先映入眼帘的是古朴的议会大厦，典型的英国风格，1879 年完工。与其相对的女王饭店，是当时年轻的建筑师法兰西斯・罗顿贝利所造。议会大厦主楼五层，并有两座卫楼，典雅庄重，每周对外开放几天，并附有世界主要语言文字的介绍材料。女王饭店则是英式生活方式的反映，连带其周边的小街，飘着淡淡的咖啡香的小店与慢悠悠品味咖啡的人们，使人仿佛感到历史倒退到19世纪的欧洲。位于主街道道格拉斯街上的雷鸟公园是加拿大原住民印第安文化的象征，那里耸立着被黑格尔称为象征艺术的印第安图腾和矮矮的木屋。

有人说，到维多利亚不去宝翠花园，等于没到维多利亚。这仿佛我们山东人说没到灵岩寺就等于没到泰山一样。许多朋友见我们面的第一句话就问："到宝翠花园去过没有?"宝翠花园距城区21公里，1921年才完全建成。它原本是商人布查德开采石灰石以便烧水泥的工场，热爱园艺的布查德太太后来在采石场上有计划地广植花木，逐步将其建成为著名的园林。花园由英式、日式、意式、隐蔽式、春之序曲与星池园六个主题花园组成，到处繁花似锦，绿草茵茵，流水潺潺。据说，现在每年有几百万人来参观，旅游收入每年几千万美元。由一个采石场发展到旅游胜地，真是化腐朽为神奇，不仅反映了创意者的经济头脑，而且也充分表现了加拿大人对生活的热爱和环保意识。那天，小夏、小周专门从温哥华赶来陪我们参观宝翠花园。虽是雨季，又将近傍晚，但园内的胜景，仍给我们留下了深刻的印象。在我们即将离开维市时，又由新结识的张先生开车带我们到维市的道格拉斯与托尔米两座山去参观。那天，风特别大。张先生夫妇搀着我们，勉强爬到山顶。在托尔米山顶，张先生告诉我，下面就是维市的水库，主要储存雨水，净化后用作维市的自来水。道格拉斯山不高，山顶有一个特地设计的方位图，标记着由山顶到温哥华等著名地点的直线距离，颇有创意。那天我们来到维市海滨时，正值狂风大作。但这时，有一个景象吸引了我们。那就是海鸥居然能迎着这么大的风飞翔，它那搏击飓风的雄姿真的令人感动，我的老伴立即将这个情景抓拍下来。

加拿大还有一个特有的奇观，即每年10月到12月的鲑鱼（通常所说的三文鱼）从海上回流产卵。2004年11月12日，正好是星期六，山大在此做博士后的小单约我们去欣赏这一奇观。他开车带我们来到离维市30多公里的一个峡谷处，名为金溪省属公园。走进深深的峡谷，四周全是原始森林，下面则是潺潺的小溪。这条小溪通向大海，鲑鱼就由此游入小溪，产下它的卵。整个产卵的过程颇为悲壮，雌鱼到小溪里的一处，然后用身体撞击泥土，直到撞出一个小坑。此时，鲑鱼已经是遍体鳞伤，但就是为了这个有利于自己的子女繁育的小坑，它们付出生命代价也在所不惜。然后，雌鱼就静静地待在坑边，慢慢地将卵产下，但它并不离开，而是守在旁边保护自己的子女，而雄鱼则守在雌鱼旁边保护雌鱼，它们就这样一直到死。我们看到，整个小溪到处都是完成产卵任务后死去的鲑鱼尸体，数量之多颇为惊人，每年此时都是海鸟与熊进补食物的最好机会。据说，每头熊在这个时候能猛长10多公斤。这真是一出动物亲子之爱与爱情之共弦的悲壮无比的悲剧，感人万分。据小夏说，温哥华也有类似的奇观，不知是否只有在加拿大才能看到这种奇特而惊人的场面。

维多利亚之美更在于这个城市人民的友好与较高素养。在马路上碰到的任何人，他们都会主动地向你问好；有什么事情需要别人帮助，也会很快地得到肯定的回应。有一次，我们到唐人街附近找一位朋友，当我将地图打开查看时，立即有一位男子从很远的停车场走过来主动为我们指路。那天，我们从唐人街返回，一时找不到直通我们住处的28路车站，询问在另一个车站准备乘车的一位行人，他立即起身陪我们走过一条马路，送我们到28路车站，然后自己走回乘车车站。在公共汽车上，人们对老人、残疾人与带孩子的妇女都特别关照。只要有一个人没有坐稳，没有下好车，汽车绝对不会开动。维市对狗的管理也很到位，这是当时国内香港等城市都无法相比的。我住处的左右两家邻居各养了一条狗，有一天上午，左边邻居家的黄狗在随主人出来时对我狂叫，扑了过来。下午，右边邻居家的黑狗又对我狂叫，也扑了过来。当然，虽都没有造成伤害，但已经够让我提心吊胆的了。我将这个情况对房东琳说了，后来就再没有发生类似情况。马路上所有遛狗的人都将狗牵在手上。我还听说，所有的养狗者都要进养狗学校，进行必要的培训和教育，并有明确的法规约束。这些事情听起来真的很感人，在维市却极为普通平常，这充分反映了加拿大社会的文明程度，说明现代化应该首先是人的现代化，是人的素质的提高。

维多利亚是个安静的城市，我没有看到人与人的争吵与斗殴，所听到的社会矛盾也不是很尖锐。据说，这与加拿大所实行的政策有关。我们还看到的是，这是一个比较成熟的社会，采取了许多政策来调剂人们的收入。例如，它采取高税收政策，收入越高税越多，而所有的购物都要交税。另一方面，对于弱者、贫者，则有许多倾斜照顾政策。比如，只要在加拿大住满10年的年过65岁的老人每月都有不少于500加元的补助，而单身老人则有接近1000加元的补助。在住房等方面，对于老者、贫者、弱者也有许多倾斜政策。所有的公职人员在养老与医疗保险方面都有非常好的保障政策。因此，生活在这里的人们心态比较平和，大家都对自己的现状比较满意，而且能比较清楚地看到自己的未来。我觉得，这些都是值得我们学习与参考的。

这次出国访学，我利用这个难得的机会基本完成了从国内带来的两个项目的统稿工作，看了几本重要的原著，写了几篇文章，而且也思考了一些问题。当然，一下子从国内的繁忙工作中突然转到这么安静的环境，一开始还真的不太习惯。现在看来，有这么一段休整的时间真的太必要了。另外，非常重要的是，让我有机会多少体验了一下留学生的生活。虽早在1987年，我担任山大教务长时就主管全校教师的外派出国工作，但我自己从未真正体验过留学生活。而且，当时我已经65岁了，是作为普通访问学者来到维多利亚的。从生活到工作，乘车出行、购物、打电话、到银行取款等，许多在家里都不成问题的事情都要自己去办理，或者找朋友帮助办理，这真的不仅是一种锻炼，而且也是一种全新的体验。当我背着双肩包在费尔维超市买完菜走在费尔逊马路上时，我真的体会到了一个普通留学生和访问学者的生活，因此同那万千艰苦奋斗的海外学子的心靠得更近了。这是我一生中一次难得的体验，对我此后的人生产生了影响。这也是我对维市这3个月生活非常怀恋的重要原因。

当然，更重要的是很怀念这3个月中在维市结交的新朋友。维市有多少华人，我们没有统计，据说有2万华人。我们这次在自己的接触范围内了解到这里的一个比较大的华人社交圈子。这个圈子是以20世纪80年代初到维多利亚留学的几位女士为核心的。其中，屠女士是20世纪80年代初在维大社会学专业学习，毕业后留在这里的政府部门工作，后来她的丈夫何先生也来到这里。他们自己开了一个建筑类的公司，买下市内一座占地十多亩、面积500平方米的有百年历史的花园洋房。据说，这座房子曾经是一个贵族建筑，后来贵族送给自己的女儿。他们将这座建筑买了下来，进行了开发。目前，他们将这座建筑作为以中国人为主，也包括部分西方人的举行派对的场所。我们一共参加了两次，第一次是以为何先生的母亲过生日为名义举办的派对。参加的人员有50多人，食品主要是何家准备的，参加者也自带一些食品。自助式晚餐后，就是舞会与卡拉OK。卡拉OK唱的大都是《十五的月亮》《少年壮志不言愁》《涛声依旧》《军港之夜》《大海啊，故乡》等国内流行的歌曲，明显反映出这些人的家国之思。第二次是元旦的晚上，大约有70多人在小屠家聚会。这次有三个活动单元，一个是舞会，一个是卡拉OK，再一个是几个学习钢琴的孩子进行钢琴演奏。大家都非常投入，聚会气氛热烈。

与小屠家相邻的一位叫李的西方人，他母亲96岁生日时，我们被邀参加。这次没有晚餐，只是晚会，但也有点心与饮料招待，比较西式，唱了好多首西方人祝福生日的歌，甚至还唱了加拿大国歌，然后就是舞会。这位96岁的老太太发表了两次表示感谢的讲话。有人以为西方人不注重家庭，其实是不完全对的。西方人对子女的教育和要求与中国人有很多差异，但他们同样是重视家庭的。这位母亲的孩子们都对老太太很好，在生日聚会上，她的儿子特地请母亲一起跳了一曲舞。李的兄弟姐妹们也都来祝福。李是一个很大的超市的主管，他在小屠家的晚会上认识了我们，就邀请了我们。老太太对我们也特别友好。我们还有幸认识了在维市非常有名的陈博士。这位陈博士在1966年获得美国印第安纳大学生物化学博士学位，1974年被选为英国牛津皇家显微学会终身研究员。同时，他也是造诣颇深的神学家与哲学家，对中国传统文化情有独钟。他曾著有《中庸辩证法》《中庸经济学》《英译老子道德经》等多种著作。他于1983年在维多利亚创办了一所以弘扬中国传统文化为宗旨的“加拿大中华学院”，以自己的微薄财力与良好信誉发展中医、经贸等专业，吸纳中加青年，研究中国传统医学与现代经济，为中加两国特别是中国培养了许多有用之才。那次，他专门邀请我参加他为国内湖北武汉市干部培训班所作的有关中西文化比较的演讲。演讲中，他的爱国情怀时时溢于言表。特别是，那天陈博士重感冒，却不顾疾病为国内学员讲课，真的令人感动。在我们走前，我与老伴又专门到他的住处看他。逼仄的住处与极为简单的生活，对于年轻人来说都难以承受，却是一位年已 76 岁的老人长年的生活条件。就是在这样的条件下，他 20 多年来为祖国培养了大量人才，现在仍在为国内的干部培训操心，令我们深受感动。

除了帮助我们安排生活的林教授外，还有许多中国朋友给予我们无私的帮助。莫里森学院的孙老师几次请我们到家里吃饭，包括请我们吃圣诞火鸡，又帮助我妻子买衣服。山大在维大的几位留学生，其实原本在学校时并不认识，是来后才认识的，但他们将我看作他们的老师和长辈，帮助我做了许多事情。甚至第一次见面的孙老师的亲戚张先生和姚女士，也是一见如故，利用假期开车陪我们参观。因此，我们感到恋恋不舍的是维多利亚的朋友们，特别是那些华人同胞朋友们。我们都是炎黄子孙，都是喝着黄河与长江的水长大的，有着共同的文化的根。他们虽然在异国他乡扎下了根，但他们不还仍然有着一颗跳动着的中国心吗?人们常说，萍水相逢。真的，由于偶然的机缘将我们带到维多利亚这片土地上，使我们与这么多华裔朋友相聚，即使也许这就是我们的最后一次，也是唯一的一次相逢，匆匆相遇，亦终生难忘。我们衷心地祝愿他们永远怀着一颗十分难得的中国心在维多利亚这片美丽的土地生根发芽，幸福安康。再见，美丽的维多利亚；再见，善良的同胞们、朋友们！愿维多利亚早升的太阳给我们可爱的祖国带来和平，也愿它带着祖国的祝福温暖万千海外赤子的心。

墨西哥之行

对我来说，墨西哥真是一个非常陌生的国度，我觉得它距我们有两三万里，在那里有着神秘的玛雅文化与印第安文化，我几乎从未想过有一天我会到神秘的墨西哥去。但这种“从未想过”在 2006 年 1 月底变成了现实。因为我的女儿在加拿大读书期间，与她的墨西哥籍同学从相恋走向结婚，毕业后，他们都在墨西哥工作，而且决定在我们赴加拿大访学期间举办隆重的婚礼。按照墨西哥风俗，女孩婚礼时必须要有父亲挽着女儿举行婚礼，这样，我们为了女儿也必须得去墨西哥参加婚礼了。墨西哥对我们而言的确十分陌生而遥远，所以尽管已经身在加拿大，但我们对墨西哥之行仍然感到忐忑不安。不仅怕此行旅途过于艰苦，我们两位 60 多岁的老人难以承受，而且对于从冬季的加拿大飞往夏季的墨西哥这件事，我们也感到十分担心。就在这样的担心中，我们办理了赴墨探亲的签证并预定了机票。当时，因为中国与墨西哥之间还没有航空协议，所以从墨西哥的往返都需要经过第三国手续，而且需要办理过境签证，这一系列手续是很麻烦的。我们先到温哥华办理到墨西哥探亲的签证，然后在维多利亚预定飞墨西哥的机票。考虑从美国过境的签证办理难度更大，于是我们还是决定回国时仍从温哥华过境，但到墨西哥后还要办理签证。机票则是购买的日航班机。直到2006年1月中旬才将机票搞定，只等届时飞赴墨西哥了。

2006年1月26日上午9时，我和我的老伴由加拿大的温哥华乘日航班机直飞墨西哥，飞行时间为5个小时，加上时差，我们于当天下午6时多到达墨西哥城。墨西哥是一个非常著名的旅游胜地，入境的旅客较多，我们就在外国人入境处排队。等到我们入境时却被海关卡住，让我们到一个小屋里等候。这间屋里已经进满了人，有一些中国人，主要是香港人，据说要等待谈话处理，海关不让大家离开小屋，门口由一名女警官看守，小屋里面正在放着一部成龙的武打片。一批一批的人出去谈话并离开，就是没有叫到我们，当时真的是焦急万分。于是我就拨打女儿的手机，也没有打通，又按照女儿的嘱咐给她家里打电话，还是打不通，于是我就将女儿的电话告诉那位女警官，告诉她我的女儿女婿在外面等待我们。这时，警方让我们过去，一位地位较高的警官与我们谈话，但因为语言障碍，我只听懂了一句话“温哥华”，于是我们只好回到小屋再等，屋里的人已经不多，我们真的心急如焚。这时有一名女警官走过来告诉我们，女儿正在办理有关手续，等一会儿我们就可以出去。等了大约半个小时，才让我们入关。我们跟着走过去，才发现我们的行李已经被放在一旁，但其中一个箱包的拉杠被弄断了，还让我们打开所有的箱包进行检查。

我们总算出了海关，整整耗费了三四个小时，真的特别疲劳。出来时已经是晚上 10 点多，比我们晚到的女儿的加拿大同学也已经等在外面。后来女儿说，出关程序烦琐是因为使馆寄给我们的一张小条没有给海关，其实这张小条就在我的书包里，我真的不知道这张小条是做什么用的，而且海关官员也没有讲清楚。海关让我们的女儿和女婿交了 80 元加币的罚款才放我们入境。后来我们在旅游时遇到几位北京来的游客，他们说他们也被扣了 3 个小时，就是因为没有交那张小条，因为既然已经有签证了，那张小条就没有什么用处，如果有用，使馆就应订在护照上。晚上 11 时，我们才回到女婿家中。

女婿一家为墨西哥城本地人，他的父亲是一位商人，目前住在别的城市，母亲是银行职员，现在退休在家。他母亲自己住在一幢自建的两层小楼里，有一个小的院子，而且养了一条看家的狗。因为听说我怕狗，早就将狗拴了起来，但这条狗仍然不停地狂叫。墨西哥几乎家家养狗，晚上一家狗叫，许多狗也都跟着叫起来，形成了一种极为烦人的狗的“合唱”，此起彼伏。女婿母亲尽管退休了，但在各种保险之外每月还有一千美元的收入，日子过得还算可以。据我们的感受，墨西哥的消费还是比较高的，食品相对较贵，但如果自己做饭则相对便宜。他们家住在机场不远处，因此我们很快就到了，到后简单地吃饭和洗漱后，就躺下休息了，因为真的太累了，加上早晨又起得早，折腾了整整一天。

我躺下后却难以入眠。因为墨西哥城尽管纬度靠南，但有 2259 米的较高海拔，因而晚上气温较低，我们在加拿大是在温暖的空调环境中生活的，在这样的反差下，感觉特别不舒服。加上住地的更迭、外面的狗叫、过海关时的延误等，这一天经历的一切真的让人辗转反侧，无法入睡。只在天快亮时睡了一小会儿，叽叽喳喳的麻雀声将我们从迷迷糊糊的睡梦中吵醒。

墨西哥城有将近 2200 万人口，面积有 1525 平方公里，号称世界第一大城。它地处群山包围的盆地之中，海拔较高，是明显的大陆性气候，中午与早晚温差较大。它原是古代阿兹特克帝国的都城，16 世纪被西班牙入侵，1821 年墨西哥独立后，墨西哥城又成为其首都。墨西哥整个国家有一亿多人口，百分之九十的人口是印欧混血人种，墨西哥的文化结构也是由印欧文化所合成的，但又保留了更多的原住民文化。“墨西哥”一名就来源于阿兹特克人传说中太阳神“墨西特尔”，所谓“哥”则是“地方”之意，这就是“太阳神指定的地方”。它的国徽的中心图案为一只站立在仙人掌上，嘴里叼着一条蛇的雄鹰。据传，当地的阿兹特克人得到神的启示：在鹰叼着蛇站在仙人掌的地方定居下来，民族一定会兴旺。于是他们来到一个蓝色的咸水湖边，湖中有一块褐色岩石，岩石上长着一棵绿色仙人掌，其上停着一只雄鹰，雄鹰嘴里叼着一条扭动着的蛇。于是，他们就在该地定居下来，并建设了城堡，此地发展成墨西哥城。国徽图案下饰有橡树和月桂树叶，象征着力量、和平与忠诚。

墨西哥城有着很浓厚的文化氛围，活跃着包括天主教文化、印第安文化与墨西哥的独立文化等多种文化形态。天主教文化主要表现在天主教教堂上，墨西哥城的主教堂（Catedral Metropolitana de la Asunción de María）是在印第安人神殿即金字塔的基础上建造的，建造过程历时 250 年，1823 年才正式完工。该教堂肃穆庄严，金碧辉煌。我们去参观时，教堂正在整修，因为下面金字塔的下沉造成教堂倾斜，需要加固地基。当时教堂里面正在进行宗教活动，但允许游客静静地参观。墨西哥的主要宗教是天主教，多数人信奉天主教。而著名的国立人类学博物馆（Mexico National Museum of Anthropology ）则主要展出西班牙占领前的印第安文化。博物馆是由一位著名的墨西哥建筑师于 1964 年所设计的，为二层结构，三面为展厅，中间有喷泉。一楼展厅共 12 个展室，是用来展览西班牙人占领之前的印第安文化的，是展览馆的主体部分，游客主要是参观这一部分，展览馆以充足的实物与模型展示了印第安人古老的历史与相当程度的文明，他们特有的生存方式，一点也不比任何其他民族“笨拙和野蛮”。作为一种在历史上生存的特有的民族与生存方式，他们有权利坚持既有的生活轨道。特别当我看到印第安人特有的历法时，那种对天文、地理与农业生产规律的总结，仿佛使我看到了中国的古代历法，有着某种亲切之感。

墨西哥城还保留了许多 1821 年独立过程中的以及其后许多革命的历史文物。其中独立纪念碑坐落在墨西哥城最大的街道上，高耸入云，表明了墨西哥人民从西班牙统治者手中争得民族独立之后的自豪与骄傲。再就是著名的革命纪念碑，该纪念碑从1900年开始建造，1930年开始将著名的革命领袖安葬在内，以供广大人民瞻仰和怀念。

墨西哥城中还有世界闻名的地铁，这是世界上最长也是最便宜的地铁，只要花2个比索（实际上比2块人民币还要便宜）就可以在地铁里畅行无阻。我跟着女儿乘了一次地铁，我女儿说，到了墨西哥如果没有乘地铁那就等于没有到墨西哥。地铁实际上是墨西哥人最主要的交通工具，普通老百姓大都是乘地铁上下班的。每天早高峰时地铁是非常拥挤的，为了维持好秩序，早晨的地铁将男女乘客分开，这也许是对女性的一种照顾与保护吧。我跟着女儿在地铁里乘坐了好长时间，中间转了两次车，每次转车都要在地铁站里走好长时间，大约花了一个多小时我们才到达贸易中心，而我女儿去公司上班也要花费与此差不多的时间。那时是下午的6点多钟，正是人们下班的时间，果然乘车的人很多，地铁里人来人往，非常拥挤，好像也不太安全，但广大的工薪阶层都是依靠这种交通工具代步的。由此，我也进一步理解了普通墨西哥人生活的艰辛。

墨西哥城特别大，城市结构也特别复杂，既有豪华的富人区，也有困顿的贫民区。我们因为好多天吃的都是墨西哥食物，以肉食和辣味为主，诸如三明治、汉堡包、鸡汤等，有点倒胃，真的感觉有些吃够了。为了调剂我们的生活，女婿就在一天晚上带我们到墨西哥的唐人街去吃中餐。结果发现唐人街就在一个非常破烂的贫民区，到处是破败的房屋，马路高低不平甚至坑坑洼洼，汽车根本开不进去，我们只好将车停在很远的地方，再走着去找餐馆。走了半天，好不容易找到中餐馆区，一共只有三四家餐馆。我们找了一个略微好一些的餐馆，进去后发现厨师原来是浙江人，我用上海话与他攀谈了几句，颇有故乡人的亲切感，厨师答应给我们做较为正宗的中餐。虽然做出来的无非是麻婆豆腐、鱼香肉丝、红烧里脊、红烧鸭子、炝锅面之类很普通的菜，但我们吃得分外香甜。这顿饭可以说是我们到墨西哥后吃的最香的一顿饭，但唐人街的环境却是非常非常差的，我们在这里看到了墨西哥城贫穷的一面以及华人生活的艰辛。墨西哥城由于发展重化工产业，加上盆地地形，空气难以流通，因而这是一座污染很严重的城市，我们从外面返回墨西哥城，从高处看去，城市笼罩在一片烟雾之中。墨西哥城里的人常常得一种红眼睛的病，这就是严重污染导致人的眼睛出现某种感染。

2006 年 1 月 27 日至 28 日，我们到距离墨西哥城东北 200 公里的普埃布拉市（Puebla）参加女儿的婚礼。“普埃布拉”在西班牙语中是“仙女”的意思。传说中，普埃布拉市在建造当地的一座教堂时，匠工们无论如何都无法将教堂的大钟搬到钟楼上去，因此非常发愁，结果他们对宗教的虔诚感动了上帝，经过一个晚上，上帝派仙女将大钟搬到了钟楼上，因此人们就将这座城市称为“仙女之城”，即为普埃布拉市。我们在该城的主要街道上看见有关上述故事的雕像，留下了深刻的印象。这是一座非常美丽的城市，到处是郁郁葱葱的热带草木与花儿，绚丽夺目，花香扑鼻。这里的鱼是非常闻名的，我们的女婿曾经请我们在当地最有名的鱼馆子里吃了一次鱼，果真味道与中国不同，特别是佐料，别有风味，而在墨西哥的一座小城与当地的人们一起就餐，也是别有一番风味。人们都回过头来看我们，感到非常好奇，可能很少有中国人在这里就餐。

普埃布拉同样是印第安文化与天主教文化交汇的一个城市，但也明显地体现出天主教文化压迫印第安文化的痕迹。普埃布拉市最重要的文物和代表性建筑是天主教堂，而且有好几座著名的天主教堂。最著名的是普埃布拉天主教堂，建成于1532年。该教堂两个钟楼高69米，是墨西哥最高的钟楼，加上教堂本身就建在一座山上，钟楼傲立向上，巍峨挺拔，给人以神秘之感。许多信徒从山脚开始用双膝跪着往上爬，到了圣殿后，更是跪着爬向基督教堂，进行祈祷，足见其虔诚。我们在教堂顶上可以俯瞰整个普埃布拉市。而这个普埃布拉大教堂所在的山下则遍布着印第安文化的痕迹，这已经是墨西哥的普遍现象，即天主教文化是压在印第安文化之上而建造的，墨西哥城如此，其他城市和地方也是如此，足见当年殖民主义者试图消灭原住民文化的图谋。我们就在普埃布拉天主教堂下面看到了后来发掘出并加以保留的印第安文化遗址，而当年印第安人的生活区、活动广场，都被掩埋在地下，据说当年西班牙殖民主义者疯狂地摧毁印第安人及其文化，普埃布拉就是历史的见证。山下有一个当地人的市场，出售各种当地的工艺品与食物，很有特点。

2006 年 1 月 28 日下午 1 时，女儿的婚礼在天堂教堂隆重举行。天堂教堂也是普埃布拉一个非常重要的教堂，但历史比普埃布拉天主教堂要短。在这样的教堂举行婚礼也需要提前好长时间进行预约，而且费用也比较高，但相对于墨西哥城则要便宜得多。我女婿是在普埃布拉上的大学，毕业后的一段时间也在普埃布拉工作过，他对这座城市比较有感情，因而他们就将婚礼定在这座城市的这个教堂。我女婿的父亲、兄嫂以及其他亲戚都从不同的城市赶了过来，大家住在一个名叫塞尼奥莱（Hotel Posada Seneoral）的旅馆里，这个旅馆看起来有一些历史，比较古朴，院内种满鲜花，环境不错。我女儿的家并不在普埃布拉市，但结婚时，新娘也要从一个作为娘家的人家出发，这倒有点像中国人结婚时的风俗。我女儿是在女婿的一位球友家出发的。所有的人都在教堂外面等待载有新人的汽车，等汽车到达后，新人夫妇、娘家与夫家的亲属，一起缓步走进教堂，女婿与他母亲在前，我挽着女儿在后，其他人鱼贯而入。进入教堂后，各人都坐在指定的位置上，然后由主持婚礼的牧师宣布婚礼开始，发表婚礼演说。牧师主要是按照宗教仪式，发表有关讲话与祝福，再由新郎与新娘宣誓。牧师询问新郎与新娘，是否无论现在与未来、健康与疾病、顺利与困难，都将永远相爱，二人作肯定的回答。之后，我和老伴去帮助他们挂上一种象征永远相爱的珠链。最后，新郎与新娘，以及双方父母都在有关结婚文件上签字，仪式结束后，大家一起合影留念。

下午3时，婚宴正式开始，父母们与新郎、新娘坐在主宾席，女婿的父母与哥哥都发表了简短的讲话。之后开始上菜，虽然菜品都是墨西哥风味的西餐，我们有点不太习惯，但婚宴的烹饪水平是较高的。宴会还专门请了乐队，在大家用餐之时奏乐，这是一个水平非常高的乐队，他们不仅能演奏墨西哥乐曲，而且能演奏其他国家的乐曲。婚宴过后则是舞会，墨西哥人特别能跳舞，节奏感特别强，我女婿的一位舅舅，是一位干瘦的老人，但乐曲奏起即能翩翩起舞，节奏与舞步都很合拍，非常引人注目。我的老伴平常就喜欢跳交谊舞，所以参与得很好，我仅仅能勉强跟上步伐而已。跳舞间隙还伴有歌唱表演。墨西哥婚礼的热闹与欢快，让人印象深刻。

返回墨西哥城的第二天，即1月29日，女婿伊万即开车带我们到墨西哥南部临近危地马拉的恰帕斯州去旅游，途经苏米德罗大峡谷（Cañón del Sumidero）。我们先沿河欣赏了热带风光：河水激荡，河边栖息着的鳄鱼与其他热带野生动物，数量之多，非常惊人。之后，我们乘船到一座小岛上，在那里吃饭。吃过饭后，我们又到了著名的蓝水瀑布，据说这个瀑布是墨西哥著名瀑布之一，可能因为石灰岩的反射作用，所以瀑布整体呈蓝色，如流动的天幕，直落悬崖，其声轰鸣，震耳欲聋，据说，前不久一位游人不顾危险，走近瀑布，瞬间被激荡的水流冲走。之后，我们又前往美丽的山湖（Lagos de moutebell），此湖也呈蓝色，这是湖水富含矿物质所使然，我们乘木排游湖，女婿则在湖中游泳，大家还在此吃了湖中特产的一种鱼，别有一番风味。我们晚上从山湖返回，下榻在图查特拉市。

第二天，我们又前往玛雅文明遗址——帕伦克（Palenque），看到依壁而建的玛雅文明之金字塔与没有人烟的房屋，层楼重叠，仿佛那里还有人居住，但其实早就渺无人烟。这些建筑似乎在低诉玛雅文明当年的繁华。据说，玛雅文明突然间的消失与生态的被破坏有关。中午，我们途径琥珀之城圣克里斯特瓦尔，并在那找了一家中餐馆吃了午饭，在遥远的他乡居然还有卖扬州炒饭的中餐馆，这让人感到十分亲切。不过，为了迎合墨西哥人的口味，这家中餐馆放了很多辣椒，中餐味道少了许多，但这总比玉米加肉的墨西哥饭要好很多。饭后，我们回到墨西哥城。

2月1日早晨，我们乘日航途经温哥华、东京，回到了北京。在墨西哥城时，我怕转机较多，行李会搞错，专门与机场乘务人员说明我们目的地为中国北京，但墨西哥机场仍然将我们的行李发到温哥华。我登机后不放心，专门询问机组乘务员，日航乘务员非常负责，帮我查询后发现我的行李果然被发往温哥华，于是乘务员决定到温哥华后立即帮助我们处理，将行李再转发到北京。在历经20多个小时的飞行后，我们终于顺利回到祖国。

香港学术之旅

我在中国海洋大学工作时，居住在美丽的海港城市青岛，每天吹拂着温暖的海风，呼吸着由海上飘来的湿润空气，感觉特别心旷神怡。因此，我非常喜欢唱一首叫《东方之珠》的歌。青岛确实是我们祖国的东方之珠，香港同样也是我们祖国的东方之珠。我曾经到过香港五次，最后一次则在香港居住了 3 个月，真正地领略了这座美丽海港城市的全部神韵。英国女王曾说，香港是她皇冠上的一颗宝珠，但我们要说，香港是祖国母亲血肉之躯不可分割的组成部分，香港人是我们的同胞。那美丽如画的维多利亚湾，那闻名遐迩的山顶公园，那碧波荡漾的浅水湾，那亮如白日的旺角与铜锣湾夜市，还有那情深意切的香港人民，都常常萦绕在我的心头。香港，在我心中是祖国的东方明珠。

我第一次到香港是在 1989 年 5 月中旬，主要是为了借道去韩国，因为那时我国与韩国还没有建交，因此去韩国必须取道香港。而按照山东大学的历史传统与地理优势，我们将与韩国的学术交流作为对外学术交流的一个重点。那时，我作为副校长协助校长分管外事工作，为了尽快开展与韩国的学术交流，我们在与韩国没有外交关系的情况下，就展开了同韩国成均馆大学与仁荷大学之间具有实质性的学术交流。这次访问是成均馆大学与仁荷大学的校长分别邀请的，我们决定赴约以便进一步推动中韩学术交流的深度发展。但进入韩国的程序非常复杂，首先需要我国政府有关部门的同意，接着需要韩方同意并发来邀请，然后再经香港海关同意才能过境。但这个过境同意的文件还不能直接寄过来，而是需要有一位能够进入香港的朋友，将文件带出香港，再转交给我们，这一系列流程真的复杂极了。

我们于 1989 年 5 月 15 日抵达深圳，住在那里等一位台湾的朋友将香港海关的同意函送过来，之后才能从香港入关。我们一直等到 5 月 18 日，这个同意文件才办好，当天，我们通过罗湖口岸进入香港。在罗湖海关，因为我们是从内地来的，而且又要过境到韩国，所以海关对我们的盘查特别严格，我们被带到一个特殊的屋子里等待证件的验证，一直等了近两个小时，之后海关又仔细检查了我们的行李，这才放我们过关。就此我感到，我们要进入香港这一块中国自己的领土，竟然比到国外还要难。

进入香港后，我明确感受到了这座城市的繁华，其现代化程度很高，地铁、火车、公共汽车等十分便捷的交通给我留下了深刻的印象。另外，九龙与港岛空前的富裕繁华也让我难以忘怀，每天晚上，中环、湾仔与铜锣湾等地灯光明亮，如同白昼，在我看来，当时的上海与北京都无法与之相比。当然，那时香港的殖民地色彩也给我留下了不太愉快的记忆。比如，香港通用语言不是英语就是广东话，而我们内地来的人与香港人很难沟通。另外，在当时人民币不可使用，我们每人出来只带30美元，大家根本就不敢花钱。

当时山东籍的蒋震先生请我们几位山东来的朋友吃饭，有一位朋友就表示说自己不能去，因为当时没有说来车接，他自己没有钱乘车。我就跟他说，我们乘地铁，我来请客，因为地铁才花5个港币，我想没有什么问题。这位朋友才决定出席蒋先生的招待会。回来的时候是蒋先生亲自开车送的我们。现在想起来，这都是很好笑的事情，但当时就是这样无奈。当时在香港街上买东西，商家一听客人讲普通话，就会看不起，认为我们没有钱买东西，虽然有点不好受，但其实那时也是真的没有钱。

我记得非常清楚，当我们于6月3日再由香港转机回到青岛时，尽管行程只有4个多小时，但感觉到飞机从繁华喧闹、灯火通明处突然进入一个安静而暗黑的地方，仿佛从城市一下子到了乡下。这是我当时的感觉，这种感觉现在早就不复存在了。

我第二次到香港是在1991年5月，那时我作为原国家教委代表团成员前往香港接受邵逸夫先生的赠款，代表团以藤滕副主任为团长，浙江大学、兰州大学、西北工业大学、哈尔滨工业大学、南京师范大学、华南理工大学、山东大学与浙江教委的负责人为团队成员。我们先在华南理工大学集合，然后集体从广州乘广九直通车到达九龙，由邵先生与方小姐安排到港岛的望海楼宾馆住宿。这里离维多利亚湾很近，而且就在香港的繁华闹市区，位置是非常好的。当时我们参加了许多大型活动，包括邵先生的招待、驻港新华社的招待与香港中文大学的招待等。代表团还参观了香港许多著名的景点与文化设施，还在邵先生位于太平山半山腰的家中参加其招待会并观看电影。最后，我们在香港中文大学举行了十分隆重的接受赠款仪式，会议由原香港中文大学校长马林先生主持，每位接受赠款的高校代表依次发言，而且要严格掌握时间，发言时限一到，马林便敲铃提示。那时各校经济状况都比较困难，都希望能得到邵氏更多的赠款，因此大家对发言都很重视，希望能得到第二次赠款，发言时都不免有些紧张。邵先生为了表示他的接待诚意，专门请大家参观了香港海洋公园，安排我们在里面活动一天。我当时最冒险的举动是与几位年轻朋友一起玩高速过山车，一上去我就后悔了，但为时已晚，只好听天由命。这种高速过山车不仅速度惊人，而且会不断地变换角度，最后是将人倒着栽向海底，我当时心脏都快跳出来了。过山车停下后，有一位女士呕吐了，我也不太舒服，但尚无大碍。这是我唯一也是最后一次乘高速过山车的经历。

香港海洋公园，当时是亚洲最大的水族馆之一，共分四层，每层由玻璃分隔，游客进入后，就有各种鱼类在头顶漫游，仿佛置身海底一般。馆内以印度太平洋珊瑚礁为主题，养有2600多条鱼，分属200个种类，真是琳琅满目，变化万端。特别是大鲨鱼，或凌空在头顶游过，或向你迎面游来，还真有点刺激感。从海洋公园回来后，邵先生站在门口询问每一个人道："玩得高兴吧?"表明老先生接待的诚意与对客人的关心。邵先生一共招待我们三天，但老先生提出，第五天晚上他要宴请之前在国内接待过他的代表团成员。这就出现了一个难题——既要接受邵先生的邀请又不能继续住在望海楼宾馆，因为要住就得自己付钱，而我们那时外出都有严格的财务限制，因此大家只好另找比较便宜的住处，等到那一天再前往本岛酒家参加邵先生的招待。邵先生亲自宴请大家，非常重视客人的感受，多次劝我们吃好。

我第三次到香港是在香港回归后的 1999 年 8 月，那次是为了去台湾募集建设学校学人大厦的资金，途经香港转道台北，我当时只在香港待了很短的时间，到香港中文大学中文系会见了有关学者。令人印象深刻的是香港中文教育对古文的重视程度，他们的研究生入学考试都要考古文写作，而内地的中文系学生则没有接受过古文写作的训练，很难做出典范意义上的古文。当时香港中文大学中文系的首席教授吴教授还带我到他家看了看，那是一幢面海的房子，面积大约有 300 平方米，储藏室就有近 20 平方米，真的很大，但学校规定，教师一退休就必须搬出来，需要自己另找房子，因此任职期间，老师们都必须积攒足够的钱买房子。而香港大学教授的工资也可以说是全球最高的，月薪就有 7 万至 8 万，首席教授的工资更高。当然竞争也很激烈，因为是全球聘任制，所以参加竞争的人非常多，这样也能保证师资的质量。不过，20 世纪 90 年代前，香港的文化教育并不发达，有所谓“文化沙漠”之称。20 世纪 90 年代之后，香港的文化教育有了长足的发展，香港中文大学、香港大学与新成立的香港科技大学，其教育水平不断提高，逐步名列亚洲前列，面向香港本土师生的香港城市大学也有了较大的发展。由于香港当时已经回归，因此我对香港更增加了许多亲切感。普通话在香港也成为正式通用的语言之一，香港同胞与我们之间也有了更多的共同语言。

2001年10月，我第四次前往香港，参加由中国教育部文化素质教育委员会与清华大学、香港中文大学联合召开的海峡两岸暨香港、澳门有关大学生文化素质教育的学术研讨会。我这次在香港中文大学住了三天，此行给我较深印象的一件事是，一天晚上，东南大学的陈老师约我一起到各个书院的学生作品张贴处看看，我们兴致勃勃地看到，多数学生写帖子使用的语言是中文，尽管用语还不太规范，但这说明中文已经成为香港大学的主要语言文字，这真的是一个根本性的变化。在会议讨论中，围绕素质教育问题，海峡两岸暨香港、澳门的共同语言非常多，这也说明21世纪中华民族同胞在文化与情感上的接近，21世纪也必将迎来中华民族的腾飞。

我最近一次到香港是在2003年的1月15日至4月15日，经杨慧林教授推荐，我被香港道风山汉语基督教文化研究所邀请，成为这一研究所的特邀研究员，并在那里展开为期3个月的科研工作。我所做的课题是“基督教文化与当代生态存在论审美观”，其中也包括基督教文化与我国道家文化的比较研究。道风山是个非常特殊的地方，它位于香港新界的沙田，沙田现在是繁华闹市，但在20多年前，那里还是一片水田。而道风山基督教丛林的建设则比沙田还要早，它是由挪威基督教牧师艾香德于 1930 年创立，旨在向中国的佛教信徒与道教信徒传播基督教。因此道风山基督教丛林以基督教精神为建筑内容，而以中国佛教与道教的元素为建筑形式。其主要建筑为基督教圣殿，这一圣殿被建为中式亭园型，取名“云水堂”，学者居住处则称为“开元居”，如此等等，这完全是中国人能够接受的形式，倒是具有一番创意。艾香德去世后，后人就按照其遗愿将他葬在道风山，并继承其遗志仍然在此义务传道。这里本来是基督教“信义宗”灵修的场所，宗教徒可以在此居住几天，阅读圣经，净化灵魂，也不断有香港、北欧等地的教徒来此开展宗教活动。

与基督教圣殿比邻的信义宗神学院也是比较典型的中式建筑，该院沿山而建，以黑白为色彩基调，两边墙上的 14 块花岗岩上刻着“虚心、哀恸、清心、怜恤”等《圣经》中的词语。花岗岩两旁栽满各种花卉，鲜艳夺目，我站在神学院顶端的走廊上俯瞰群山，真有一种出世之感。这里比较明显的具有西方基督教色彩的建筑就是耸立在后山的大十字架，这座十字架估计有 20 米高，耸立山顶，两边各刻“成”“了”这一基督临受刑前说的话，以象征此岸与彼岸之分界、凡人与圣人之差异，从沙田闹市区很远的地方就能看到这个十字架。道风山位于新界，实际与深圳这边的山是连在一起的，绵延不断，山上广植花草，树木郁郁葱葱，风光秀丽。特别使人惊讶的是，这个山上生活着约 160 只猴子。香港法律规定人们既不准杀猴子，也不准喂猴子。春节开始的几天，天不断地下雨，气候也变得寒冷，猴子们可能饥寒交迫，于是躲到了云水堂和开元居附近。一天早晨，我们起床后推窗一看，只见许多猴子，大小不一，躲在我们住处的屋檐下，最小的猴子只有筷子那么大，真的很好玩。还有一次，有几只猴子，在雨天躲到了云水堂的廊檐下，此时文化研究所的一位女士正好从云水堂出来，这只猴子也不害怕，慢慢地走着离开了廊檐。汉语基督教文化研究所的前身即为艾香德牧师所建的道风山丛林学术研究部，1995 年在此基础上成立汉语基督教文化研究所，其研究对象包含超越教派与宗派的基督教文化研究，也有与其他文化形态如佛儒道的对话等内容。

我所选择的题目就是对基督教文化特别是圣经文化中的生态思想进行研究，而且包括《圣经》思想与中国道家思想的比较。这种研究给了我较大的帮助，因为过去我们常说西方文化的源头是古希腊与古希伯来。而我们对古希腊文化的关注相对较多，而对古希伯来文化的关注则相对较少，这可能与古希伯来文化的宗教背景有关。但实际上，如果研究者不了解希伯来文化，那么在某种意义也就不会更深入地了解整个西方文化。因为希伯来文化特别是《圣经》文化可以说是整个西方文化的源头之一。我利用在汉语基督教文化研究所的机会，利用其有利条件与图书资源，较为系统地研读了《圣经》与其他阐释《圣经》的名著。

台湾之行

祖国的宝岛台湾是我向往已久的地方。1989 年 5 月，我到韩国访问时，飞机曾短暂停留台北，但我们不能出关，只在机场领略了一番宝岛的美丽风光，购买了一点小纪念品。1998 年暑假，我访问宝岛台湾的愿望终于实现，而促成这一愿望实现的机缘主要是两件事：其一，台湾立青文教基金会董事长衣复恩先生热情联合在台的山东老乡，以资助山东大学的建设。记得那是 1996 年，山东省台办的同志捎来口信说，我省在台湾的著名企业家衣复恩先生愿意资助山大建设，我们当然非常高兴。衣复恩先生早年曾为蒋介石座机的机长，与蒋经国等过从甚密，后来经商，成为台湾成功企业家之一。衣先生祖籍为山东莱州，他一直心系乡梓，曾多次回乡，支持家乡经济与文教发展。衣先生对教育事业特别关心，成立了立青文教基金会，为包括山东大学在内的国内多所高校学生提供奖学金。这次衣先生主动提出对山东大学的建设进行资助，正反映出其真挚的爱国之心与故乡之情。当时我与校长商量，拟请衣先生参加山大 95 周年的校庆，但因种种原因未果。这次，衣先生与立青文教基金会主动邀请我们前往台湾，这是再好不过的机会了。

再一个机缘就是，台湾中山大学刘维琪校长邀请我们访问位于高雄市的台湾中山大学，专程讨论两校的合作事宜。为此，我与外办的刘永波副主任一起接受邀请，并决定先前往高雄，访问台湾中山大学，再飞往台北，拜访衣复恩先生和立青文教基金会。1998 年 8 月中旬，我和永波途经香港，办理了有关手续后直飞高雄。到达高雄后，我们被安排下榻市内最好的五星级宾馆，第二天我们访问了台湾中山大学，第三天我们参观了高雄艺术博物馆，下午即飞台北，到达后由立青文教基金会接待。高雄位于台湾岛南部，是一座非常美丽的亚热带城市，而台湾中山大学则位于高雄西侧著名的西子湾畔，这座美丽的花园高校依山傍海，风光绮丽，其北为寿山，其西为碧波荡漾的台湾海峡。西子湾以碧海、夕阳、礁石闻名于世，傍晚我们坐在学校面海的餐厅，视线所及，美不胜收。海水波光粼粼，渔船灯火点点，夕阳余晖轻洒，映照着学校里靠海而建的幢幢红楼，真如进入仙境，其美不亚于西子湖畔，真不愧西子湾之称号。

我们受到刘维琪校长等人的热情接待并参观了学校，还与有关职能部门就两校交流事宜交换了意见。之后，我们专门访问了台湾中山大学文学院，同他们的钟院长，以及著名诗人余光中先生进行了亲切交谈。余光中先生为我国当代著名诗人、翻译家与文学研究家，他的作品脍炙人口，在两岸广为流传，其著名的《乡愁》一诗蜚声海内外。余先生陪我们在西子湾畔的一座面海的餐厅里坐了很长时间，第二天，余师母又专门陪同我们参观高雄艺术博物馆。给我留下最深刻印象的是，该博物馆虽然保留了众多高雄当地的民间艺术，展览的却是西方现代派艺术。

之后，我们乘机飞往台北，落地后由立青文教基金会与山东老乡、著名经济学家于宗先院士接待。在台北的两天，我们真正感受到了深厚的乡情乡谊。

我们先后参加的大型招待会就有两次：一次是由台湾大学原校长孙震先生、台湾中原大学校长张光正博士等朋友接待我们。孙震校长为山东青岛人，曾任台大校长。在任职台大校长期间，孙震校长对台大的发展作出了不可磨灭的贡献，特别对台大校园面积的扩展起到关键作用。孙校长知识渊博，温文尔雅，非常热情。我曾托孙校长到台北“故宫博物馆”，帮助我们将光绪二十七年（1901 年）有关成立山东大学堂的御批原件复印一份，于山大百年校庆时带来。孙校长十分痛快地应承下来，果然于 2001 年 10 月山大百年校庆前将文件捎过来了，这成为山大建校百年的重要历史见证。张光正校长祖籍为山东高唐，其父在台湾财政界活跃多年，参与创办台湾中原大学。台湾中原大学提出“全人教育”的办学理念，与西方的“通识教育”相比，带有明显的中国特色和宗教色彩，这成为台湾中原大学十分重要的办学理念之一。当晚，大家畅谈甚欢，孙校长等人让我谈谈办学理念，我就将我有关美育的观点谈出来供批评。我的要旨是，培养学会审美生存的“生活的艺术家”，即培养以审美的态度对待生活，学会审美地生存的一代新人，这一看法与张校长的“全人教育”理念有许多内在契合之处。

第二次比较大型的聚会是立青文教基金会的宴请与交流。十分遗憾的是，衣复恩董事长当时正好在美国旧金山公出，要等到我们走后才能回来，因返程机票已定，我们与衣董事长失之交臂。这次接待由衣董事长的大公子衣淑凡先生出面安排，我们除了交谈基金会支援山大事宜外，还探讨了在台山东老乡如何支持山大建设学人大厦事宜。十分不巧的是，当时正值台湾经济下滑，股票全面下跌，各个公司与个人经济状况不景气，但山大仍得到了大家几十万美元的捐赠，这充分展现出驻台山东老乡的乡情之谊。特别令人感动的是，我们临行前的晚上，台湾山东同乡会的朋友为我们举行了盛大的饯行宴会，山东老乡们纷纷前来。席间情深意切，老乡们不断与我们攀谈，对家乡的深厚感情溢于言表。有的老乡听说我在青岛住过，就十分详细地打听自己当年在青岛居住时的马路与现在的情形，真是“乡音未改鬓毛衰”。大家回顾往事，畅谈当下，唯一的愿望是两岸统一，中华民族在 21 世纪走向振兴。

在台期间，我们处处都能感受到山东老乡的故乡情谊。当我们到台北“故宫博物院”参观时，需要讲解员为我们进行讲解，这时一位高个子女士过来自愿为我们讲解。她说，她是此处讲解员的领讲员，祖籍是山东济南，尽管她出生在台北，但她一听到来了山东的客人，就立马安排别人交换她原来给外国人讲解的任务，而专门跑过来为我们讲解。她的讲解细腻、生动、深入，而对我们的关心则无微不至。这时，陪同我们的朋友又告诉我们台北“故宫博物院”的副院长张女士也是山东人，她听说我们参观也愿意一起陪同。张女士是专攻中国古代史研究的，应该说是专家型领导，她特意带我们看了几件馆藏珍宝，又特地带我们去看了宋美龄女士创作的几幅国画，宋女士以张大千先生为师，画作风格成熟，加上其特殊的身份，弥足珍贵。

台北车水马龙，十分繁华，我的学生小宋告诉我，人们说台北有点像旧上海。我于 1954 年到上海并在那里生活过五年，看着台北与旧上海的南京路倒真有几分相像。其实台北岂止像旧上海，我的整个感觉是，台湾与大陆在许多方面都非常相似，特别是文化方面和生活习俗方面，在台生活了一周的我们对台湾几乎没有什么陌生感，大家的饮食谈吐以及文化方面的习俗，甚至开学术会的模式都十分接近。本来宝岛台湾与大陆就是不可分割，如果在 21 世纪，两岸能真正走上统一之路，加上已经回归的香港、澳门，这正是中华民族崛起的标志。宝岛台湾、驻台的几十万山东老乡们，祝你们安康幸福，也祝两岸尽早走向统一，共同实现中华民族伟大复兴的理想。

01

01　在美国五大湖旁(1987 年)

02　在日本广岛大学访问(2000 年)

03　在日本合影(2004 年)

02　右一臧新明、右二谭好哲、右三陈炎、右四青木孝夫、右五曾繁仁

03　从左到右：李庆本、杜卫、曾繁仁、马龙潜

04

试论中国传统绘画艺术中所蕴含的
生态审美智慧
La grande sagesse de l'esthétique
naturelle incorporée dans la peinture
chinoise traditionnnelle

05

06

04　在魏玛（2010 年）

05　在雷恩孔子学院演讲（2011 年）

06　与妻子纪温玉在加拿大维多利亚（2004 年）

07

07　在墨西哥普埃布拉女儿的婚礼上（2006 年）
08　在香港时合影（2003 年）
09　在台湾阿里山（1998 年）

08　左一纪温玉、左二为赵林、左三王新生、左四曾繁仁、与研究所同事

09

第五章　回顾与感悟

学术回顾

人过八十应该有一个回顾。2020 年底，我已按学校规定办理退休并招收了最后一名博士生。但我的讲习教授还在聘期之内，还有博士生没有毕业，需要继续培养，还有国家社科重大攻关项目以及其他项目没有结项，还要继续工作，仍然很繁忙。但学术工作本身应该有一个小结。我的同事与学生都有这个想法。

2020 年 1 月 11 日至 12 日，恰逢中国社会科学出版社的“马克思主义文艺理论与评论建设工程名家学术文丛”《曾繁仁文集》（五卷）出版。该文集包括《生态美学导论》《生态存在论美学论稿》《西方美学论纲》《西方美学范畴研究》《美育十五讲》等，涵盖了我从学以来的主要成果。山东大学文学院发起召开“新时代文艺美学发展新趋势暨《曾繁仁文集》出版”学术研讨会，全国各地文艺美学方面的专家学者一百多人参加了会议。樊丽明校长出席会议，代表学校对我本人作了评价，她说：“曾繁仁教授爱教育、懂规律、极务实，是一位大先生、好学者、老领导，希望曾繁仁教授带领山东大学文艺学学科在新时代再创佳绩。”中华美学学会会长高建平代表学会在会上作了发言，他说：“曾繁仁先生几十年如一日，始终在美学学术园地里辛勤耕耘。我认识曾先生已经20多年。从20世纪90年代的'和谐美学'，到21世纪初期的'生态美学'，再到近年来提出的'生生美学'，曾先生一步一个脚印，向理论的深度和广度进发。"会议的最后，我以激动的心情致了答谢辞：

尊敬的各位专家，各位师弟师妹，各位好友：

首先，我要衷心感谢参加会议的各位专家和师弟师妹，在期末百忙之中，在严冬腊月，参加这样一个学术研讨会，对我表达了最美好的祝愿。感谢各位长期以来对我的关心、爱护与支持。我无以为报，甚至因为年老患病，都不能参加与各位有关的会议，甚感惭愧。我深知，当前，学术界已经成为一个密切相关的学术共同体，我们中心与我个人的学术活动，包括会议、发表、出版与评价等，都离不开各位同行的支持与关心。我从学的几十年来，特别是我在文艺美学研究中心工作的近20年来，我们中心和我个人学术工作的每一步，都离不开学术界同行的参与与支持，离不开在座的各位。我还要感谢中国社会科学院大学各位领导将我的五本专著列入名家文库，得以再版，从而促成了这次会议。感谢中国社会科学院大学的关爱支持，感谢中国社会科学出版社在短短时间内出版文集，感谢编辑同志与有关同志的辛勤劳动。

今天我非常激动，也非常感动。因为从今天开始，我的人生将迈入80岁的行列，成为真正的"80后"。我于1959年从上海考入山大，当年的8月23日从炎热的上海来到秋凉的济南，至今已经61个年头，超过一个甲子。61年的山东生活，将我从一个南方人变成一个山东人，也将我从一个学生变成一名美学工作者。有人说，人的一生总要遇见许多贵人。我一生中的贵人首先就是山大、山大中文系与我的老师。山大中文系以其优秀的师资、严谨的学风与活跃的学术给了我扎实的大学基础教育，给我无尽的滋养。我谨记高亨老师在《诗经》课上要求我们不要老说高亨怎么说，而要说自己怎么说，意在鼓励我们创新；我谨记孙昌熙老师鼓励我在学术研讨会上与师长发表不同意见，培养我的求异精神；我谨记1964年刚刚留校之时，中文系对青年教师过教学关的严格要求，要求每个青年教师必须跟随一名导师系统听完一门课，写出全部的讲稿，并要试讲合格，备课与讲课的时间比例不得低于1：8；我也谨记1977年教研室主任狄其骢老师要求我给77级学生开设西方美学课，我从1981年开课直到今年，历时近40年。我还要感谢这个改革开放的伟大时代。我觉得我比我的老师们幸运，因为改革开放的时代是解放思想与对外开放的时代，为学术研究提供了良好的氛围。正是这个伟大的时代，我们的待遇与学术条件发生了实质性的改变。也是这个伟大的时代，我们学者改变了只能当阐释者的命运，而有可能成为理论家。正是这个伟大时代的鼓励与包容，我先后进行了西方美学、审美教育与生态美学的教学与科研。

我更要感谢这个时代给我们提供的平台与机遇，在这个平台上包括在座各位学者成为关爱我们中心与我本人学术发展的贵人。

由于中华美学学会、全国青年美学研究会与陕西师范大学联合举办首届全国生态美学研讨会，我才有机会走上生态美学的前沿，也正因为《文学评论》、《陕西师范大学学报》（哲学社会科学版）与《文艺研究》等刊物的发表，以及学术界各位前辈学者和在座各位的推介，生态美学才能在学术界产生一定影响。我们中心与我个人学术成果、论著的发表、出版与评价全部有赖于包括在座学者在内的各位同行，没有大家的鼎力支持，不可能有我们中心与我本人今天的成绩。我还要特别说明的是，从事生态美学或生态文学研究的学者实际上是一个具有“共生相补”之生态精神的学术共同体，我的生态美学成果得到这个共同体的滋润、帮助和大力支持，在某种意义上是大家共同的成绩。俗话说大恩不言谢，贫乏的语言无法表达我此时的感谢，只能永存心中！我还要感谢我的同事与学生，感谢我们中心各位同事20多年来对于我的支持，感谢我的学生长期以来对于我的配合与帮助，教学相长，我的成果大部分与教学相关，在课堂上完成，我的每一点成绩都包含着你们的积极参与和辛勤劳动。谢谢你们，你们是我永远的依靠！

这次会上各位对于我本人给予了很多肯定，这是各位的鼓励与爱护。大家的鼓励给我指出了未来的方向。我一直认为，自己有先天的不足，后天又被行政工作耽误日久，因此只能是起到学术过渡者的作用，我的成果还有许多不可避免的缺陷，未来属于在座各位学术生力军与年轻学者。你们已经创造了很多辉煌，还会有更多的辉煌，一定会将中国美学推向更高，推向世界。我将会与大家一起共享未来，并尽自己的微小力量，做一点力所能及的工作。

最后，再次感谢大家百忙中与会，大家付出了宝贵的时间与精力，这种无价的友情将温润我的余生。让我给大家深深地鞠一个躬，表示我无尽的感谢！

曾繁仁

2020 年 1 月 12 日

2020 年 9 月 10 日，教师节之际，山东大学召开隆重的表彰大会，会上学校授予我“山东大学教学终身成就奖”。介绍词中提道：

到 2020 年，曾繁仁已经在高校教学岗位上耕耘 46 载。46 年来，他始终站在教学第一线，先后为本科生、硕士生、博士生讲过文艺理论、美学、西方美学课程，从未间断。他著作等身，学术研究始终紧密结合着教学进行，主编过《西方文学理论》《文艺美学教程》等国家级教材。他曾长期担任教学领导工作，从教研室主任到学科主任，从教务长到副校长、书记、校长，任职国家教委中文教学指导委员会副主任长达十年，担任教育部社会科学委员会文学语言新闻部召集人也已过十年。每个周三，山东大学知新楼都会迎来一位年近八十的老人，他拎着讲义，要给年轻的学子们上课。

而我则以《教学是教师的崇高职责与成长之道》一文回应了教学终身成就奖的评定：

教学是教师的崇高职责与成长之道

这次学校给予我教学终身成就的崇高荣誉，自己既感到鼓舞，同时又觉得做得还很不够，需要继续努力。首先我想到的是自己从1964年留校任教，匆匆间已经走过56年，如果从我1959年到山大上学算起，我已经在校61年，整整一个甲子，可谓漫长。成仿吾校长经常讲的话是“教学中心”与“学生首位”。这可以说是山大与各位师长留下的优良传统。即便是在政治运动不断与“三年生活困难”的特殊时期，学校也尽量满足以上要求。我们5年本科，基本教学要求是完成的，当时中文系赫赫有名的教授几乎都给我们上过课，特别是古典文学与语言学几乎都是名师上课，有的名师上课达到两到三个学期，当时他们大都在50到70岁，应该是高龄。这些老师上的课，给我们以永远难忘的影响。我们不仅学到了知识和方法，更重要的是学到了做学问的态度与精神。

例如冯沅君先生的朴素无华的品格，陆侃如先生明白如话的文风，高亨先生不断要求我们提出自己看法的创新精神，萧涤非先生的杜甫研究中贯穿的激情，等等，都给我们深深的影响，至今老师们上课时的音容笑貌仍然留在我们心中。母校与老师已经为我们做出了榜样，我们这一代应有继承发展的义务。

我留校后在文艺学教研室，真正的教学工作是1972年恢复招生后开始的，当时主要讲授文学基本原理课程，改革开放后讲授西方美学课程，一直到现在。从本科生课到研究生课，目前主要讲博士生课。50多年的教学生涯其实也是自己学术上的成长过程。教学既是教师的崇高职责，也是教师的成长过程。山大素有重视教学的传统，当年中文系规定，必须按照1∶8的比例备课，其实我们的备课是远远超出这个比例的。不仅要写出全部讲稿，熟练掌握讲课内容，而且对所有引文、板书、课例都要仔细推敲，不能有不准确之处与误导学生之处。每次讲课与每一段讲课都要认真总结提高。我们也就在这样的教学过程中成长起来。我所有的科研成果几乎都与教学有关，都是在讲稿的基础上总结归纳的结果。

前期在给本科生上课基础上连续出版了两本西方美学方面的论著，还有《美育十讲》等论著。其后在研究生教学的基础上又写作并出版了《西方美学范畴研究》《生态美学导论》《生生美学》等论著。教学中的提炼与同学们的疑问成为我学术成长的不竭源泉。我要感谢课堂，感谢我的学生，是教学使得我不仅成为一位合格的教师，也成为一名学者。

今年其实是我给博士生上的最后一次课，我要珍惜这宝贵的机会，上好最后一次课，从中获得鼓励与灵感，也给同学们一点自己的学术体会。母校培养之恩，学生帮助之恩，永难忘怀，尽我的有生之年，做一点力所能及的回报。

曾繁仁

2020年10月5日

人生感悟

2021年10月，在中国共产党成立100周年之际，党中央决定给在党50年的党员颁发纪念章，学校郭新立书记专门来家为我们夫妇颁发了纪念章。我于1959年入党，在党62年；纪温玉于1962年入党，在党59年。我经过了党的长期培养教育，感到无比光荣。

第一，学会担责。

我已经走过81年的人生历程。从战火纷飞、贫穷苦难的旧社会进入新中国；从贫穷饥饿的困难生活到物资富裕的今天；从知识分子是“臭老九”的十年“文革”到新时代高校“人才工程建设”的受益者；从目睹帝国主义施行细菌战的1950年代到今天亲睹我国强大的国防力量。真的是沧海桑田的历史巨变！这一切的巨变都是因为有一批又一批具有高度责任感的建设者与保卫者。生活在伟大的时代不仅要分享，更要担责。首先是要有理想，在平凡的岗位上心系民族的责任与祖国的利益，将一切细小的工作与社会发展相联系。作为人文学者，思考如何让自己的学术有利于社会的发展和学术的建设，积极参与到国际学术对话之中。

实现理想需要勤奋。人文学者与高校教师其实是一个非常艰苦的工作岗位，它无日无夜，无休无止，始终是思考的过程，探索的过程，写作的过程。不仅用笔在写，而且用脑在写。经常半夜醒来忽有感悟，爬起来写作与备课。思考与写作让你早添华发、面生皱纹、腰背弯曲，但收获的喜悦也让你享受少有的幸福。这是一种有理想的收获，有灵魂的卓越！人们常说，一位研究者要始终“在状态”，有理想的勤奋与有责任的追求就是“在状态”！

第二，学会感恩。

我们要学会真诚地感恩生活所赋予我们的一切，要珍惜这一切，愉快地过好自己的每一天，走好自己的每一步。每个人能够来到这个世界上其实是很偶然的。既然来了，那就是一种幸运，就是生活所给予你的恩惠。你看，你生活的每一天，有阳光的普照，有雨露的滋润，有食物的营养，还有各种现代化的享受，而且有劳动的权利、甜蜜的爱情与感人的友谊，这一切都是生活与社会所给予你的恩惠。因此，对这一切应该感到幸福，感到满足。所谓“知足者常乐”。我曾经在学校里长时间分管人事工作，因而有机会为许多临终的同事送终。在临终之时，他们无例外地表现出一种求生的强烈愿望，一种对生命的强烈的留恋。有的同事紧紧抓住我的手久久不舍放开，有的在睁开眼睛都很吃力时，眼角流出了泪水。我非常同情这些临终的同事，理解他们对生命的留恋。由此，也使我想到我们应该珍惜生命的每一天。学会感恩还应该抛弃一切的怨恨，学会理解、谅解，更多地记住别人的友谊与帮助，而忘却那些不愉快的过去，忘记伤害，任其被风吹走。让我们学会感恩，永远愉快地生活着。

当我执笔写作自己的人生与学术经历之时，我马上要迈进 81 周岁的门槛，可谓耄耋之年。八十多年来，我最大的人生感悟是什么呢？那就是感恩时代。我有幸在我年富力强之时恰逢改革开放的新时代。终生难忘 1978 年改革开放。此前，我正在北京教育部参加写作批判“四人帮”反动教育思想的文章。最早接触邓小平对教育工作的一系列指示，振聋发聩，感动人心，启发良多。回校后，又亲历了“实践是检验真理的唯一标准”大讨论，感受到了党的十一届三中全会“实事求是，解放思想”的巨大力量，同时经历了恢复高考与 77 级进校。这样一个新时代，给我们知识分子解除了禁锢，解放了思想，指明了方向，也给我的反思与研究开辟了道路。由此，才有了我 20 世纪 80 年代初期的西方美学与审美教育的教学与研究。2012 年以来“生态文明时代”的正式提出，才使得我们的生态美学研究具有了某种“合法性”并逐步被学术界认可。而“文化自信”与“坚守中华文化立场”的强调，又给予了我们探索中国美学，特别是中国生态美学强有力的支撑，这才有了我们的“生生美学”研究的可能及有关论著的问世。是时代、是这个伟大的时代给我们提出的课题，为我们提供积极的支持。

而我的研究工作，特别是21世纪以后的研究工作，又与我们山东大学文艺美学研究中心的成立密切相关。作为教育部人文社会科学百所重点研究基地之一，教育部与学校为中心提供了经费、项目、政策、会议等一切支持。没有这些支持，就没有我们文艺美学、审美教育与生态美学研究在今天取得的成绩。这也是时代所给予我们的机遇与责任。

同时，我要感恩我们的团队与我们的集体。当代学术研究特别是富有社会内涵的学术研究，除了个别的特殊情况外，大都需要一个团队的支撑，否则不可能承担重大集体项目，也不可能完成。各种大型的学术会议也不可能圆满召开。山大文艺美学研究中心给我们的研究提供了一切可能与强大后盾。我的成果大都在中心的支持下产生，大多有中心成员的积极参与。回望自己的成果与获奖，在某种意义上是我们中心成员的共同奉献。感谢中心，感谢我的同事、同仁与我的学生！

我还要感恩培养教育了我的组织、学校与家庭。从小学、中学、大学到走上工作岗位，我的组织领导和家庭都教育和要求我，要为国家服务，为人民服务，要有责任心！为祖国服务，担起时代责任！这是几十年来响彻于心间的呼声！作为微小的个人，也许我只做了一点点，但以此为目标，心向往之，努力追求之！

第三，学会做人。

俗话说，活到老，学到老。这“学到老”，除了指学习知识之外，最重要的还是指学习做人。“做人”说起来容易，其实很不容易。“人”字只有一撇一捺，看似简单，但要做一个真正的人要克服各种畜性、兽性与非人性，是一个得不断地排斥恐惧、拒绝诱惑、净化灵魂的艰难过程。有的人地位很高，头上有一系列光环，却终生没有学会怎样做人；有的人非常普通、平凡，却是一个真正的人。我对这种真正的人，非常崇敬，心向往之，却常常难以达到。今年恰是自己的81岁，人生走过了大半，渐渐进入老龄，行政和业务的职务将逐步地退掉，但只要活一天，就要学习做人。为此，写一点心得，借以自励。

“认识自己”，这是镌在古希腊神殿上的箴言，说明自古以来一个人能够做到“认识自己”是多么重要，又多么不容易。一个人常常不能正确地认识自己，所谓“看自己一朵花，看别人豆腐渣”。若要做到正确地认识自己就要对“人”有一个基本估计。对人有许许多多说法，我觉得有一个曾经长期被批判的说法有些道理。这个说法就是“人，一半是天使，一半是野兽”。也就是说任何人的灵魂深处都有“野兽”和“天使”两种成分，进行着尖锐而剧烈的斗争，有时候会做出具有“人味”的事，有时候则做出失去“人味”的事，弗洛伊德将其概括为超我、自我与本我之间的关系。所谓“本我”就是一种原始的本能，包括人的求生的本能，有时候，人在这种本能的驱使下会做出许多错事与坏事。人们常说“金无足赤，人无完人”，这是非常对的。翻开历史，你曾发现过一个“完人”吗？有一位伟人说，凡是人都有错误，如果没有任何错误，那就不是人。这说得很对。

每个人回顾自己的一生，作为一个常人当然做了许多有益的事情，但也真的错误不断。有的错误是历史的局限，自己无法认识到，属于应该谅解的范围，但有的错误则是受个人欲望的驱使，属于带有人性恶之根源的犯错，那就难以谅解了，应该好好自我忏悔，总结教训。例如，十年“文革”，既是血与火的斗争，也是善与恶的斗争；既是我们民族的一场灾难，也真的考验了我们每一个人。在这样一场艰难复杂的斗争面前没有也不可能有任何“一贯正确者”，每个人都应该很好地以之反省自己，从中有所借鉴。我自己觉得，在“文革”深化的过程中，在那种所谓“红色恐怖”的可怕气氛中，自己常常有一种接近毁灭的恐惧感。在许多特定的场面与环境中，都因为一种求生本能的驱使，而说出许多匪夷所思之话，作出许多匪夷所思之事，现在想起来为之汗颜。由这种“求生”本能或“私欲”本能所导致的错与罪是经常会出现的。所以，一个人清醒地认识自己，不断地进行反思、忏悔或自责还是需要的。认识自己还包括要正确认识自己的作用，在这一方面也应当清醒。其实一切事业和工作都是一个历史的过程，都是一场无止境的接力，每个人也都只能完成自己当时位置上所能完成的那一段工作。因此在评价自己的工作时，既不应否定前人与历史，更不应夸大自己与当下。任何时候都要将事业和成绩当作一个历史的过程。其实，说到底，每个人与历史相比都是渺小的、相对的、暂时的。你看，太阳照耀，月亮升起，青山披黛，绿水长流，宇宙万物天天如此，但只有人事世事瞬息万变。因此，所谓“自己”，只不过是庞大的宇宙万物之微小而又微小的一粒而已。一个人只要认真地去做了，尽力了，就行了，遑论其他呢。

“回归本真”是非常重要的，所谓“本真”，内涵十分丰富。我想首先“本真”是一个人最初的奉献社会和借以谋生的职业和身份。有的人的身份是工人，有的人的身份是农民，而我的身份是教师。有的人也许是工作需要，也许是机遇，做了管理者，或者做了官。但最后还得回到原来的身份上，因为每个人归根结底都是普通的百姓，普通的职业者。也许，由于年龄等各种原因，你不再从事原来的职业了，那你的身份就是普通人。你可以想想看，作为一个普通的人，人们该怎么对待你。你也可以想想看，千千万万绝大多数的普通人、老百姓不都是在这种情况中愉快地生活吗？你当然也应该如此。这样，你就会平静下来，不会再有什么失落感和不愉快。我常想，我过去很长时间是一名普通教师，现在又回到教师队伍，那就仍然是以教师为职业的普通人，老老实实地要求自己作为一名普通教师，坦然而愉快地面对一切。

“回归本真”还包含真诚做人、做事、做学问之意，也就是要老老实实地去做一切事情。我是 1986 年承担起较重的行政担子的，直到 2000 年卸任，前后达 14 年之久，尽管没有脱离业务，但实际工作牵扯许多精力，业务肯定有所荒疏，在许多方面不可避免地有欠缺和差距。怎么办呢？你如果真的要做业务的话，那只有一条路，勇敢地承认这种差距，尽快地以自己的努力去弥补这种差距。我还是尽量做到了，不仅请教我的老师，而且请教我的学生。但有的事情，自己也难以完全免俗，那就是所谓对评价指标的追求，也就是“达标”的努力，包括我们的科研集体，也包括我个人。难免出现急就之章，粗糙之作。这其实是一个十分难解的二律背反。但我还是要努力地以“回归本真”的原则要求自己，老老实实地做人、做学问，减少对浮华的追求。

“回归本真”还包括过一种节俭的生活，拒绝奢侈靡费的生活。我国提出建设节约型社会，这是十分必要的。这不仅对我国这样的发展中国家、资源贫乏的国家是必需的，而且，节俭也是一个人的基本品德，特别在当前生态文明时代显得更加重要。当代哲学家大卫·雷·格里芬就说：“人类应该轻轻地走过大地，只获取自己应该获取的东西，把充分的财富留给我们的后代与邻居。”这段富有诗意的语言应当给我们以启示。

“平等待人”是人的基本品格。有哲人曾说，人生而平等。这从人之为人的基本支点来说是正确的。你是人，我也是人，当然是生而平等，没有贵贱之分。但要真正做到这一点其实是很不容易的。因为在封建社会，衣分三色，食分五等，等级制度非常严格，人与人是极其不平等的。而资本主义社会，富人与穷人之间其实也是很难平等的。真正的平等，只有在以消灭一切剥削制度为共同目标的社会主义国家才有可能。但因为封建主义与资本主义的影响难以很快消除，所以这种真正的平等的实现也是有许多阻碍的。但无论如何，“平等待人”应该是一种做人的原则。有人说，某人眼睛向上不能平等待人，我当时想，眼睛长的就是向下看的，怎么可能眼睛向上呢？有一次我亲眼看见一位熟人，因为某种机遇做了大官，当他在主席台讲完话从讲台往下走时，因为他过去也曾经是一个与大家一样的普通的人，所以许多熟人看他走过来，都要与他打一下招呼，结果他昂首阔步走过众人，我首先看到的是他不仅眼睛向上，而且是“目中无人”。当然，等他卸任后，他又“目中有人”了。这其实是很庸俗无聊的，说明此人品性之低下。我认为，“目中有人”“眼睛向下”“平等待人”应该是一种做人的基本原则，是一个人的基本品德。这个“平等待人”不仅指应该平等对待与你地位相似，以及比你地位低的人，而且要平等对待比你地位高，权力更大的人。对这种位高权重的人一味阿谀奉承，也是一种令人极为恶心的行为。有人对下狐假虎威，对上则阿谀奉承，这两方面应该是有联系的。我们认为，对上对下都应平等相待。

“委曲求全”这句话是我在就任山大校长后，一位兄弟院校的比我年长的校长送给我的做人的原则。他告诉我，这是他当校长时一位著名教育家送给他的话，现在他转送给我。真的感谢这位朋友所赠送给我的这句至理名言。它不仅是做校长的原则，而且是做人的原则。我们每个人的生活都有一个目标，作为学校来说是要发展学校，作为个人来说是要发展事业，作为家庭来说则要求家庭和谐。这个目标就是所谓的“全”。为了实现这个目标，也就是求到这个“全”，其途径就是作为个人要做出某种妥协、牺牲，也就是说要受点“委屈”。当然，这里的妥协、牺牲与委屈不应该是全局性的或原则性的。这里就要掌握好一个“度”，这就是一个人的水平所在。委曲求全的情况在工作中、生活中可以说太多了，我们每个人都要常常面对无数的误解、偏见，甚至流言，但为了大局你不能申诉，只能忍受，让时间去证明一切，或冲淡一切，而其目的是为了求得事业的发展与集体的团结。我现在尽管没有行政职务了，不需要在行政工作方面委曲求全，但它作为一种做人的原则仍是十分珍贵的，而且应该努力遵循。它能让人处则让人，活出一种潇洒和大度来。

“成人之美”是与损人利己相对立的，当然有的人不利己也损人，这样的人与事在生活中真的难免遇到。但做人还是应该成人之美，其前提是建立在对别人作为生命个体充分尊重的基础之上。也就是说，每一个人作为有生命、有意志的个体生存、生活于这个世界上，都是非常珍贵的，也都是十分不容易的。作为有理性的人应该充分尊重具有高度独立价值的另外的生命个体，为其发展提供尽可能的条件。这其实在某种程度上也是对自己这一生命个体的充分尊重。因为，人作为生命个体的特点就是社会性。任何人只有在社会中，在群体和他人的帮助下，才能得以生存，并成就某种事业。因此，从这个意义上，成人之美恰是人之社会属性的体现，是一个有理智与良知的人所应具有的美德。问题在于，对于那些反对过你的人，能否成就其美。这似乎真的有点困难，但还应该克服这种困难，对于那些反对过你的人，也应成就其美。因为，人类相互联系与互相帮助的社会性是无前提的。我曾受到许多素不相识的人的无私的帮助，也曾见过有一位老人在雨中行走在大街上时，一位驾车人突然下车送给他一把伞。这就是一种无任何前提的成人之美。当然，这种无前提性要求你的成人之美应该是不图任何回报的，应该感到助人是一种天职，本该如此，不如此才是咄咄怪事。

故乡的鼓励

2021 年 6 月 6 日．安徽师范大学召开隆重的“朱光潜暨皖籍现代美学家研究中心”成立大会，聘请我为该中心的学术顾问。

安徽师范大学校长张庆亮教授在致辞中指出：

> 朱光潜暨皖籍现代美学家研究中心的成立，是为了研究和弘扬朱光潜、宗白华、邓以蛰、方东美、常任侠、黄宾虹、吕荧、郭因、汪裕雄、王明居、曾繁仁等诸多皖籍美学家，对中国美学之现代发展所作出的重要学术贡献，进一步整合学术力量，强化学科发展，加强人才队伍和学科平台建设，为新文科的发展作出

有益的探索；而此次学术委员会的成立，各位专家学者宝贵的学术经验与理论成果，一定可以为学校的研究中心及中文学科的发展，带来重要的思想启示与帮助。最后，希望中心的诸位老师能够以美为媒，不断加强国内外学术交流与合作，不懈努力，不断创新，为皖籍现代美学家学术贡献的弘扬，为中国现代美学的重新出发，为努力构建中国特色、中国风格、中国气派的美学学科体系、学术体系、话语体系作出应有的贡献！

我在会上也做了致辞，认为“皖籍美学家的作品堪称经典，而经典作为理论素养的源泉，是无止境的，在每个不同的时刻都能给我们以学术支持；中心以安徽的美学家群体为研究对象是一个很好的探索，有利于弘扬中华美学精神，而中华美学精神，包含有学人在历史进程中伴随着时代、为民族复兴在学术上探索的特殊意义与价值，值得我们学习、继承和发展。安徽现代美学的学人团体中有清晰的血脉传承，这作为一个‘文化现象’是值得我们去珍惜的。我们对朱光潜暨皖籍现代美学家研究中心阐释好先辈的‘文化现象’方面寄予了厚望”。

此行除参加会议外，我还游览了赭山、陶塘、青弋江入江口、芜湖市市区，品尝了安徽传统食品。

面对故乡的鼓励，面对魂牵梦萦的故乡山水，满头白发、步履蹒跚的我，感慨万千，激情满怀，弹指一挥间七十年，故乡山水依旧，故乡人以温暖的怀抱给我这个八旬老人以拥抱，以鼓励。

面对滚滚长江，心潮澎湃。长江不尽，生命之火也应不尽，对故乡的回馈也应不尽！

01 “新时代文艺美学发展新趋势暨《曾繁仁文集》出版”学术研讨会合影(2020 年)

曾繁仁文集》出版”学术研讨会

2020年1月 济南

02

02 “新时代文艺美学发展新趋势暨《曾繁仁文集》出版”
学术研讨会会议（2020 年）

03 八十大寿时合影（2019 年）

03

04

04　与赵利民、甘丽娟夫妇在济南家中合影（2015 年）

05　在安徽师范大学开会期间合影（2021 年）

05 从左到右：杨建刚、曾繁仁、胡友峰、黄继钢

第一排：左二朱立元、左四刘凤泰、右四为曾繁仁、右五刘中树
第二排：左二赵宪章、左三章安祺

06 国家教委中文学科教学指导委员会工作会议合影（1997年）

07

07　北京论坛期间与叶朗教授合影（2004 年）

08　国家文科基地专家组到北师大中文基地指导工作（2005 年）

09　山东大学党委书记郭新立颁发“光荣在党 50 年”纪念章（2021 年）

08　从左到右：曾繁仁、李文海、启功、张福贵

09

10

11　从左到右：屈勇、吕芃、曾繁仁、纪温玉、刘长允

10 与赖大仁老师在长江边合影（2006 年）

11 与学生在济南合影（2007 年）

12 与周延良（左）、黄天树（右）合影于北戴河（2010 年）

12

13

14

15

13　纪温玉与学生王月（左）、林霆老师（右）在天津火车站合影（2016 年）

14　与学生高源在家中合影（2021 年）

15　与学生赵頔合影（2016 年）

16 社科委学部会议合影（2018 年）

十世纪审美教育的发展/山东大学 曾繁仁

史的文明古国，早在"先秦时期就有"诗
传统。但作为现代意义的"美育"则是20世
学人从西方传入。这种崭新的理论引起
大有识之士的重视，并结合中国的国情加
。特别是蔡元培，由于一度担任国民政府教
用性，他所提出的"以美育代宗教说"在"五四"以
分重要的作用。但美育在中国的真正发展还
的事情。1949年，新中国成立后，百废俱兴，
了与文化事业也得到很大发展。与此同时，
教育部等于1955年颁布的有关文件中明确提出
"全面发展的培养目标。在实际工作中也强调
明显实效。但从1957年开始，"左"的思潮
取代美育的观点，而且将大量具有极高美学价
对象。直到"十年文革"，这种"左"的思潮发展到极
内的一切有价值的文化活动。1978年，中国历史
开始了改革开放的新时期。审美教育也迎
来有的发展，取得了十分显著的成绩。回顾

附录

简　历

我于农历 1940 年（庚辰年）腊月十四日（即为阳历 1941 年 1 月 11 日）生于安徽泾县名叫溪头都的山村。我的祖父是乡村中学教师，父亲是普通工程技术人员。当时正值抗日战争烽火连天的岁月，父母在重庆等大后方谋生，我在外祖父家由寡居的舅母抚养。1946 年抗战胜利后，我随外祖父家搬到南陵县居住。1947 年 6 岁时，我在教会小学乐育小学上学，由于顽皮跌断了右手而辍学一年，1948 年复学。1949 年迎来全国解放，乐育小学改名为城关小学，我于 1953 年从城关小学毕业。

1953 年夏季，我到芜湖市参加中学考试，考取芜湖市第一初中。当时父母在上海工作，我开始了独立生活。1954 年，青弋江发洪水，芜湖被淹，学校停课，我转学到上海位育中学，插班上学，回到父母身边。我于 1955 年加入共青团，1956 年被保送直接升入位育中学高中，此时该校已经改名为上海第五十一中学。位育中学有着优良的校风，当时的校长李楚材是著名教育家陶行知的学生，我在位育中学的五年时光，受到学校严谨校风的哺育与影响，终身受益。在位育担任学校黑板报主编，每周出两次板报，极大锻炼了自己的写作能力。1959 年 8 月 14 日，我在毕业前夕加入中国共产党。

1959 年秋季，我考入山东大学。当时以为山大在美丽的青岛，接到通知后才知道山大刚刚搬迁到济南。学校的老师觉得济南颇为偏僻，劝我放弃山大，留上海工作或来年再考。但我当时觉得这是组织安排，还是来到了陌生的济南市，这一住就是半个世纪。刚来山大时，学校正在建校。不久又逢三年困难时期，生活极为艰苦。但山大有着优良的学术传统，当时的校长成仿吾是著名教育家与文学家，中文系也名师云集，我曾经有幸受教于高亨、陆侃如、萧涤非、冯沅君、殷孟伦与殷焕先等一代大家，打下较为扎实的业务基础。1964 年夏，大学毕业留校，到文艺理论教研室当助教。当时按照清华“双肩挑”经验，担任 64 级政治辅导员，与该年级同学结下深厚友谊。1964 年至 1965 年，曾率同学到曲阜参加“四清运动”。1970 年秋至 1974 年秋，山大文科搬至曲阜，与曲阜师范学院合并为山东大学，我在曲阜山大工作 4 年。1974 年，在周恩来总理的直接关心下，山东大学恢复原来的建制并搬回济南，我也回到了济南工作。其间，我于 1973 年开始给同学上毛泽东文艺思想课。1978 年，我担任中文系副主任，并开始给同学上文学基本原理与西方美学课程。1981 年，我奉调到学校教务处担任副处长，分管教学研究工作，同时在中文系兼任西方美学课程的教学。其间，我于 1983 年开始，担任山东省第五届政协委员，其后连任第六届、第七届山东省政协委员。

我于 1986 年秋担任山大教务长，1988 年担任山大常务副校长，分管人事、外事与教学方面工作。1992 年，我奉调到青岛海洋大学担任党委书记；1994 年，我奉调到山东省教委担任副主任兼任教工委副书记；1995 年春，我奉调回到山东大学担任党委书记；1998 年春，担任山东大学校长。其间，迎来山大进入"211 工程"建设行列与山大研究生院的成立等事件。2000 年 7 月，三校合并，我卸任行政工作，经组织安排到北大担任"三讲"巡视组组长。其后，我一直担任教育部直属司巡视组成员至 2009 年。其间，我先后担任国务院学位委员会中文学科评议组成员及召集人、教育部社会科学委员会委员与文学语言新闻艺术组召集人、教育部艺术教育委员会常委等，并于 1997 年 9 月被选为党的第十五次全国代表大会代表参加会议。从 2000 年开始直到 2006 年，我担任山东省人大代表与常务委员会委员；1999 年至 2002 年，我被选为中国共产党山东省委员会委员。

2001 年至 2015 年，我担任教育部人文社会科学百所重点研究基地山东大学文艺美学研究中心主任。其间，我于 2003 年 1 月至 4 月，在香港汉语基督教文化研究所担任高级访问学者 3 个月；2004 年 11 月至 2005 年 2 月，在加拿大维多利亚大学东亚研究所担任高访学者 3 个月。在此期间，我主持召开了多次生态美学与审美教育国际学术研讨会，并多次到美、加、日、韩等国，与我国港、澳地区参加学术会议与学术访问。2009 年，因对中韩学术交流的贡献，我被韩国成均馆大学校长徐正燉授予奖牌。

从 1977 年开始研究西方美学，1983 年出版《西方美学简论》，1992 年出版《西方美学论纲》；从 1981 年开始研究美育理论，1985 年出版《美育十讲》，2000 年出版《走向二十一世纪的审美教育》，2006 年出版《现代美育理论》，2009 年出版《现代中西高校公共艺术教育比较研究》；从 2001 年起，我开始从事生态美学研究，并于 2003 年出版《生态存在论美学论稿》，2010 年出版《生态美学导论》；从 1979 年起，我开始了文艺美学的研究，于 2003 年出版《美学之思》，2005 年出版《文艺美学教程》（主编），2007 年出版《转型期的中国美学：曾繁仁美学文集》，2010 年出版《中国文艺美学学术史》（主编），2012 年出版《美育十五讲》《中西对话中的生态美学》，2018 年出版《西方美学范畴研究》，并于 2021 年出版《曾繁仁学术文集》（14 卷），2023 年出版《生生美学》等。

我自从事科研工作以来，先后主持国家社科基金重大攻关项目、教育部重大攻关项目、教育部基地重大项目等，曾获得教育部优秀社科一等奖、山东省优秀社科一等奖、全国百篇优秀博士论文指导教师奖等奖励。除此之外，我曾经参加多个学术组织并担任职务，曾任中华美学学会副会长、中国中外文艺理论学会副会长、中国高教学会美育研究会会长、山东省比较文学学会会长。

我于 1987 年 11 月被聘为教授，2010 年 4 月被聘为山东大学终身教授，2019 年被聘为山东大学讲席教授，2020 年被授予山东大学教学终身成就奖。现任教育部社科委委员，山东大学文艺美学研究中心荣誉主任。

关于曾繁仁老师的学术研究现状

现有关于曾繁仁老师的研究论文60篇，其中专门性的研究论文39篇，硕士毕业论文14篇，访谈录6篇，专著1部。国外涉及曾繁仁老师的研究性文章十余篇。主要的研究内容涉及曾繁仁老师的美育思想、生态美学与生生美学这三个方面，研究频率最多的则是曾繁仁老师的生态美学思想。下面，就学界对曾繁仁老师的研究现状进行说明。

第一，国内学者对曾繁仁老师生态美学思想的研究。其内容涵盖曾繁仁老师生态美学研究的内容及其内在演进过程、生态美学的哲学基础、生态美学观、生态存在论美学、生态审美教育等几个具体方面。其中，专著1部，为罗祖文《中国当代存在论美学：曾繁仁美学思想研究》；具有代表性的研究性论文有赵奎英《生态美学、生态美育与生生美学——曾繁仁生态美学研究的三大领域及其内在演进》（2020），马大康《从生态存在论美学到生生美学——论曾繁仁的生态美学观》（2020），张超《论曾繁仁生态存在论美学的四重建构》（2020），祁志祥《曾繁仁生态存在论美学观及其创新意义》（2017），罗祖文《试论曾繁仁的生态审美教育思想》（2012）、《试论曾繁仁的生态美学思想》（2012）；王亚媚《曾繁仁生态美学思想渊源考论》（2023，伊犁师范大学），孙卓琳《曾繁仁生态美学思想研究》（2022，山西师范大学），乔博《曾繁仁生态美学思想研究》（2021，吉林师范大学），李萌《曾繁仁"生生美学"思想研究》（2021，辽宁大学），张文惠《曾繁仁生态美学的理论基础与实践意义研究》（2020，安徽大学），白安迪《曾繁仁生态美学思想研究》（2019，山东师范大学），扈美辰《曾繁仁生态美学思想研究》（2018，济南大学），杨嘉烨《曾繁仁生态存在论美学范畴研究》（2018，扬州大学），王娟《论曾繁仁生态美学观》（2013，安徽大学），王艳丽《曾繁仁生态美学思想哲学基础研究》（2011，沈阳师范大学），吴玉英《"诗意栖居"的美学之思——曾繁仁"生态存在论美学"研究》（2006，内蒙古师范大学）；访谈性论文有胡友峰《新时代美学的生态关怀与中国立场——访美学家曾繁仁》（2020），张玉香《建设中国特色生态美学——访山东大学教授曾繁仁》（2019）。

第二，国内学者关于曾繁仁老师存在论美学的研究。具有代表性的论文有单小曦《从认识论到存在论的跨越与探寻——曾繁仁教授30年学术思想解读》（2009），姚文放《面向新世纪的美学理论体系——试论曾繁仁的存在论美学》（2005），王汶成《大地之子与美学之思——解读曾繁仁教授的新存在论美学观及新人文精神》（2005）。

第三，国内学者关于曾繁仁老师美育思想与学科建设的研究。《文史哲》杂志于1995年发表了《曾繁仁教授与美学研究》一文，对曾繁仁老师的美学研究进行了阶段性的总结。具体的代表性论文有张硕《美育：跨越感性与情感的人的教育——评曾繁仁先生〈美育十五讲〉》（2015），赵利民《学术反思与学术超越——读曾繁仁先生〈美学之思〉》（2011），朱志荣《曾繁仁美育观初探》（2008）、《论曾繁仁先生的美育思想》（2008），刘彦顺《走向现代性与中国美育的深层建构——论曾繁仁先生的美育思想》（2003），专门性的硕士研究论文有刘伟名《寻径与创构——曾繁仁审美教育思想研究》（2023，沈阳师范大学），梁彬《曾繁仁美学思想流变及学科建设价值研究》（2017，河南师范大学）。

第四，西方世界对曾繁仁老师"生态美学"的评价。其中，《斯坦福哲学百科全书》的"环境美学"词条中提及，东方对环境美学也有相当大的兴趣，它同样借鉴了分析美学、欧陆传统以及东方哲学。词条指出在环境美学的研究中，中国美学家也许最主要感兴趣的领域是生态美学，这是一些中国美学家所追求的，他们开创出了中国化的生态美学。并提及了曾繁仁2017年发表《生态美学：后现代语境下崭新的生态存在论美学观》（*Ecological Aesthetics: A New Aesthetic Conception of Ecological Existence in the Post-modern Context*）一文。

格雷·杰拉德（Grey Garrard）在《生态批评》（*Ecocriticism*，2014）一书中，评价曾繁仁为中国主要的生态批评家，一直在尽一切努力利用自己的资源推动中国生态批评的发展："作为贯通古今中外的中国美学家，曾繁仁欣然接受生态批评，将生态批评重新定位，并发展至美学领域，实现了生态批评在中国复兴的希望。在考察了西方生态批评的演变过程后，曾繁仁总结了生态批评的六个主要特征。"格雷·杰拉德认为曾繁仁并不是第一个使用"生态美学"的人，但他强调了文学批评在环境危机中的迫切作用："通过生态文学批评改变人类的立场和态度，选择与自然共存，是人类自我救赎的途径，是文学生态批评的效果。"曾繁仁提出了诗学的两种模式，即"新诗学的创造"和"旧诗学的转化"，杰拉德认为这是一个不断进步和开放的过程。书中将曾繁仁的《生态存在论美学论稿》（*On Eco-ontological Aesthetics*）一书评价为是一部设计宏大、探讨生态美学的立体建构的专著。

在安东尼（Anthony J. Carroll）和卡提亚（Katia Lenehan）主编的《精神基础与中国文化：一种哲学方法》（*Spiritual Foundations and Chinese Culture*：*A Philosophical Approach*，2016）一书的第四部分"美学中的精神表现"，由董惠芳撰写的第十一章提到了中国当代美学家叶朗、朱立元、曾繁仁受到了现象学美学的影响，并从美学的主客体关系出发，探讨了这些中国美学家从现象学角度所获得的启示。并设专节阐释和分析了"曾繁仁的生态本体论美学与现象学美学的思维方式”：曾繁仁的生态本体论美学在思维方式上与现象学美学有关，主要是海德格尔的本体论美学，比如曾繁仁借助海德格尔的本体论思想，扫清了生态美学走上世界舞台的思维模式障碍。显然，曾繁仁认识到生态美学应该借鉴海德格尔的思想，并且经济、社会发展的需要和文学领域的支持都促成了生态美学的诞生，而生态美学的诞生更需要哲学的指导，海德格尔的本体论反对主客体二分法和人类中心主义，为生态美学的建立提供了重要的哲学理论基础。海德格尔的“诗意地栖居”主张被曾繁仁视为生态美学的美学理想，用以抵抗工具理性控制下的人的“技术栖居”，回归“天、地、神、人四方游戏”的理想状态。

乐黛云在《十字路口的中国与西方：比较文学与文化论文集》(*China and the West at the Crossroads*: *Essays on Comparative Literature and Culture*，2016）一书中，认为曾繁仁的生态美学立场具有“深层生态学”的内涵，并且指出现象学为其生态美学的哲学基础，并对曾繁仁所作的中国古代生态美学思想的现代化努力给予了高度肯定。

卡尔森（Allen Carlson）在《东方生态美学与西方环境美学之间的关系》（*The Relationship Between Eastern Ecoaesthetics and Western Environmental Aesthetics*，2017）这篇文章中对中国的生态美学进行介绍时，重点介绍了曾繁仁和程相占生态美学的观点。文中以程相占在《论环境美学与生态美学的联系与区别》一文为切入点，指出中国生态美学家曾繁仁在《生态美学导论》中将“参与美学”作为“构建生态美学框架的九个基本范畴”之一。并且讲到程相占在《论环境美学与生态美学的联系与区别》中所引用曾繁仁的《生态美学：一种新的美学观念》一文：我们所说的生态美学是……从生态学的理论和方法来研究美学，吸收生态学中有意义的思想来发展美学，使之成为一种新的美学理论形式。总之，中国生态美学与西方环境美学的一种基本关系是：前者有一个主要的基石，这个基石在本质上与西方环境美学当前立场之一的科学认知主义的中心论点是一致的。卡尔森在这篇文章中还提及了曾繁仁在2002年发表的论文《生态美学：后现代语境下崭新的生态存在论美学观》，将其作为参考文献。

根据当下对曾繁仁老师生态美学、美育思想等学术观点的研究现状，其相关思想的研究在学界呈现出上升的态势。随着生态美学以及中国传统美学现代转型的深入发展，曾繁仁老师的学术思想为我们在相关领域的研究提供了理论支持，其开阔的视野、把握学术要点的问题意识、寻求中西对话的积极态度以及关怀现实的情怀，为我们树立了良好的学术研究姿态与严谨的学术研究风范。

曾繁仁学术年表

1941年

·1月11日（农历1940年12月14日）出生于安徽泾县溪头都村。当时，父母为形势所迫到大后方工作，被寄养在外祖父母家，由大舅母抚养，在溪头都村度过幼年时光。

1945年

·8月15日，抗日战争胜利。之后，随外祖父母迁居南陵县。

1947年

·本年起，在南陵县教会小学乐育小学上学。

1953年

·小学毕业，6月，只身离开南陵县，入芜湖市第一初中读书，开始独立生活。

1954年

· 夏，芜湖发生大洪水，学校停课，转学到上海位育中学，回到了父母身边。

1959年

· 8月，从上海位育中学高中毕业，考入山东大学。

1964年

· 从山东大学毕业，留任中文系文艺理论教研室当助教，同时担任64级本科生辅导员。

· 本年至1965年，曾率学生到曲阜参加为期8个月的“四清运动”。

1970年

· 本年秋，山东大学文科迁往曲阜，与曲阜师范学院合并为山东大学。自此到1974年秋，在曲阜工作4年。

1973年

· 此年起，为本科生讲授毛泽东文艺思想课。

1974年

· 在周恩来总理的直接关怀下，恢复原山大建制，与曲阜师范学院合并的山东大学文科迁回济南，回到济南工作。

1977年

·担任77级本科生文学基本原理课教师。

·受命准备为77级本科生开设西方美学课程。自此，开始美学、文艺学的教学与研究，陆续发表相关学术论文。

·在《文史哲》第1期发表论文《资产阶级“自由神”的丑恶表演》。

1978年

·担任山东大学中文系副主任。

·在《文史哲》第2期发表论文《试论杜甫诗的政治倾向》。

1979年

·在《山东大学文科论文集刊》刊载论文《关于艺术典型本质的初步思考》。

·在《上海文学》第8期发表论文《应该完整地准确地理解“文艺是阶级斗争的工具”的理论——兼与〈上海文学〉评论员商榷》。

1980年

·在《新文学论丛》第2期发表论文《关于“时代精神”问题的几点浅见》。

• 在《文艺理论研究》第 3 期发表论文《真、善、美的统一》。

• 在《山东文学》第 4 期发表论文《寓思想于形象》。

1981 年

• 此年下学期，开始为山东大学中文系 77 级本科生讲授西方美学课程。

• 山东省教育厅在山东大学举办山东省高教干部培训班，受命讲授美育专题课，开始美育研究历程。

• 此年起，调任山东大学教务处副处长，分管教学研究工作。

• 在《文苑纵横谈》第 1 辑（山东人民出版社 1981 年 2 月版）刊载论文《康德论美》。

• 在《柳泉》杂志第 3 期发表论文《亚里士多德的美学思想》。

• 在《山东文学》第 3 期发表论文《文艺与政治是平等的兄弟关系吗？——也谈文艺与政治的关系》。

• 在《花溪》杂志第 10 期发表论文《请张开想象的翅膀》。

1982 年

• 在《西北大学学报》（哲学社会科学版）第 2 期发表论文《试论黑格尔的艺术典型论——兼与薛瑞生同志商榷》。

• 在《山东高等教育》上发表第一篇美育论文《美育初探》。

1983年

·7月，在山东人民出版社出版第一部学术专著《西方美学简论》。

·在《柳泉》杂志第2期发表论文《艺术欣赏浅谈》。

·在《聊城师范学院学报》第4期发表论文《试论倡导“两个结合”创作方法的重要意义》。

·此年，担任山东省第五届政协委员。其后，连任第六届、第七届山东省政协委员。

1984年

·著名美学家、复旦大学教授蒋孔阳在《复旦学报》第5期发表的《对近年来我国美学研究工作的一些想法》，肯定曾繁仁为“参与美学讨论和研究”的“中青年的骨干力量”。

·在《毛泽东邓小平理论研究》第2期发表论文《车尔尼雪夫斯基与毛泽东美学观之比较》。

·在《柳泉》第1期发表论文《论文艺为人民》。

1985年

·12月，在山东教育出版社出版第一部美育专著《美育十讲》。

·在《文史哲》第1期发表论文《试论美育的本质》。

·在《东岳论丛》第6期发表论文《试论美育的地位与

作用》。

• 在《文史哲》第 6 期发表论文《文学史研究方法之我见》。

• 在《文学评论家》第 2 期发表论文《审美心理过程初探》。

1986 年

• 6 月，胡经之主编的《西方文艺理论名著教程》在北京大学出版社出版。曾繁仁参与该书编写，完成“康德及其《判断力批判》”“席勒的文艺观和他的《论素朴的诗与感伤的诗》”两章。

• 在《外国美学》第 2 辑（商务印书馆 1986 年 4 月版）刊载论文《康德论艺术》。

• 此年起，担任山东大学教务长。

1987 年

• 9 月，参加山东大学组织的访问团访问北美高校。

• 在《齐鲁学刊》第 5 期发表论文《试论黑格尔的艺术类型说》。

• 在《山东大学学报》（哲学社会科学版）第 1 期发表论文《深化教育改革，办好文科学报》。

1988 年

• 担任山东大学常务副校长。

• 在《山东大学学报》（哲学社会科学版）第 4 期发表论文

《重评克罗齐的表现论美学思想》。

1989年

•在《山东大学学报》（哲学社会科学版）第4期发表论文《美学史研究的意义》。

•在《山东外语教学》第2期发表论文《应从素质教育的高度看待外语教学》。

1990年

•在山东文艺出版社出版主编的著作《现代西方美学思潮》。此书是与山东大学若干青年教师和研究生合著的，曾繁仁为该书撰写“前言”和“完形心理学美学”一章。

1991年

•9月，参加教育部组织的高等教育代表团访问美国。

•担任中国高教学会美育研究会副会长。

1992年

•7月，在山东人民出版社出版《西方美学论纲》。此书整合了1977年以来西方美学研究的成果，在《西方美学简论》的基础上进行了很大的增补，基本呈现了曾繁仁西方美学研究的阶段性成果和纲领性思考。

·8月，调中国海洋大学任党委书记。

·在《文史哲》第3期发表论文《试论毛泽东美学思想的伟大意义——纪念〈在延安文艺座谈会上的讲话〉发表50周年》。

·在《山东大学学报》（哲学社会科学版）第4期发表论文《新古典主义与启蒙主义美学思想的异同》。

·在《中国高教研究》第4期发表《走向21世纪的我国审美教育——试论我国审美教育的现代意义》。

1993年

·8月，主编的《美育新论：中国高教学会美育研究会首届年会论文集》在山东大学出版社出版。

·在《文史哲》第1期发表论文《关于德国古典美学的三个基本命题》。

1994年

·5月，调任山东省教委副主任、党组副书记，兼任高校工委副书记。

1995年

·在《山东大学学报》（哲学社会科学版）第4期发表论文《容格“原型论”美学评析》。

·5月，调任山东大学党委书记。

1996年

·在《文史哲》第1期发表论文《关于中西美学交流与对话的思考》。

1997年

·在《文史哲》第6期发表论文《评墨子“非乐论”美学思想》。

·在《山东大学学报》（哲学社会科学版）第3期发表论文《欧洲十八世纪启蒙主义美学论》。

·6月，在北京大学出版社出版与高旭东合著的《审美教育新论》。

·9月，被选为党的第十五大代表，参加代表大会。

1998年

·2月，担任山东大学校长。

1999年

·本年，被选为中共山东省委员会委员，任职到2002年。

·在《山东大学学报》（哲学社会科学版）第3期发表论文《论美育的现代意义》。

·在《文史哲》第6期发表合著论文《千年“绝学”的伟大“复兴”——墨学研究的百年回顾与前瞻》。

·在《中国大学教学》第5期发表论文《美育的现代意义》。

2000年

•5月，受邀率山东大学代表团前往日本福冈，参加山口大学校庆活动。

•7月，卸任山东大学校长，回到教学科研岗位。

•10月，在陕西师范大学出版社出版专著《走向二十一世纪的审美教育》。此书集合了1981年以来的美育研究成果。

•从本年起到2009年，担任教育部直属司巡视组成员。

•从本年起到2006年，担任山东省人大代表、常务委员会委员。

•在《文史哲》第5期发表论文《蒋孔阳美学思想评述》。

•在《哲学动态》第2期发表论文《墨学的当代价值》。

•在《外国美学》第18辑（商务印书馆2000年12月版）刊载论文《论康德美学的基本问题》。

•在《福州师专学报》第1期发表论文《论美育作为素质教育组成部分的重要意义》。

2001年

•5月，教育部人文社会科学普通高等学校百所重点研究基地山东大学文艺美学研究中心挂牌成立，担任中心主任，主持召开“文艺美学学科建设与发展”学术研讨会。

•10月，赴香港参加由中国教育部文化素质教育委员会与清华大学、香港中文大学联合召开的海峡两岸暨香港、澳门有关大学生文化素质教育的学术研讨会。

•11月，中华美学学会、全国青年美学研究会与陕西师范大学文学院合作召开首届全国生态美学研讨会，受邀在会上作了题为《生态美学：后现代语境下崭新的生态存在论美学观》（《陕西师范大学学报》2002年第3期发表）的主题发言，提出“生态存在论美学观”，开启了生态美学研究历程。

•本年起至2017年，担任山东省比较文学学会会长。

•本年起，先后担任国务院学位委员会中文学科评议组成员与召集人、教育部社会科学委员会委员与文学语言新闻艺术组召集人、教育部艺术教育委员会常委等。

•在《文艺研究》第2期发表论文《走到社会与学科前沿的中国美育》。

•在《文史哲》第4期发表论文《美育与脑科学关系初探》。

•在《文学评论》第5期发表论文《中国文艺美学学科的产生及其发展》。

•此外，还在《山东大学学报》《中国文化研究》《学习与探索》等多种杂志上发表美育、中西美学比较等多篇论文。

2002年

•6月，与谭好哲合作主编的《中外美育思想家评传》（2卷本）在广西师范大学出版社出版。

•7月，主编的《20世纪欧美文学热点问题》在高等教育出版社出版，为该书撰写“导言”。

• 8 月，主持山东大学文艺美学研究中心在青岛主办的“审美与艺术教育国际学术研讨会”。该会议论文集《中西交流对话中的审美与艺术教育》于 2003 年 10 月在山东大学出版社出版。

• 在《文艺研究》第 5 期发表论文《试论生态美学》。

• 在《东方丛刊》第 4 期发表论文《胡经之教授与文艺美学学科》。

• 此外，在《学术月刊》《山东大学学报》（哲学社会科学版）等杂志发表多篇美育论文。

2003 年

• 1 月 15 日至 4 月 15 日，应邀作为特邀研究员在香港道风山基督教文化研究所就“基督教文化与当代生态存在论审美观”课题进行为期 3 个月的学术研究。

• 1 月，在山东大学出版社出版《美学之思》。该书选录了曾繁仁从事美学研究 30 多年来的 53 篇学术论文，涵盖文艺美学、西方美学、审美教育、生态美学，有不少文章是首次发表。

• 1 月，与著名美学家汝信联合主编的《中国美学年鉴 2001》在河南人民出版社出版。此后还主编出版了《中国美学年鉴 2002》《中国美学年鉴 2003》《中国美学年鉴 2004》《中国美学年鉴 2005》《中国美学年鉴 2006—2007》。

• 10 月，在吉林人民出版社出版《生态存在论美学论稿》。该书汇集了2001年以来发表的以“生态存在论美学观”为主题的14篇研究论文。

·在《文学评论》第3期发表论文《试论当代存在论美学观》。

·在《文史哲》第6期发表论文《老庄道家古典生态存在论审美观新说》。

·在《文艺研究》第2期发表论文《美学学科的理论创新与当代存在论美学观的建立》。

·此外，还在《齐鲁学刊》《河南社会科学》《思想战线》等刊发表多篇研究生态美学、审美教育的论文。

2004年

·2月，与谭好哲合作主编的《学科定位与理论建构：文艺美学论文选》在齐鲁书社出版。

·在《文学评论》第2期发表论文《社会文化转型与文艺美学研究：当代社会文化转型与文艺学学科建设》。

·在《深圳大学学报》第1期发表论文《胡经之教授的重要学术贡献》。

·在《陕西师范大学学报》第5期发表论文《马克思、恩格斯与生态审美观》。

·此外，还在《江苏社会科学》《学术研究》《暨南学报》等刊发表多篇研究生态美学、文艺美学的论文。

2005 年

•8 月，在青岛主持山东大学文艺美学研究中心等主办的“当代生态文明视野中的美学与文学国际学术研讨会”。此次会议论文集《人与自然：当代生态文明视野中的美学与文学》于 2006 年 7 月由河南人民出版社出版。

•10 月，赴加拿大，在维多利亚大学做为期 3 个月的访问学者。

•10 月，主编的《文艺美学教程》在高等教育出版社出版，为该书撰写“导言”，提出以文学艺术的审美经验作为文艺美学的研究对象。该书是普通高等教育“十五”国家级规划教材。

•11 月，荣获 2005 年全国百篇优秀博士论文指导教师奖。

•本年，被教育部第四届艺教委聘为常务理事，同时担任全国普通高校公共艺术教育教学指导小组组长，参与《全国普通高等学校公共艺术课程指导方案》的起草、修改与意见的征求。

•在《文学评论》第 4 期发表论文《当代生态文明视野中的生态美学观》。

•在《文艺研究》第 6 期发表论文《论席勒美育理论的划时代意义——纪念席勒逝世二百周年》。

•此外，还在《人文杂志》《中国文化研究》《东方丛刊》《学术与探索》等刊发表多篇探讨生态美学、文艺美学的论文。

2006年

•1月，从温哥华乘机前往墨西哥，参加女儿曾瑜婚礼。

•4月，在河南人民出版社出版《现代美育理论》。此书是教育部人文社会科学重点研究基地重大项目“审美教育的理论与实践”的结项成果之一，该项目结项成果以“艺术审美教育书系”为名在河南人民出版社陆续出版。

•在《文史哲》第4期发表论文《中国古代“天人合一”思想与当代生态文化建设》。

•在《陕西师范大学学报》第6期发表论文《试论〈诗经〉中所蕴涵的古典生态存在论审美意识》。

•在《东方丛刊》第1期发表论文《试论当代美学、文艺学的人文学科回归问题》。

•此外，还有多篇论文在《中国图书评论》等刊发表。

2007年

•4月26日至5月2日，美国佛罗里达亚特兰大大学人文学院主任、哲学教授、著名美学家理查德·舒斯特曼应邀来山东大学做学术访问，并与曾繁仁等中心学者就身体美学问题进行学术对话。此次对话内容以《身体美学：研究进展及其问题——美国学者与中国学者的对话与论辩》为题在《学术月刊》第8期发表。

•12月，《转型期的中国美学：曾繁仁美学文集》在商务印书馆出版，著名美学家汝信为该书作序。22日至23日，山东大学文艺美学研究中心、首都师范大学美学研究所等11家单位在京合作主办“转型期中国美学问题学术研讨会暨《曾繁仁美学文集》出版座谈会”，汝信、叶朗、钱中文、胡经之、陆贵山、杜书瀛、朱立元、王向峰等130多位学者参会研讨。

• 在《文学评论》第3期发表论文《新时期西方文论影响下的中国文艺学发展历程》。

• 在《文艺研究》第4期发表论文《当代生态美学观的基本范畴》。

• 在《文艺争鸣》第11期发表论文《是“判断先于快感”，还是“判断与快感相伴”？——新世纪重新阐释康德美学命题的意义》。

• 此外，还在《天津社会科学》《华中师范大学学报》《人文杂志》等刊发表《马克思主义人学理论与当代美育建设》《回顾与反思：文艺美学30年》《作为新世纪基本人生观的当代生态审美观——热烈祝贺〈人文杂志〉创刊50周年》等论文。

2008年

• 本年，担任中国高教学会美育研究会会长。

• 主编的《中国新时期文艺学史论》在北京大学出版社出版，为该书撰写“导言”。该书是曾繁仁主持的2000年国家社科基金重大项目“西方文论影响下的中国新时期文论发展”的结项成果。

• 在《文学评论》第6期发表论文《试论〈周易〉“生生为

易”之生态审美智慧》。

• 在《社会科学辑刊》第 6 期发表论文《发现人的生态审美本性与新的生态审美观建设》。

• 在《文艺争鸣》第 3 期发表论文《梁启超美育思想的贡献与启示》。

• 此外，还在《贵州社会科学》《探索与争鸣》《江苏社会科学》等刊发表《现代中西艺术教育的比较与对话》《论生态美学与环境美学的关系》《新时期生态美学的产生与发展》等论文。

2009 年

• 4 月，在嵩山少林寺主办的“禅宗中国——少林问禅百日峰会”研讨会做“关于生态美学的几个问题”的讲座。讲座内容收入上海交通大学出版社 2010 年出版的《在少林寺听讲座》。

• 6 月，《生态存在论美学论稿》（增订版）在吉林人民出版社出版。该书在 2003 年版 14 篇论文的基础上再增收 25 篇，全面反映了自 2001 年以来生态美学领域研究的重要进展。

• 9 月，在经济科学出版社出版主编的《现代中西高校公共艺术教育比较研究》，为该书撰写“前言”。该书是曾繁仁主持的 2004 年教育部哲学社会科学研究重大课题攻关项目“现当代中西艺术教育比较研究”的结项成果。

• 10 月，在济南主持山东大学文艺美学研究中心主办的“全球视野中的生态美学与环境美学国际学术研讨会”。此次会议论文集以《全球视野中的生态美学与环境美学》为名于2011年在长春出版社出版，为之作“序”。

• 11月，率山东大学文艺美学研究中心学者到韩国成均馆大学参加合办的学术会议。因对中韩学术交流的贡献，成均馆大学校长徐正燉为曾繁仁授予奖牌。

• 在《文艺研究》第7期发表论文《现代中西艺术教育比较研究的启示》，即《现代中西高校公共艺术教育比较研究》一书的“导言”。

• 在《社会科学战线》第2期发表论文《西方20世纪环境美学述评》。

• 在《陕西师范大学学报》第2期发表论文《论我国新时期生态美学的产生与发展》。

• 此外，还在《烟台大学学报》《广西民族大学学报》等刊发表《西方现代文学生态批评的产生发展与基本原则》《人类掠夺自然的悲剧警示：小说〈白鲸〉重评》等论文。

2010年

• 3月，参观德国古典美学故乡——魏玛。

• 4月，被聘为山东大学终身教授。

• 7月，在商务印书馆出版《生态美学导论》。该书是对其所创立的“生态存在论美学观”的系统论述。

• 7月，在教育科学出版社出版主编的普通高等学校通识教材

《大学语文》。

·8月，主编的《中国文艺美学学术史》在长春出版社出版。该书是其主持的2005年教育部人文社会科学重点研究基地重大项目“中国文艺美学学术史研究”的结项成果。

·10月，参与主编的《中外美育思想家评传》在广西师范大学出版社再版。

·在《文学评论》第2期发表论文《生态美学视域中的迟子建小说》。

·在《北京大学学报》（哲学社会科学版）第5期发表论文《乐黛云教授在比较文学学科重建中的贡献》。

·在《文艺理论研究》第6期发表论文《重审德国古典哲学与美学——在〈文艺理论研究〉创刊三十周年纪念座谈会上的讲话》。

·在《马克思主义美学研究》第1期发表论文《生态美学建设的反思与未来发展》。

·此外，还在《文艺争鸣》《河南大学学报》《温州大学学报》等刊上发表《美学走向生活：“有机生成论”城市美学》《试论中国传统绘画艺术中所蕴涵的生态审美智慧》《试论当代生态美学之核心范畴“家园意识”》等论文。

2011年

·3月5日至8日，受法国雷恩二大哲学院副院长米罗夫·波雷教授邀请，与王汶成教授访问雷恩二大，在该校哲学院与孔子学院讲学。

• 在《文艺研究》第6期发表论文《生态存在论美学视野中的自然之美》。

• 在《上海师范大学学报》(哲学社会科学版) 第1期发表论文《生态现象学方法与生态存在论审美观》。

• 此外，还在《中国地质大学学报》(哲学社会科学版)《美育学刊》等刊发表论生态美育、康德美学等论文多篇。

2012年

• 1月，在北京大学出版社出版《美育十五讲》。该书是对1981年以来美育研究成果的系统总结，也是对其主张的"美育是包含感情与情感教育的人的教育"这一美育宗旨的全面阐发。

• 6月13日至15日，在济南主持"建设性后现代思想与生态美学国际学术研讨会"。此次会议论文集以《建设性后现代思想与生态美学》为名于2013年由山东大学出版社出版，为该书撰写"序言"。

• 8月，荣获山东省第五次社会科学突出贡献奖。

• 12月，文集《中西对话中的生态美学》在人民出版社出版。

• 在《文学评论》第2期发表论文《人类中心主义的退场与生态美学的兴起》。

• 在《文史哲》第2期发表论文《中西比较视野中的中国古

代“中和论”美学思想》。

·在《文艺理论研究》第1期发表论文《对德国古典美学与中国当代美学建设的反思——由“人化自然”的实践美学到“天地境界”的生态美学》。

·在《学术研究》第8期发表论文《建设性后现代语境下的中国古代生态审美智慧》。

·在《山东师范大学学报》(人文社会科学版)第5期发表论文《中国古代生命论美学及其当代价值》。

·此外，还在《社会科学战线》《河北学刊》等刊发表《试论和谐论生态观》《生态美学的东方色彩及其与西方环境美学的区别》等论文。

2013年

·8月，被中国中外文艺理论学会授予“终身成就奖”。

·12月，文集《生态文明时代的美学探索与对话》在山东大学出版社出版。

·在《清华大学学报》(哲学社会科学版)第3期发表论文《关于朱光潜美学思想与我国的美学大讨论——兼答〈清华大学学报〉编辑部信》。

·在《中国文化研究》第1期发表论文《生态美学的中国话语探索——兼论中国古代“中和论生态—生命”美学》。

·在《中南民族大学学报》(人文社会科学版)第1期发表论

文《刘纲纪教授有关〈周易〉生命论美学研究的重要价值与意义》。

·在《山东社会科学》第5期发表论文《中国古代生命论美学的舞台呈现——试论中国戏曲所包含的生态生命论美学意蕴》。

·此外，还有多篇论文在《百家评论》等刊发表。

2014年

·在《文学评论》第1期发表论文《“气本论生态—生命美学”的发现及其重要意义——宗白华美学思想试释》。

·在《复旦学报》(社会科学版）第4期发表论文《敦煌艺术中“天”的形象到“天人”形象的历史嬗变》。

·在《求是学刊》第5期发表论文《再论作为生态美学基本哲学立场的生态现象学》。

·在《社会科学战线》第4期发表论文《蒋孔阳教授在20世纪中国美学史上的杰出贡献——在“当前中国美学文艺学理论建设暨蒋孔阳先生诞辰90周年学术研讨会”上的发言》。

·此外，还有多篇论文在《鄱阳湖学刊》等刊上发表。

2015年

·5月，主编的《西方文学理论》在高等教育出版社出版。该书是“马克思主义理论研究和建设工程”重点教材。

·10月25日至26日，在济南主持“生态美学与生态批评的空间”国际学术研讨会。

• 11月，在人民出版社出版专著《生态美学基本问题研究》。该书是其主持的2008年教育部人文社会科学重点研究基地重大项目“生态审美观基本理论问题研究”的结项成果。

• 在《求是学刊》第1期发表论文《关于“生态”与“环境”之辩——对于生态美学建设的一种回顾》。

• 在《上海文化》第4期发表论文《试论生态美学的反思性与超越性——兼论中国美学的发展》。

• 在5月28日《人民日报》发表短论《生态文明时代的美学转型》。

• 此外，还任《求是学刊》《复旦学报》等刊专栏主持人，在《人民政协报》等刊发表多篇论文。

2016年

• 6月，在复旦大学出版社出版文集《文艺美学的生态拓展》。

• 6月，与谭好哲联合主编的“文艺美学研究丛书”第2辑在人民出版社出版，包括《文艺美学的学科拓展》《文艺美学的新生代探索》《生态美学的理论建构》《当代文艺理论问题》《当代审美教育与审美文化研究》。

• 在《山东大学学报》（哲学社会科学版）第4期发表论文《礼乐教化与中和之美——中华美学精神的继承与发扬》。此文是为其主编的《中国美育思想通史》所写的“序言”。

• 在《华夏文化论坛》第 6 期发表论文《马克思〈1844 年经济学哲学手稿〉中的美学思想》。

• 在《社会科学家》第 1 期发表论文《“天人合一”——中国古代的“生命美学”》。

• 此外，还在《中华读书报》《中国社会科学院研究生院学报》《东岳论丛》等刊发表论文多篇。

2017 年

• 4 月 21 日，国务院原总理李克强考察山东大学，在《文史哲》编辑部接见部分山大学者，向总理赠送《中西对话中的生态美学》，并简要汇报生态美学的研究现状。

• 5 月 27 日，美国著名环境伦理学家杜赞奇在江苏昆山主持召开的“环境公平与可持续发展公民”国际学术研讨会上，发表“中国传统生生美学”演讲。

• 6 月，国家“十二五”重点图书出版规划项目《中国美育思想通史》（9 卷）在山东人民出版社出版。曾繁仁任主编，祁海文、刘彦顺任副主编，该书是国内首部中国美育思想通史。

• 9 月 17 日，山东大学文艺美学研究中心、山东人民出版社等在北京联合举办“《中国美育思想通史》出版座谈会”，著名美学家、中国社会科学院原副院长汝信先生等来自中国社会科学院、北京大学、清华大学等科研机构、高校的 30 余位国内知名专家学者参加座谈。

•10月20日，在《人民日报》理论版发表短论《生生美学具有无穷生命力》，正式提出“生生美学”建设问题。

•在《文学评论》第5期发表论文《笔的生命之舞——书法美学概论》。

•在《首都师范大学学报》（社会科学版）第6期发表论文《汉画像：中国传统“生命”艺术的诞生地》。

•在《郑州大学学报》（哲学社会科学版）第6期发表论文《儒家礼乐教化的现代解读》。

•此外，还在《西南民族大学学报》（人文社会科学版）、《甘肃社会科学》等刊发表《中西对话中的中国生态美学》《中和位育——东亚儒家文化圈共同的哲学诉求》等多篇论文。

2018年

•1月，应《光明日报》之约，在山东大学文学院作“解读中国传统生生美学”的学术报告，报告内容在2018年1月7日《光明日报》发表。

•10月，专著《西方美学范畴研究》在山东人民出版社出版。该书是继《西方美学论纲》之后又一部西方美学研究专著，以重要范畴的形成发展为基本线索勾勒西方美学的总体进程。

•10月，与韩国学者辛正根合作主编的《生态美学与东亚哲学》在山东大学出版社出版。该书是山东大学文艺美学研究中心与韩国成均馆大学东亚哲学系合作举办的学术研讨会的论文集。

·在《文艺研究》第7期发表论文《虽由人作，宛自天开——山水写意园林之美学理念及其当代价值》。

·在《社会科学辑刊》第11期发表论文《改革开放进一步深化背景下中国传统生生美学的提出与内涵》。

·在《北京林业大学学报》（社会科学版）第2期发表论文《生态美学走向生活：新时代的"简约生活"方式》。

·此外，还在《人与生物圈》《齐鲁学刊》等刊发表多篇论文。

2019年

·受聘为山东大学讲席教授。

·6月，《生态美学基本问题研究》荣获山东省第三十三届社会科学优秀成果二等奖。

·10月，主编的《西方美学范畴讨论文集》在山东大学出版社出版。该书是在本人所组织的西方美学研究生课堂讲座讨论基础上修订完成的。

·10月，文集《生态美学》在山东文艺出版社出版。

·本年，商务印书馆推荐、吴丽云教授翻译的《生态美学导论》英文版在Springer出版社出版。

·在11月22日《中国社会科学报》发表论文《"生生美学"：对黑格尔"美学之问"的回应》。

·在《济南大学学报》（社会科学版）第6期发表论文《关于

“生生美学”的几个问题》。

•在《山东社会科学》第9期发表论文《论百年中国美学的创新性发展历程》。

2020年

•1月，中国社会科学出版社出版“马克思主义文艺理论与评论建设工程名家学术文丛”之《曾繁仁文集》。该文集由《生态美学导论（修订本）》《生态存在论美学论稿（增订本）》《西方美学论纲》《西方美学范畴研究》《美育十五讲》构成，涵盖了曾繁仁学术研究各领域的代表著作。

•1月11日至12日，“新时代文艺美学发展新趋势暨《曾繁仁文集》出版”学术研讨会在济南召开，150余位专家学者与会，对《曾繁仁文集》的出版及其学术成就予以高度评价。

•9月10日，荣获山东大学教学终身成就奖。

•12月，主编的《中国美育思想通史》（9卷）荣获教育部第八届高等学校科学研究优秀成果奖人文社会科学著作论文类一等奖。

•12月，《生态美学导论（修订版）》在商务印书馆出版。

•在《文学评论》第3期发表论文《我国自然生态美学的发展及其重要意义——兼答李泽厚有关生态美学是“无人美学”的批评》。

•在《文史哲》第5期发表论文《〈聊斋志异〉的“美生”论

自然写作》。

• 在《文艺理论研究》第2期发表论文《护生即护心，常怀悲悯情——〈护生画集〉的“生生美学”解读》。

• 在《文艺研究》第1期发表论文《中国音乐：中和之美与生生之美》。

• 此外，还在《东岳论丛》《美育学刊》等刊发表《跨文化研究视野中的中国“生生”美学》《关于当代美育的生态转型》等多篇论文。

2021年

• 5月，《曾繁仁学术文集》（14卷）在人民出版社出版。《文集》包括曾繁仁此前出版的10部专著《西方美学简论》《西方美学论纲》《西方美学范畴研究》《美育十讲》《现代美育理论》《美育十五讲》《生态存在论美学论稿（增订版）》《中西对话中的生态美学》《生态美学基本问题研究》《生态美学导论（修订版）》，还有此前未出版的《生生美学》，此前发表过和未刊而有学术价值的论文、短论、散文、书评、序跋等按内容分别编成《生态美学论集》《文艺美学论集》《美学美育论集》《文艺杂论集》。

• 在《文史哲》第3期发表论文《宋词的境界之美——生命情感的“要眇宜修”》。

• 在《东岳论丛》第12期发表论文《唐诗：“生生论诗学”的集中呈现》。

·在3月15日《人民政协报》发表短论《生态文明时代是中国美学走向世界的机遇》。

·此外，还在《美育》《山东大学学报》（哲学社会科学版）发表论文《关于当代美育的中国路径》《论方东美的“生生美学”思想》等多篇论文。

2022年

·8月，在山东大学文艺美学研究中心与美国中美后现代发展研究院联合召开的“后疫情时代的生态美学与发展”国际学术研讨会上，作“《黄帝内经》的生生之道及其当代价值”的发言。

·在《山东社会科学》第4期发表论文《中国美学在世界美学场域中的“缺席”及其解决路径——对刘康教授“西方理论的中国问题”之回应》。

·在《中国文艺评论》第6期发表论文《试论毛泽东文艺思想的产生、发展及其对我国文艺理论的巨大影响》。

·此外，在《文艺理论研究》等期刊发表论文《试论谢林的存在论美学思想》等。

2023年

·2月，单行本专著《生生美学》在山东文艺出版社出版。

·在《陕西师范大学学报》（哲学社会科学版）第4期发表论文《试论生态美学的学科定位及有关问题——兼答杜学敏有关生

态美学的几点质询》。

·此外，在《山东大学学报》（哲学社会科学版）、《东岳论丛》、《首都师范大学学报》（社会科学版）等期刊发表论文《试析〈资本论〉生态存在论的美学意蕴》《中国传统“生生美学”之花的异域绽放——杜威“经验论美学”新释》《儿童艺术教育与创造力培养——罗恩菲德儿童艺术教育思想初论》等多篇论文。

后 记

本书是我对于人生与学术经历的自述，或者也可以说是一种学人自传。之所以将书名定为“美在生命顿悟时——我的学术与人生”，意在说明本书是从美学的视角出发，对自己的人生与学术的一种回顾。众所周知，中国美学与诗学发展到唐代进入兴盛时期，提出著名的“意境”之说，成为中国古典诗学与美学的高峰。唐代王昌龄首提“意境”之论，成为诗之“三境”之综合，为“张之于意，而思之于心，则得其真矣”。其后，权德舆将佛学之“悟”引入“意境”之论，所谓“因言而悟”；南宋严羽在《沧浪诗话》中明确提出“禅道唯在妙悟，诗道亦在妙悟”，“悟”乃佛学用语，此处指禅宗南宗之“顿悟”，乃指刹那间的生命领悟与震颤。由此，将“美”界定为“生命顿悟之时”，是艺术创作与欣赏中一种生命的领悟与震颤，也是一种学人终生追求的最高境界。故将本书定名为“美在生命顿悟时”。本人的这种顿悟历经了80多年人生的漫长过程，现仍在追寻的路上。我出生于美丽的故乡皖南，尽管13岁就离开故乡，但故乡的山山水水却深深地印入我的心中。特别是故乡的亲人，更是让我梦绕情牵，影响我的一生。而我从1977年开始准备西方美学课程迄今也已经40多年，其间又进行了审美教育、文艺美学与生态美学的教学与科研工作，可以说我80多年的人生都在追求和体悟美。这中间贯穿了母校山大给我的美学教学与科研提供的广阔的学术空间，我的山大老师与组织给予我的培养和教育。仅以本书表达一位山大出身的美学工作者对于母校与师长的无限敬意！这也是自己之所以要写这本书的缘由之一。

我已经迈入82岁，这一人生的高龄，走过了人生与学术的大半历程。作为个人来说希望有一个回顾与总结，以便于对自己的学生、后辈与学术界好友作一个小结式的汇报。还有一个意图就是希望从个人的角度映照我们的时代。每个人都好比一滴水珠，可以从自己的角度反映外在世界。我有幸生活在改革开放的新时代，正是这个时代造就了我的学术与人生。我也力图向时代靠近，也许这种靠近在一定程度上形成了我学术工作的某种特点。我走过的80多年人生路，大部分时间都是奋斗在新中国成立后的环境之中，沐浴着组织的关怀，也经历了政治运动，更多的是亲身见证了1978年改革开放后“春天的故事”。任何个人对于伟大的时代而言都是渺小的，本书就是从渺小的个人人生经历反映伟大时代的一种尝试。对于个人的这些经历，我基本将其如实地呈现出来，由此讲述一个知识分子真实的人生经历，也表达我个人真实的情感体验。这种经历与体验本身就是一种历史。但总的来说，没有这个伟大的时代，没有组织的培养与帮助，没有教育我成长的山东大学与我们文艺美学研究中心，没有学术界的各位友好同仁的帮助、支持，就没有我的一切。写作这本自传，可以说是我直接表达真挚感谢的一种方式。

所有的历史都是阐释史，本书是我个人对于80多年历史的一种阐释，无疑受到地点、环境、水平与视角的局限，其中的叙述与评价具有某种个人的主观色彩，欠妥之处难以避免。本书的写作主要集中在最近几个月，但素材的收集却历经20多年。大约在20年前，我在加拿大维多利亚大学访学。访学后期，我在带去的课题已经完成之后，就开始写一点回顾式材料，此后又陆续写了一点，成为本书写作的基础之一。但本书的主要内容，特别是后半部分的学术自述都是近期完成的。由于年龄偏大，写作的不完善之处在所难免。在写作中，我又一次对自己作了一番评价：对于工作而言，自己是一个敬业者；对于学术而言，自己是一个积极的参与者与过渡者。人生与学术的局限难以避免，未来将有年青的一代书写他们自己的、更加有价值的篇章，这也是本书的期待与坚持的信念。

我在本书的写作过程中得到了谭好哲老师、胡友峰老师与我的学生庄媛、周品洁和鲜林的帮助，更有安徽老乡——苏州大学的刘锋杰教授愿意为本书作“序”，在序言中锋杰教授给了热情中肯的鼓励，衷心感谢刘老师的厚谊。当然也承蒙故乡的安徽教育出版社的约稿，感谢出版社同志们的辛勤劳动。本书的附录是祁海文老师与庄媛所写，也对他们表示我的感谢。

曾繁仁

2021年10月27日于济南六里山寓所

2022年5月4日修改于家中